JN411266

軍리더십
길라잡이

강경표 · 남궁승필 · 문창수 · 박갑룡 · 이진영

군리더십 길라잡이

강경표, 남궁승필, 문창수, 박갑룡, 이진영 공저

2012년 02월 15일 초판 인쇄
2018년 12월 27일 초판5쇄 발행
2020년 01월 17일 초판6쇄 발행

발행인 박 진 영
발행처 도서출판 진영사
인천광역시 부평구 갈산동 185번지 풍진빌딩 303호
전화 : 032)505-4207
팩스 : 032)505-4206
E-mail : 0183734207@hanmail.net
등록 : 122-91-77317

ISBN 978-89-6541-067-6 93390
값 15,000원

머 리 말

국가와 사회, 조직과 단체에서 어느 경우에든 어떤 지도자를 가지고 있느냐에 따라 운영되고 나아가는 방향에 결정적인 영향을 미치는 것을 우리는 역사에서 수없이 많이 보았다. 그러므로 훌륭한 지도자를 가진다는 것이 무엇보다 중요한 일이다.

이집트를 탈출한 유태인에게는 모세라는 지도자가 있었고, 세계대공황을 극복한 미국에는 루스벨트 대통령이 있었던 것이 그 좋은 예라고 할 수 있다.

리더십이란 리더가 조직구성원으로 하여금 자발적인 근무의욕을 갖고 조직의 목표를 효과적으로 달성하도록 노력케 하는 힘 또는 기술을 의미한다. 어떤 위기상황에 처하더라도 리더는 자신의 신념이나 원리원칙을 쉽게 타협해버리는 타협주의자가 되어서도 안되고 타협할 줄 아는 원칙주의자가 되어야 조직구성원들은 그런 리더를 따르게 된다.

미국의 경영학자 드러커는 그의 저서 미래기업에서 지도자는 다음의 3가지 자질을 갖추어야 한다고 말하고 있다.

첫째, 일을 잘해내야 한다. 그러기 위해서는 조직의 목표를 명확하게 설정하고 그 우선순위와 기준을 잘 지켜 나가야 한다. 둘째, 리더는 리더십을 높은 지위나 특권으로 보는 대신 책임으로 인식해야 한다. 셋째, 리더는 신뢰를 얻을 수 있어야 한다. 리더를 신뢰하는데 있어서 반드시 그를 좋아할 필요는 없다. 신뢰라는 것은 자기가 따르는 지도자가 거짓말을 하지 않는 다는 확신이다. 그것은 또한 지도자의 말은 항상 진실하다는데 대한 믿음이기도 하다.

이와 같이 리더십은 인류역사의 시작과 동시에 대두된 관심사 중의 하나이며, 특히 현대 조직사회에서는 리더십의 중요성에 대한 인식과 관심이 더욱 증대되고 있다.

또한 최근 리더십과 관련된 연구논문과 저서들은 개인의 주관적 경험과 직관적 판단에 의존하여 기술한 경우가 많았으며, 대학에서 군사·안보관련 강의용 교재로 활용할 만한 것은 많지 않았다. 게다가 국내 대학에서 리더십을 정규 강좌로 개설한 경우도 많지 않다. 우리나라에서는 리더인 장교를 양성하는 교육기관인 육군사관학교와 3사관학교에서 리더십을 정규 강좌로 개설하여 사관생도 교육을 실시해 왔다. 미국의 육군사관학교에서도 리더십에 대한 교육 및 연구관련 조직이 설치된 것은 1946년의 일이었다. 특히 최근 군사대국화의 길로 나서고 있는 중국에서도 군사종합대학에서 리더십을 핵심과목으로 교육하고 있다.

이렇듯 리더십에 대한 관심은 민간조직에 비해 군에서 훨씬 크다고 할 수 있다. 그 이유는 군의 리더라고 할 수 있는 지휘관들에게 더 많은 권한과 책임을 부여하고 있으며, 상명하복이라는 조직특성에 의해 모든 일체의 군사작전 및 군사행정 행위가 리더를 중심으로 일어나고 있기 때문이다.

이에 따라 우리군은 외국학자들과 미군들이 연구한 리더십 이론과 지식을 단순히 전수하는 차원에서 탈피하여 각군 사관학교와 국방대 리더십센터, 육군・해군・공군대학에서 리더십센터 등 전문기관을 설치하여 심도 깊은 연구를 하고 있으며, 이에 따라 우리나라 특성에 맞고 사회적 변화와 발전에 부응한 한국군 리더십 이론과 모형이 개발되고 있는 상황이다.

이 책은 일차로 각 대학에서 군 초급간부가 되기 위해 군사학을 탐구하고 있는 부사관학과 및 군사학과 학생들의 리더십 구비와 능력배양을 위해 편집되었으며, 특히 우리군의 초급간부들이 장차 변화하는 환경에 대응하여 신세대 장병들을 효과적으로 지휘하고 관리하는데 필요한 기본적인 지식을 탐구하도록 하는 데에 중점을 두었다.

이 책은 모두 4개의 장과 1개의 부록으로 구성되어 있다. 제1장에서는 군조직의 특성, 제2장은 리더십 이론, 제3장은 군과 리더십, 제4장은 공직자 리더십, 부록에서는 초급간부 리더십(지휘통솔) 발전방안에 대해 소개하였다.

끝으로 이 책을 편집하기 위해 어려운 여건에서도 적극적으로 동참하여 주신 교수님들과 전국대학에 설치된 해병대 학군협의회에 감사드리고, 이 책을 펴낼 수 있도록 물심양면으로 도와주신 진영사 사장님과 직원여러분께 깊은 감사를 드립니다.

아무쪼록 이 한권의 교과서가 군 초급간부가 되고자 노력하는 독자 여러분의 리더십 연구와 이해에 조금이나마 도움이 되었으면 합니다.

2012년 1월

편집자 일동

목 차

제1장 군 조직의 특성

제2장 리더십의 이론

제3장 군과 리더십

부록 초급간부 리더십(지휘통솔) 발전 방안

제1장

군 조직의 특성

제1장 군 조직의 특성

제1절 군 조직의 개념과 특성, 구성요소

1. 군 조직의 개념

야노비츠(Morris Janowitz)는 조직을 위계적 계급, 직책과 권위를 바탕으로 하는 전투집단 이라고 정의하였다. 여기서 계급이란 명령과 복종의 관계를 기준하는 규율질서를 뜻하고, 직책이란 책임과 권한의 한계를 의미하며, 권위란 계급과 직책에 의해서 형성되는 개인적 지위나 특성을 나타낸다. 그리고 위계적이란 합법적 권위 하에 편성되어 있는 상·하 조직체계를 의미하며, 전투집단이란 구성원의 개인적 권리와 자유를 규제할 수 있는 권한 하에 있는 통제적 무장조직을 의미한다. 이와 같은 군 조직을 상황에 따라 평가하면 평시에는 상비 방위집단으로 전시에는 전승을 위한 전투집단으로서 역할을 수행한다고 하겠다.

한편, 육군본부에서 발간한 통솔법에는 '군 조직을 국토방위라는 특수목적과 전투승리라는 특수 임무를 위해 존재하는 조직적 집단'으로, 이학종의 '리더의 통솔작전'에서는 특수한 목적을 위해 특수한 임무를 특수한 상황과 조건하에서 수행해 나가는 통일적 집단이라고 정의하고 있으며, 이는 군 조직이 일반적인 의미의 조직과는 달리 국토방위와 전투승리를 지상목표로 하는 국가적인 특수조직임을 알 수 있다.[1)]

---

1) 한준식. "신세대 장병에게 적합한 리더십 유형에 대한 실증적 연구", 공군대학 고급 지휘관 참모과정. 2000, p. 25.

2. 군 조직의 특성

군 조직의 특성은 크게 군 구성면, 군 생활면, 군 구성원면 등 세 가지로 분류하여 생각할 수 있다.

1) 군 구성의 특성

첫째, 군 조직 목표의 절대성으로 군대조직의 모든 활동은 전투행위와 전쟁억제 수단으로써 국토를 적으로부터 방위하여야 한다는 확고부동한 목표에 집중되어 있다. 따라서 목표달성을 위해서는 상당한 강제력을 행사하고 또한 그것을 당연하게 받아들이며 가치, 명예, 규범의 중요성이 그 어느 조직보다 강조됨으로써 내부적으로 높은 수준의 결속력이 요구된다.

둘째, 군 조직은 강력하고도 철저한 위계질서에 의한 명령체계 조직이다. 계급에 따른 권한범위가 명확하고 임무를 수행하는 과정에서 권위가 부여되며 모든 하급자는 통제와 감독을 받게 된다. 따라서 전투에서의 승리라는 근본적 존재목적으로 생각할 때 인격의 상호존중이라는 범위를 넘어서는 지나친 서열의식 붕괴는 군대의 민주군대라는 이름의 조직목적에 반하는 것이다.

셋째, 군 조직은 집단적 결속을 특징으로 한다. 조직 구성원들은 교육훈련과 내무생활을 통해 공통적 유대를 바탕으로 조직적 일체감을 공유하며, 집단의 연대의식과 단체행동 능력, 집단의 응집성을 조성시키는 특성이 있다. 이와 같은 군 구성의 특성을 구조적, 조직적 및 기능적 측면에서 다음과 같이 구분하여 볼 수 있다.

〈표 1-1〉 군대 조직의 특성

구 분	내 용
구조적 측면	• 출신, 학력, 의식, 가치관 등이 모두 상이하고 다양한 사회 계층의 사람들로 구성되어 있다. • 위계성을 바탕으로 한 지휘관 중심의 수직적 단일 구조이다.
조직적 측면	• 임무수행을 위하여 한 사람의 통솔자 밑에서 여러 부하가 있으며 강력한 질서를 요구하게 된다. • 질서유지를 위해 엄격한 계급 구조로 된 상하관계로 구성되어 있으며 군기·군법의 행동규범을 필요로 하고 있다.

정신적 측면	• 목표달성을 위해 개인의 희생을 전제로 하면서 국가의 이념과 주의를 신봉해야 하는 집단이다. • 강력한 집단정신이 내재하고 있는 공동체적 유대성을 가지고 있다.
기능적 측면	• 국가 방위 및 국내 치안의 최후 보루로서 상명하복의 절대성과 책임의 무제한적인 확대를 특성으로 한다. • 전문적 기술성이 요구되는 폐쇄적 집단으로 항상 전투를 대비하면서 위기 지향성을 가진다.

2) 군 생활의 특성

군 생활은 최초 군 입대 후 징집 병에 대한 신병훈련이 이루어지고 실무부대 배치 후에는 제도화된 계급구조 및 생활체계에 의해 집단적 내무생활을 의무화한다. 이러한 과정을 통해 입대 전 사회에서 학습한 사고방식이나 행동양식이 군 조직이 요구하는 대로 바뀌게 된다. 군에서 요구하는 것은 군 조직의 목표 달성과 관련된 것으로 신념, 전우애, 사기, 단결심, 협동심 등 군인정신이다. 그리고 군 조직은 연령이나 학력 등과는 무관하게 계급에 의해 독특한 인간관계를 형성하고 있다.

우리나라의 경우는 장유유서라는 전통적인 유교적 가치관과 군대의 질서가 충돌하는 경우도 예상할 수 있다. 또 부대선택, 직무수행, 집단 구성 등에 있어서 개인의 의사나 요구가 반영되는 경우가 드물며 원칙적으로 선택권은 없다. 따라서 낯선 사람을 동료로 맞이해야 하며 싫어하는 사람과도 협동을 해야 한다.

3) 군 구성원의 특성

군의 구성원인 장교와 부사관, 병사 중 장교 및 부사관은 하나의 전문적인 직업인데 비해 병사들은 의무복무자로서 2년 남짓 복무하게 되어있다. 그래서 동질의식이나 자기실현, 소속감 등이 다르고 일정기간 복무하면 제대하기 때문에 이방인의식을 가질 가능성이 높다. 그래서 군 장교 및 부사관이 가지는 국가에 대한 사명의식, 애국애족의식, 성공의식, 자기발전 노력 등 제반 측면의 가치는 병사들과 크게 다를 수밖에 없다. 병사들은 20대 초반의 연령층으로 신체적, 생리적 발달은 거의 완숙단계에 접어들어 기능적으로 가장 왕성한 시기이며 이로 인해 여러 형태의 문제가 일어나게 된다. 청년기에는 인간의 제반기능에서 커다란 변화를 경험하는 시기이며, 자아를 지각하고 책임있는 구성원으로 자기를 완성해나가는 시기이다. 이 같은 청년기의 자기완성의 욕구는 큰데, 군대상황은 상대적으로 이를 억압하고 제한된 범위 내에서 표출할 수밖에 없음으로 제반 욕구불만과 갈등이 가중되어 현실에 대한 부정적 자세가 형성되기 쉽다.

이러한 특성을 가진 연령층들을 국민 개병제에 의해 강제적으로 군 복무를 하게 하고 위험성이 높은 업무를 적절한 보수도 없이 수행하도록 국가를 대신해 요구하는 것이 군이다. 그러므로 군을 불합리한 집단으로 인식케 되며, 이에 따라 자발적이고 적극적인 임무수행을 기대하기 어렵게 만든다.

3. 군 조직의 구성요소

군 조직은 레비트(Leavitt)가 조직의 구성요소를 업무·인간·기술·구조의 4가지 주요 변수로 파악한 것과 같은 맥락에서 다음과 같이 임무·구조·인원·전투기술 등의 구성요소로 이루어진다고 볼 수 있다.

〈그림 1-1〉 군 조직의 구성요소[2)]

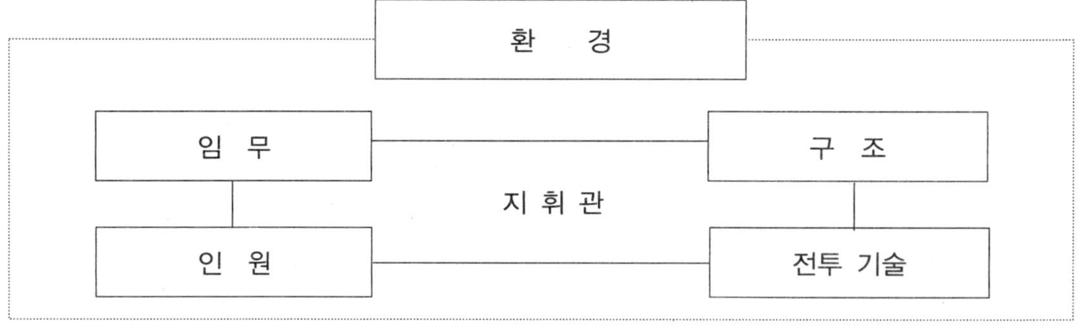

가. 임 무

군 조직은 전투에서 승리하기 위하여 부하의 교육훈련은 물론이거니와 부대원의

2) 전명철. "신세대 장병의 합리적인 관리방안에 관한 연구", 1999, p.21.

단결, 군기, 사기 등을 향상시키며 시설·장비 등을 효율적으로 관리함으로써 항상 고도의 전투태세를 유지하는 것을 주요한 임무로 삼고 있다.

나. 구 조

군 조직은 지휘관과 직접적인 상·하 관계를 형성하는 종적 구조인 지휘계선과 지휘관의 과업 수행을 보좌하는 횡적 구조인 참모조직이 있으며, 단위부대 내에서도 전투 임무를 수행하는 전투부대와 이를 지원하는 행정 및 기술 부대 또는 부서가 있다.

군 조직의 구조적인 면에서의 특성은 조직 구성의 핵심인 지휘관을 정점으로 하여 전형적인 피라미드 구조를 형성하고 엄격한 계급구조와 명령과 복종을 전제로 하여 일사불란한 지휘체계에 의하여 조직이 운영된다는 것이다.

다. 인 원

군대 조직체내에서의 인적요소는 장교, 부사관 및 병으로 구성되어 있으며, 이들 요소 중 장교는 군 조직체 내에서 두뇌와 심장 같은 위치로서 군 조직의 편성과 체계, 각종 업무의 계획 및 집행, 부대지휘와 관리 등 전반적인 업무를 수행한다. 부사관은 군 조직에 있어 허리와 같은 위치로서 장교를 보좌하며 휘하의 병사를 직접 지도 감독하는 연결고리 역할을 수행한다. 병사는 군 조직에 있어서 손과 발 같은 존재로서 지시와 명령을 직접 수행하는 군 조직의 최말단 구성원이다.

라. 전투 기술

군 조직에 있어서 전투기술의 개념은 전투에서 승리를 보장하는 전투력과 이를 지원하는 제반 요소가 모두 포함된다고 하겠다. 다시 말해서 교육훈련, 군기, 사기 등 전투력 요소와 적절한 능력을 발휘할 수 있는 편제와 무기체계, 부대 운영 및 지휘, 각종 군사지식과 행정능력 그리고 이들 여러 가지 요소를 고려하면서 운영하는 총체적인 관리 시스템을 모두 포함한다.

마. 환 경

군대 조직도 외부적 요소인 사회 환경변화에 의한 영향력을 완전히 배제하지는 못한다. 그렇지만 군 조직은 제대별 계층조직으로서 상급부대는 몇 개 하급부대의 결합으로 구성되며, 하급부대는 상급부대의 결정과 행동에 직접적인 영향을 받기 때문에 사회 환경변화에서 비롯된 영향보다는 차상급 부대로부터 하달되는 임무, 지시, 요구 등에 보다 직접적이면서도 절대적인 영향을 받게 된다.

바. 지휘관

지휘관은 군 조직에 있어서 핵심적인 역할을 하는 요소로서 부대를 지휘, 관리하며 부대의 성공이나 실패에 대하여 전적으로 책임을 지고 있다. 지휘관은 부대의 운영에 있어서 자신의 군 생활, 경험, 지식 및 독창력을 발휘하여 주어진 임무를 수행한다. 또한 고도의 전투준비태세를 강화하고 유지하려는 방안으로서 철저한 교육훈련, 단결력, 군기, 사기 등을 함양시키는 등 전투력 발휘의 극대화를 위하여 헌신적인 노력을 해야 한다.

4. 군 조직의 특성에 따른 리더십 발휘 영향

군대는 전쟁을 전제로 한 조직이기 때문에 신속성과 정확성이 요구되고 이를 위해 반복교육과 훈련이 필요하므로 유사시 조건 반사적 행동이 가능하도록 평소부터 반복훈련을 시키는 것이다. 이러한 교육내용은 사회에서 활용될 소지가 낮은 군대 특유의 지식과 능력이기 때문에 학습의욕이 낮아 형식적으로 흐르는 경향이 많다. 이러한 교육내용을 개인의 발전에도 도움이 되면서 어떻게 재미있고 유익하게 발전시켜 나갈 것인가 하는 문제가 리더십 발휘의 큰 과제중의 하나이다.

심리적 측면에서 볼 때, 군 복무과정 전반에 걸쳐 개인적 욕구가 최대한 억제되며 군에서의 교육훈련이 각 개인의 발전에 무관하다고 생각됨으로써 군대생활을 생애의 공백 기간 내지는 자기발전에 방해되는 기간으로 여겨 피해의식과 자기퇴보감에 빠지기도 한다.

이는 군 리더십의 큰 도전이 되기도 하는데 곧 군 생활이 자기발전에 유익하며, 군 복무가 국가 사회에서 앞으로 유익하고도 떳떳하게 활동하는 큰 자산이 되며 정신적·육체적으로 한 차원 높게 단련됨은 물론, 자신의 잠재력을 개발하고 리더십을 개발·발휘할 수 있는 기회로 활용하도록 인식시켜 나가야 한다.

또한 군의 구성원이 장교, 부사관, 병사 중 직업군인인 장교와 부사관이 가지는 국가관이나 사명감, 업무수행 노력 등 제반측면의 가치가 병사들과 크게 다를 수 밖에 없는데 이러한 차이를 극복하여 동일 목표를 추구하게 하는 것 또한 군 리더십의 역할이자 과업이라 할 수 있다.

이러한 상황 하에서 급변하는 시대상황에 부합하는 군 리더십 유형은 어떠한 유형이 적합한가라는 질문에 위계질서가 명확한 군 조직의 특성이라 하더라도 조직중심의 리더십과 인간중심의 리더십이 잘 조화된 리더십이 필요하다는 의견이 대두되고 있다.

가. 조직중심 리더십과 인간중심 리더십

〈그림 1-2〉 상관과 부하와의 바람직한 관계

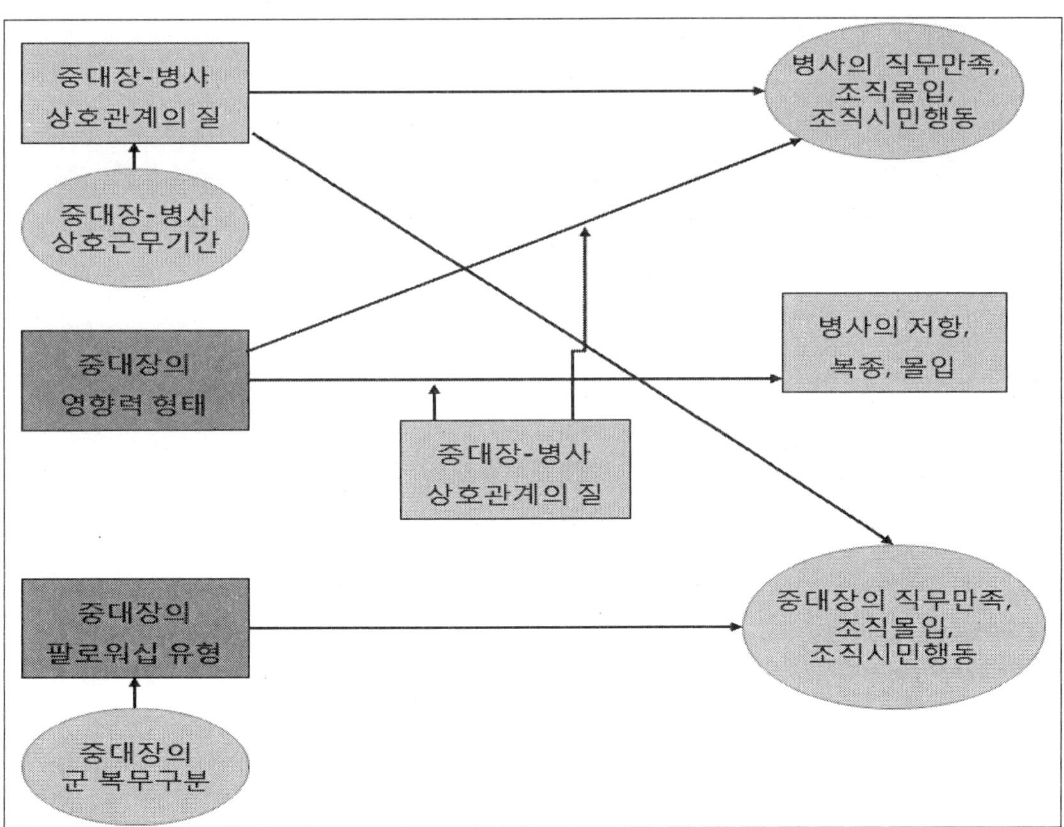

먼저 위 도표는 상관과 부하와의 바람직한 관계와 리더십 효과성에 영향을 미치는 분석 요소로서 중대장(간부)과 병사 간에 느끼는 상호관계의 질과 병사와 중대장(간부) 각각의 직무만족, 조직몰입, 조직시민행동 간의 상관관계를 분석한다. 다음으로 지휘관이 구비해야 할 바람직한 영향력과 관련하여 중대장이 병사들에게 발휘하는 영향력 형태(강제적, 보상적, 합법적, 전문적, 준거적 영향력 등 5가지)와 병사의 반응(저항, 복종, 몰입) 및 병사의 부대에 대한 전반적인 태도와 행동(직무만족, 조직몰입, 조직시민행동) 간의 상관관계도 최근 연구의 대상이 되고 있다.

영향력에 대한 반응의 정도와 관련해서는 저항이란 리더의 영향력이 지향하는 방향에 대하여 거부하거나 무시하는 태도와 행동을 의미한다. 복종이란 영향력을 행사하는 리더의 요구는 수용하지만 그 요구 이행에 열정적이지 않고 무관심한 편이고 단지 최소한의 노력만 기울이는 반응을 말하며, 몰입이란 어떤 개인이 영향력 행사자의 요구를 내적으로 동의하고 그 요구를 효과적으로 이행하기 위하여 많은 노력을 기울이는 반응으로 각각 정의한다.

리더와 구성원의 직무와 조직에 대한 태도와 관련해서는 직무만족이란 구성원이 자신의 직무에서 얻거나 경험하는 욕구만족과 즐거움의 정도를 일컬으며, 조직몰입이란 구성원이 자신이 속한 조직에 대하여 심리적인 애착이나 소속의 욕구, 가치관의 일치를 통하여 충성심을 느끼는 정도, 조직시민행동이란 구성원이 자신의 직무에서 요구되는 의무 이상의 행동을 함으로써 조직의 전반적 발전에 기여하는 행동으로 각각 정의한다.

전통적으로 군 조직은 부여된 임무의 절대적 완수라는 특성에 따라 상관의 리더십이 하향적·집권적으로 발휘되었으며, 전투력이 높고 효율성이 있는 조직을 만들기 위해서 상관의 통제와 지시에 절대적으로 복종하는 부하장병들이 필요하다고 인식하여 왔다. 이에 따라 조직 중심의 리더십 관점에서는 지휘관 중심의 강력한 리더십 발휘와 더불어 부하장병 개개인의 개별적·독립적 역할보다 일사불란한 조직의 일부로서 역할이 강조된다.

이러한 조직중심 리더십의 핵심요인인 조직안정은 부하들에게 규정준수와 위계질서 확립을 강조하고 일사분란한 업무수행 등 강제적인 측면의 지휘가 돋보이는 성향을 말한다. 이는 군의 대표적인 특성들을 통해 알 수 있는데 첫째, 군은 인위적으로 구성된 집단으로서 전시에 전쟁에서의 승리를 위해 존재하므로 평시에 높은 수준의 통제성을 띄는 집단이며 둘째, 상명하복의 명령체계에 따라 움직이고, 높은 수준의 단결력이 요구되면서 집단적 이익이 우선시되기 때문이며 셋째, 계급에 따라 업무의 할당이 명확하고, 강력한 권위의 위계구조를 갖추고 있기 때문에 조직의 안정이 무엇보다 우선적으로 요구된다고 하겠다.

다음으로 통제형 지휘는 계획과 결심수립에 대한 권한이 상급부대 지휘관에게 집권화 되어 있어 부하에게 엄격한 복종을 요구하는 지휘유형이다. 이는 부하의 창의적이고 주도적인 임무수행을 요구하기 보다는 지휘관의 세부적인 계획과 명령을 충실히 실행하는 부하의 역할을 요구하며, 상급부대에 의한 중앙집권적이며 강력한 통제를 통해 지휘하는 경향이 있다. 또한 예하 지휘관의 능력이 부족하여 스스로 결심하며 임무를 수행할 수 없을 경우, 본인의 판단보다는 상급부대의 지시된 사항을 수동적으로 이행하도록 임무를 완수케 한다. 통제형 지휘는 정보 및 권한의 집중과 효율적인 분배를 중시하는 위계적 구조하에서 의사소통은 일방향적이고 수직적이며 지시형 및 전통적 리더십 발휘에 효과적이다.

나. 인간중심 리더십과 요인

지식정보화시대의 리더십은 조직 구성원이 자발적으로 지식을 함양하고 지혜로 창조할 수 있는 환경을 만들어 주며, 지식과 정보를 유용하게 활용하는 시스템을 만드는데 주력해야 한다. 또한 인간은 개개인이 고유의 존재가치를 인정받고, 존중받으며, 격려 받을 때 가장 창의적이고 자발적이다. 이러한 관점에서 인간존중 사고와 가치에 기반을 둔 새로운 리더십이 인간중심 리더십이다.

인간중심 리더십 요인 중 먼저 개인존중이란 부하들을 존중하고 인격적으로 대해주며 개인적인 관심 표명 등 인간적인 측면의 통솔이 돋보이는 성향을 말한다. 사람은 인간으로서 존엄성을 인정받을 때 비로소 마음을 움직여 자신의 능력을 최대한 발휘한다. 따라서 인간존중은 인간중심 리더십 발휘의 전제 조건이다. 특히 대한민국은 OECD 가입국이라는 국가위상에 걸맞게 생존이라는 당면 욕구를 벗어나 다양한 사회적 욕구분출을 경험하고 있다. 그 중 대표적인 사회적 욕구가 개개인이 가진 행복 추구와 존중받을 권리에 대한 자각이다. 과거엔 조직 속의 개인에 대한 권리침해가 주목받지 않은 사안이었지만 현재엔 국민 모두가 자신의 권리침해인 양 받아들이고 행동한다. 이러한 변화는 군 구성원들도 공유하고 있는 것으로서 기본권 보장과 인간존중의 가치확산, 정신적 삶의 질 개선은 인간을 중심으로 한 새로운 리더십의 근본적인 수행기반이 된다.

다음으로 인간중심 리더십의 두 번째 요인인 임무형 지휘는 시시각각(時時刻刻)으로 변화하는 현장상황에 신속하고 능동적으로 대처하기 위해, 부하가 지휘관 의도를 기초로 주도적으로 임무를 수행하는 지휘유형이다. 즉, 지휘관은 부하에게 임무부여시 '누가・언제・왜・어디서・무엇을'의 요소를 제시하고 부하는 어떻게(How to)에 관한 것에 행동의 자유를 보장받는 지휘유형이다. 이러한 임무형 지휘는 전쟁양상이 가변적이며 예측 곤란하다는 가정에 바탕을 두고 있기 때문에 지휘관의도 내에서 각급 제대의 예하 지휘관이 훈련된 주도권을 적극적으로 행사할 때 성공적인 지휘가 가능하나 부하의 능력이 부족하여 지휘관 의도를 명확히 이해하지 못할 때에는 기대했던 결과를 가져올 수 없다.

다. 조직중심 리더십과 인간중심 리더십의 비교

군 조직의 특성에 비중을 둔 조직중심 리더십과 시대적 환경변화에 따른 인간중심 리더십은 서로 대비되는 개념으로 이러한 관점의 차이를 〈표 1-2〉와 같이 설명할 수 있다.

〈표 1-2〉 조직중심 리더십과 인간중심 리더십

구 분	조 직 중 심	인 간 중 심
인간관	개인의 희생을 전제	개인존중에 기반
발휘 방향	일방향 리더십 (부하를 대상)	다방향 리더십 (부하, 동료, 상관 대상)
활동 중점	조직의 안정 우선	참여와 변화 유도
발휘 주체	리더십은 리더의 전유물	분권적 리더십 수행
힘의 원천	권한, 정보, 권위적 카리스마 위주	인격, 품성, 개방적 카리스마 위주
부하 계발	현재 능력 발휘에 초점	잠재 능력 계발 촉진

출처 : 「교육회장 06-6-7」 p.2~7.

첫째, 조직의 구성원을 바라보는 인간관에 커다란 시각차가 있다. 전통적인 리더십 관점은 조직목표 달성을 최우선시하여 조직의 이익을 위한 개인가치의 희생은 불가피하다는 생각을 가지고 있으나 인간중심 리더십은 '조직의 힘은 인간존중을 바탕으로 한 자발적인 헌신에서 나온다.'는 인간관을 지닌다.

둘째, 리더십 발휘방향이 조직중심 리더십에서는 부하만을 대상으로 하향적·일방향적 이었던 것에 비해 인간중심 리더십은 부하, 동료, 상관을 대상으로 한 다방향적 이다.

셋째, 리더십 활동중점을 조직중심 리더십의 경우 안정지향적인 관리와 현상유지에 두었다면, 인간중심 리더십은 적극적인 참여와 변화의 유도를 통해 조직과 구성원을 변화시켜 새로운 환경에 능동적으로 대응할 수 있도록 하는데 있다.

넷째, 리더십의 발휘 주체 면에서 과거엔 공식적인 리더만이 리더십을 발휘한다고 보았다. 그러나 인간중심 리더십은 공식적 리더의 독점적 권한에만 의존한 리더십이 아닌 부하의 동기유발과 효과적인 업무수행에 필요한 권한의 위임을 통해 많은 구성원이 참여토록 유도한다.

다섯째, 리더십 힘의 원천을 조직중심 리더십의 경우 합법적 권한, 정보, 통제력 등에서 나온다고 생각하였으나 인간중심 리더십은 합법적 권한뿐만 아니라 전문성, 인격과 품성에서 시작된다고 인식한다.

여섯째, 조직중심 리더십의 경우 장병의 현재 능력을 활용하는데 중점을 두는데 비해 인간중심 리더십은 부하의 잠재능력을 계발하고 발휘하도록 촉진 및 확장하는데 주안을 둔다.

지금까지 조직중심 리더십과 인간중심 리더십의 차이를 여섯가지 관점에서 비교하였는데 이러한 변화는 과거와의 단절이 아니며 군 리더십의 연속선상에서 계승 발전되어야 함을 의미한다. 특히 군 본연의 임무인 국토방위와 국가안보를 확고히 수호해야 한다는 궁극적인 목적은 변함이 없으며, 임무완수를 위한 방법에 있어서 환경과 여건을 고려하여 가장 효과적인 리더십 유형을 적용해야 함을 의미한다.

이러한 맥락에서 조직중심 리더십과 인간중심 리더십은 서로 배타적인 것이 아니고 상호작용 과정에서 무게중심의 차이로 접근될 수 있다. 즉 〈표 1-3〉와 같이 조직중심 리더십과 인간중심 리더십은 상대적 가늠치에 따라 '2×2' 행렬로 구분할 수 있을 것이다. 이 경우 사람중시 인간중심 리더십과 임무중시 인간중심 리더십,

임무중시 조직중심 리더십과 사람중시 조직중심 리더십 등 네가지 유형의 리더십이 가능하고 본 책자의 연구목적을 실현하기 위해서는 사람중시 인간중심 리더십과 임무중심 조직중심 리더십에 대한 실태파악 및 분석결과는 중요한 의미를 지닌다.

따라서 본 책자에서는 ⅠⅢ 유형을 논의로 하고, 주로 ⅡⅣ 유형간의 관계를 검토하고자 한다.

〈표 1-3〉 리더십 구분

구 분	임무 중시	사람 중시
인간 중심 리더십	Ⅰ	Ⅳ
조직 중심 리더십	Ⅱ	Ⅲ

5. 장병의 특성과 군 조직에 미치는 영향

1970년대 까지의 한국 장병은 순박하고 복종심이 강하며 충성스럽고 고난에 숙련되어 있어 최소한의 의식주와 기본권만 보장해 주어도 존경하고 따르며 요구사항이라야 휴가정도였다. 그러나 현재 우리 군의 하부구조를 형성하고 있는 대부분의 장병들이 90년대 이후 출생자들인데 이 시기는 고도의 경제성장, 풍요로운 생활환경, 핵가족 시대, 대중문화의 범람, 탈 권위주의, 고학력 사회, 정보화 사회로의 이전 등으로 인해 인식과 태도 등 특성면에서 과거와 많은 차이점이 있다. 이러한 장병의 특성과 군 조직에 미치는 영향을 나누어 살펴보고자 한다.

가. 자기중심적 개인주의

현재의 장병을 규정하는 가장 큰 특성은 자기중심적 개인주의 성향이다. 이들은 핵가족이 보편화된 시대에 태어나 성장한 세대로서 혼자 생활하는 패턴에 익숙해져 있다. 더구나 어릴 적부터 입시와 성적위주의 경쟁적 풍토 속에서 자라온 그들은 남과 더불어 사는 단체 생활에 서투른 모습을 종종 보여주기도 한다. 개인주의는 개인의 권위와 자율을 중히 여기며, 개인을 기초로 하여 모든 행동을 규정하려는 사고방식 또는 행동방식으로 개인 자신의 이익과 이해관계를 중심으로 행동하는 것이다.

따라서 조직생활에 대하여 관심도가 낮고, 공동체 의식도 빈약한 반면, 비공식적 조직에 대한 친화력이 강해서, 자기가 속한 동아리 또는 친한 전우에게만 몰두하는 자기중심적 성향(Personal)이 강하다. 그러나 이런 개인주의가 꼭 이기주의와 결부되는 것은 아니며 오히려 자신의 개인주의가 남에게 피해를 주지 않는 범위 내에서 자신의 이익을 추구하는 정당한 것이라는 생각을 갖고 있기 때문에 이들은 서구식의 건전하고 합리적인 개인주의를 옹호하는 세대일 수도 있다.

나. 탈권위주의

장병을 규정하는 또 하나의 큰 특성은 권위주의에 대한 거부감이다. 그들은 합리성과 정당성을 요구하며, 맹목적인 권위주의를 싫어하고 일방적인 지시나 명령에 대한 무조건적인 복종을 거부한다. 또한 그들은 기본적으로 상하 동료관계를 존중하고, 변화를 두려워하는 권위를 '구태의 허례허식' 정도로 인식하며, 권위보다는 오히려 변화의 실속을 '합리적 이익'으로 계산하는 성향을 가지고 있다.

탈권위주의적 성향을 나타내는 사례로서 신세대 직장인들의 큰 특성중에 하나는 윗사람이라고 해서 무조건 따르지는 않는다는 것이다. 삼성경제연구소에 의하면 신세대 직장인이 원하는 상사는 3E(Enjoy, Exciting, Entertainment)형 이라고 한다. 이는 형식과 권위주의에 얽매이는 것보다는 즐겁고 잘 어울릴 수 있는 탤런트형 상사를 좋아한다는 것이다.

다. 실용적 합리주의

장병들은 성장 배경 및 환경의 변화로 말미암아 비합리적인 가치관과 신념들을 거부하고, 주관적이고 직관적인 결정보다는 합리적이고 객관적인 결정을 더 선호한다. 합리적이라고 해서 장병들이 모두 찬성하고 그러한 성향을 띠는 것이 아니라 논리적 합리성이나 추상적 합리성이 아닌 실용적인 합리성을 중요시한다. 또한 인간관계를 포함한 모든 관계에서 개인적인 가치나 목표의 성취를 지향하는 개인적인 형태 즉, 개인적 합리성을 나타낸다.

장병들은 명분보다는 현실 상황에 근거해서 실제의 이해관계를 중시하며, 기성세대가 외형적 가치나 소유가치를 중시하는 반면 사용가치를 중요시한다. 또한 과거 체면문화에 얽매이지 않고 과시적 소비대신 실질적인 필요에 따른 실리적인 소비를 지향한다. 예컨대 취업에 있어서 그들은 많은 물질적 보수보다는 안정성과 복지, 그리고 근무조건을 직장선택의 우선요소로 생각한다. 소비에 있어서도 그들은 강한 개성을 추구하면서도 싼값의 물건, 즉 실용성을 추구한다.

라. 군 조직에 미치는 영향

앞에서 제시한 장병의 특성이 군에 미칠 수 있는 영향을 긍정적인 면과 부정적인 면으로 나누어 보면 다음과 같다.

먼저 자기중심적 개인주의 성향은 강한 자부심과 주체의식이 확고한 국가관 정립으로 표출될 수 있는 긍정적인 요인과 더불어, 지나치게 자기중심적일 경우 동료들과 화합하지 못하거나 부대의 목표보다는 자기 개인 목표를 우선시하는 태도와 행동을 보이게 되며 통일성과 일관성을 요구하는 군 조직이 엄정한 명령체계를 부정하며 강한 자기주장의 표현으로 지휘관과의 갈등이 생길 수 있는 부정적 요인이 있다.

실용적 합리주의 성향은 합리적 사고와 행동을 통해 조직의 합리화와 업무수행의 합리성 제고, 체면과 형식보다는 실용성 내지는 효과성을 중요시함으로써 부대의 목표 달성에 긍정적인 기여를 할 수 있을 것이나 수직적 상하관계에 내면적으로 저항함은 물론 명령계통의 지시를 거부하며, 자기 자신의 비합리적인 행위는 접어둔 채, 지휘관의 비합리적 행위에 대해서는 온갖 이론과 논리를 동원하여 비판하는 부정적 요인이 될 수도 있다.

탈권위주의 성향은 개방적이고 솔직한 성격으로 밝은 병영문화를 창출할 수 있고 기존의 사고에 얽매이지 않아 창의력 발휘에도 용이하며 동기 유발시 그들의 도전적 가치 추구와 적극적 사고는 군 생활의 활력요소로 작용할 수 있으나, 권위주의적 지휘통솔에 강한 반발을 표시할 수 있으며 인내심이 부족하고 돌발적인 성격이 강하여 예상치 못한 악성사고 요인으로 표출될 수 있는 부정적 요인이 있다.

이와 같은 장병의 특성이 군 조직에 미치는 긍정적·부정적 요인은 자칫 선입견을 줄 수도 있기 때문에 전체적인 특성들로 이해하고, 지휘관들은 이중 긍정적인 요소와 부하장병들의 잠재력을 적극 활용하여 지휘 통솔함이 바람직하며 지난 '02년 연평해전에 참전했던 장병들의 투철한 사명감과 살신성인적 자세, '11년 북한의 연평도 포격도발시 해병 장병들의 헌신적 임무수행 사례 등이 이를 뒷받침 해준다고 볼 수 있다.

6. 군 리더십 유형과 부하장병 상호작용과의 관계

군 리더십과 관련된 문헌을 보면 리더십의 유형에 따라 부하장병들의 상호작용은 서로 상이하게 나타나는 것을 알 수 있다. 특히 최근 입대한 장병들은 과거와 달리 매우 자유분방하고 자기표현 및 자기주장이 강하며, 명령이나 구속받는 것을 싫어하고, 독자적인 창의력을 바탕으로 이루어진 인격체임을 보여주고 있다. 이러한 장병들에게는 군조직의 일원으로 부정적인 특성보다는 긍정적인 특성을 이끌어 낼 수 있도록 지휘관의 적절한 리더십 발휘가 필요하다.

그 리더십 중에서 본 연구자는 과거 전통방식인 '보스'와 미래 리더십의 형태라 할 수 있는 '리더' 중심으로 저술하였으며, 이러한 리더십의 종속변수로서 부하 상호작용 중 복무만족과 참여의식, 성취도를 선정하였다. 다음은 군 리더십과 복무만족, 참여의식, 성취도와는 어떠한 관계가 있는지 대해 분석해보았다.

가. 복무만족

복무만족이란 군 복무에 대한 장병의 일반적인 태도를 말한다. 따라서 복무만족이 높은 장병은 맡은 업무에 대해 긍정적인 태도를 갖게 되며, 반면에 군복무에 대해 불만족이 높은 사람은 업무에 대해 부정적인 태도를 갖게 되는 것이다. 군복무 만족과 같은 의미인 일반사회의 직무만족에 대해 Alderfer(1972)는 한 개인이 직무에 대하여 가지는 일련의 태도이며 직무수행 결과로 충족되어지는 유쾌하고 긍정적인 정서 상태로서 인간의 건강, 안전, 귀속, 존경, 성장 등 제반 욕구의 차원에서 설명되어진다고 하였다.[3] 따라서 복무만족은 군 리더십 유형에 대한 부하장병의 대표적인 상호작용 요인이라 하겠다.

---

3) Alderfer.1972. Existence, Relatedness, and Growth New York : The Free Press. p.7.

나. 참여의식

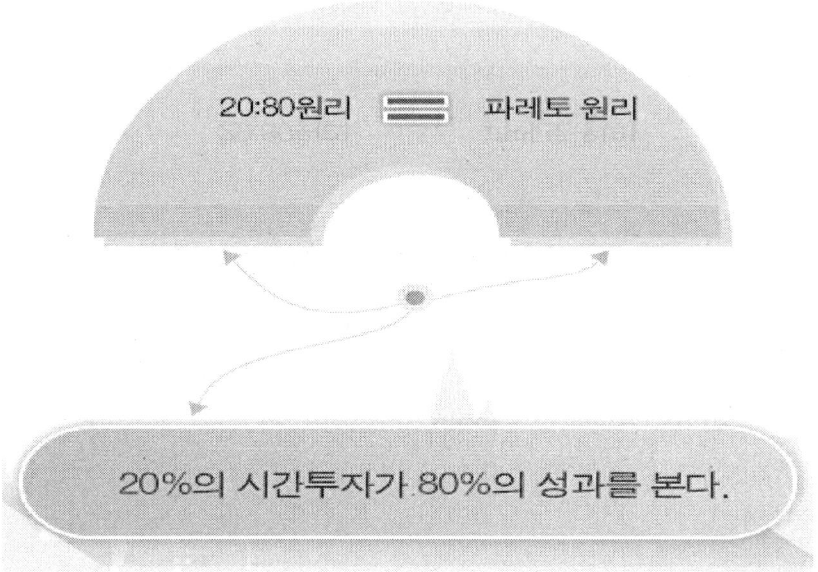

군은 일반조직과 달리 비상상황에 대처해야 할 뿐만아니라 상급부대 통제훈련이 많아 우선순위를 고려한 시간활용 능력이 리더가 갖추어야 될 매우 중요한 덕목이 되었다. 위 그림에서 제기한 파레토 원리는 변화를 위한 강력한 도구로서 조직과 개인에게 실질적인 성과를 가져오는 20% 시간은 무엇인지 고려해야 되며, 참여의식의 기본이 되는 요소라 하겠다.

참여의식은 개인이 조직을 긍정적으로 평가하고 자신이 조직에 중요한 일원임을 느끼면서 적극적으로 조직을 위하여 일하려는 의도, 즉 개인의 주체성을 조직에 결부시켜 애착을 갖게 되는 상태이다. 개인은 조직의 구성원들은 조직에의 참여를 통하여 조직의 목표달성과 자신의 욕구 충족을 이루려는 균형적 행위를 취하는 것을 의미한다.

특히, 통제된 조직인 군에서의 자발적이고 적극적인 참여의식은 군의 전투력과도 직결되는 주어진 임무에 충실하고 나아가 소속부대에 충실해야지만 평시 임무뿐만 아니라 유사시 임무완수를 하게 되는 것이므로 참여의식의 의미는 더욱 크다고 하겠다.

다. 성취도

군 리더십 유형의 유효성을 평가하는 수단으로 성취도나 조직의 목표달성도를 측정하여 평가하는 것이 가장 바람직하지만 일반적인 조직이 아닌 군 조직에서 리더십의 유효성을 성취도나 목표달성도를 통해서 측정하는 것은 한계가 있다. 왜냐하면 군 조직은 영리를 목적으로 하는 조직이 아니고, 객관적인 지표를 통하여 목표달성도를 측정해내기 어려우며 또한 군 조직의 목적이 유사시 국가와 국민을 보호하며 전투에서 승리를 거두는 질적인 부분에 중점을 두고 있기 때문이다. 한편, 리더십의 대상이 되는 부하들에게 직접 성과에 대한 주관적인 평가를 묻는 방법이 있을 수 있다. 이는 개개인의 주관적인 평가를 묻는 방법이 있을 수 있다. 이는 개개인의 주관적인 평가를 종합하기 어렵고 종합하는 과정에서 연구자의 주관이 개입될 여지가 있으나 사회 조직과 구별되는 특수성을 지닌 군 조직의 목표달성의 질적인 부분에 중점을 두는 리더십 평가에 관해서도 유효하게 사용될 수 있는 방법이다. 따라서 군 조직의 특수성에서 오는 한계를 극복하면서 리더십의 목표달성 여부에 대한 측정이 가능한 성취도는 부하 장병의 상호작용을 평가하는 좋은 지표가 될 수 있다고 하겠다.

제2절 신세대 장병의 특징

1. 신세대의 정의

신세대(新世代)라는 용어는 캐나다의 더글라스 커플랜드의 소설〈X세대(X-Generation)〉이 발표되면서 기업광고용으로 만들어진 용어라고 볼 수 있다. X세대라는 용어는 우리나라에 국한되어 사용되는 용어가 아니라 세계적으로 각국의 특징을 내포한 의미로 쓰이고 있지만 명확한 정의는 내려져 있지 않다. 이들은 과거의 기성세대와는 눈에 띄게 다른 독특한 행동양식과 사고방식을 갖고 있다.

신세대의 개념은 학술적인 정립이 되지 않았으나 대중과 언론 그리고 메스미디어에 의해 사용되며 인식된 개념이다. X-세대(30세~41세)라고 할 때 여기서 X는 수학의 미지수를 상징적으로 나타내는 문자로써 어떠한 사고로 어떠한 행동을 할지 예측하기 어려운 세대를 지칭한다.

대체적으로 신세대란 청년 전기(前期)의 10대 후반(後半)에서 20대 중반을 지칭하는 것으로 기성세대와는 가치관(價値觀) 및 생활양식(生活樣式)이 다른 세대라고 할 수 있다. 그러나 엄밀히 말하면 세대 차이는 어느 시대 어느 사회에서도 있어 왔다는 점에서 신세대는 오늘날의 문제(問題)만은 아니지만 최근(最近)의 세대(世代)를 'X세대'라고 부르는 것은 급격한 사회적·문화적 변화에 따라 세대 간의 격차가 뚜렷이 나타나기 때문이다.

N세대(10세~29세)는 신세대보다 한 단계 발전된 세대로써 디지털 문화의 핵심으로 컴퓨터, 스마트폰, 멀티미디어의 생활 속에서 삶을 영위하며, Net Work, New Netizen 세대라고 부르며 신세대 속에 포함된 세대라 하겠다.

2. 신세대의 성장배경

신세대의 특징을 파악하기 위해서는 그들의 성장배경을 이해해야만 한다. 신세대는 1980년대 이후 태어나 이전의 빈곤, 어려움을 경험하지 않았으며 경제개발 단계의 땀흘려 일하는 시대를 경험하지 않고 고생과 고통 없이 자라난 세대들이다.

우리나라는 1980년대 이후 경제적 급성장으로 인해 국제적으로 한국의 위상이 높아지고 사회적으로는 많은 풍요를 가져왔다. 이러한 풍요는 사회적으로 황금만능주의, 부정부패, 타락, 소비지향적 성향을 가져왔고 문화적으로는 미국과 일본 등 강대국의 문물을 익혔고 편리함 위주의 생활구조를 가져왔다.

신세대가 성장한 시기는 우리나라가 공동사회(共同社會)에서 이익사회(利益社會)로, 농업중심 산업구조에서 공업중심 산업구조로, 전통문화(傳統文化)에서 근대문화(近代文化)로, 대가족제도에서 핵가족제도로, 권위주의(權威主義)에서 탈권위주의(脫權威主義)로, 냉전(冷戰)시대에서 탈냉전(脫冷戰)시대로 변화하던 시기와 일치한다. 1990년대를 기점으로 전후 10년간 군에 입대하는 장병들의 성장배경과 우리나라의 사회상(社會相)을 정리하면 〈표 1-4〉과 같다.

〈표 1-4〉 신세대의 성장배경[4)]

1980년대	1990년대	2000년대
• 문화적 개방 • 정치적 권위주의 • 권위주의의 몰락	• 정보화 사회 • 민주주의 정착 • 향락, 소비지향적	• 대중문화 사회 • 다양성 존중 • 권위와 고정관념거부

신세대는 1980년대 후반부터 사회적, 교육적인 자유와 민주화의 혜택을 받은 세대이다. 이러한 자유와 민주화는 신세대가 자신의 개성을 중시하고, 자신이 하고 싶은 일을 타인의 눈치를 보지 않고 하게 되었으며, 개인의 공간과 사생활을 중시하는 경향을 가지게 되었다. 또한 정보화 사회로의 본격 진입 등 최근의 급변하는 환경변화는 군대를 비롯한 사회 다각적 측면에서 갈등의 요인이 되고 있다. 이에 신세대와 기성세대 간의 성장환경의 차이를 분석해 볼 필요가 있다. 신세대와 기성세대의 성장환경 차이는 〈표 1-5〉와 같이 나타난다.

4) 육군교육사령부, 지휘통솔지침서, 1995, p.13.

〈표 1-5〉 신세대와 기성세대의 성장환경[5)]

기 성 세 대	신 세 대
농경사회 산업사회 변천과정 체험	산업사회 정보화사회 변천과정 체험
경제 개발에 전념	강대국 문물, 편리위주 생활 패턴
빈곤, 결핍	풍족
원고지, 펜	컴퓨터, 태블릿 PC
남성중심/대가족	남녀평등/핵가족
활자/흑백	영상/컬러
교복 획일화	교육 자율화
학교중심/학과공부/주관식	학원, 과외중심/예능공부/객관식
다이얼식 전화기/아날로그 사고	스마트폰/디지털 사고
아궁이/온돌	침대/보일러

3. 신세대 장병의 특징

X세대, Y세대, N세대, Na세대 등은 신세대를 지칭하는 말로 약간씩 다른 의미를 지니고 있다. 특히, 최근 신세대를 지칭하는 용어인 Na세대는 나를 강조하는 세대로 현재 20대를 일컫는 말로 20대 초반과 20대 후반에서도 세대차를 느낄 만큼 변화가 심한 특징을 나타나낸다.

우리 군(軍)의 하부조직을 구성하고 있는 장병들은 90년대를 전후해 태어난 이른바 Na세대로서 높은 교육수준과 자기중심적 사고와 개성을 표출하는 의식(意識), 그리고 행동방식을 소유한 세대로서 학연이나 지연보다 "넷(net)연"을 중시하는 특성이 있다.

육군 소속부대의 일부 보고서는 신세대(新世代)의 사고방식의 특징을 ① 개인주의(個人主義), ② 자기중심주의(自己中心主義), ③ 합리주의(合理主義), ④ 현실주의(現實主義), ⑤ 탈이념, ⑥ 수평적 가치관, ⑦ 다원주의(多元主義) 등으로 제시

5) 이의용, 신세대 리포트, 1996, p.25.

하고 있다. 또한 신세대의 행동방식의 특징을 ① 언어 유희적 경향, ② 소비 및 여가 중시, ③ 외모 및 외형중시, ④ 유아기적 행동, ⑤ 인스턴트 선호, ⑥ 영상매체 광 등으로 제시하고 있다.

김광수는 신세대들의 사고방식(思考方式) 특징을 감성적, 도전적, 가치창조를 위한 이질지향적 가치관, 탈권위주의, 탈 조직현상, 자기 지향적 사고, 감성중심 사고를 제시하고 있다. 신세대 행동방식(行動方式)의 특징은 감각적(感覺的) 판단에 의한 행동, 직접 참여의 기쁨 추구, 의무감 및 책임의식 결여, 준법정신(遵法精神) 및 윤리의식 희박(稀薄)을 제시하고 있다. 또한 이들은 기존 세대와는 완전히 구별되는 성장 배경 및 특성을 지니고 있다. 따라서 이들은 어떻게 관리하고 지휘·통솔하는가, 곧 리드하는가에 따라 군 조직의 유효성을 증대시켜 효과적으로 군 본연(本然)의 목표(目標)를 달성시킬 수 있기 때문이다.

육군의 한 연구 보고서는 〈표 1-6〉과 같이 신세대(新世代)의 사고방식의 특징을 ① 자기중심주의, ② 합리주의, ③ 현실주의, ④ 탈 이데올로기, ⑤ 수평적 가치관, ⑥ 다원주의 등으로 제시하고 있다.

〈표 1-6〉 신세대 사고방식의 특징[6)]

구 분	주 요 내 용
자기중심주의	- "내가 좋으면 그만" → 개성 또는 무원칙으로 발전 - 우리라는 소속감, 집단보다는 "나" - 보편적 논리보다 자기 편의주의로 자기 합리화 경향 - 자기에 대한 강한 자부심, 자기에게 충실 - 사회적 출세보다는 내면적 자아실현 요구를 중시하며, 개인적 관심분야에 강한 집착과 정열을 보이고, 인내심이 부족하면서도 자기가 하고 싶은 것을 위해서는 극도의 자제력을 보이며 자기계발에 관심이 높음
합리주의	- 정에 의한 인간관계 퇴조 - 원인과 이유를 따지기 좋아하며, 무조건 하라는 식에 대해 강한 거부감 표시

6) 육군 제3군사령부, 신세대 지휘통솔, 1995, p.8.

현 실 주 의	- 명예, 보수, 안정성보다는 자기만족을 중시 - 현실적 이해타산과 득실에 민감
탈 이데올로기	- 주적개념이 상실되고 북한에 대한 강한 동포애를 느끼며 북한군, 주민, 정권에 대한 가치 기준이 모호 - 이념과 사상에 대해서 점차 무관심해지고 문화 지향적 사고로 대처
수평적 가치관	- 민주화 교육의 결과 수평적 인간관계를 수직적 인간관계에 우선하여 생각하며, 일방적 결정에 비 순종적 - 권위주의에 대한 거부감 표시
다 원 주 의	- 획일적·전체적 가치를 거부하며 자유분방 - 제도적 관습을 거부하며 자기식 합리주의에 입각하여 사물을 판단

이들 신세대가 군(軍) 조직에 긍정적(肯定的)·부정적(否定的)으로 미치는 영향은 다음과 같다.

긍정적(肯定的) 요인 면은 자신에 대한 강한 자긍심(自矜心)과 주체의식(主體意識), 새로운 것을 추구하는 발전적, 도전적 자아성취의식, 변화에 대한 수용력과 포용자세, 공평성 및 합리성 추구이다.

부정적(否定的) 요인 면은 판단과 결과 집착 및 사고의 단순화, 개인적 성향으로 연대의식과 공동의식 희박, 소비성향이 강해 절제정신이 희박하며 미래에 대한 준비 없이 현재를 즐기려는 성향으로 자유를 만끽하되 의무감 및 책임의식이 모호하며 자기 절제력의 부족과 공격적 성향으로 자기 위주로 타인과 인간 존엄성을 경시하는 경향으로 인내심 부족과 체력이 약하다.

4. 신세대 장병의 의식 성향

1980년대 이후 경제의 빠른 성장은 사회 전반에 산업화(産業化)와 함께 물질적 풍요와 국민 생활수준의 향상이라는 긍정적 영향을 끼친다. 한편, 소비풍조를 새로운 의식주 성향으로 자리 잡게 함으로써 사회 구조를 스피드화나 인스턴트화로 가속화시켜 과정을 무시하고 결과만을 중시하는 업적위주 또는 한탕주의를 만연케 하여 사회 전반의 많은 변화를 가져왔다. 이렇게 변화된 사회구조는 우리의 전통 윤리적 가치관인 '장유유서(長幼有序)'의 기본질서를 뿌리째 흔들어 놓음으로 전통 윤리적 가치관의 영향을 받고 자란 기성세대는 신세대에게 동정의 대상이요, 비판의 표적으로 전락하고 말았다.

신세대 장병들은 기성세대와 다른 국가관·군인과, 사회관, 행동양식을 갖고 있으며 이러한 측면에서 나타난 일반적인 의식 성향은 〈표 1-7〉와 같다.

〈표 1-7〉 신세대 장병의 의식 성향[7)]

구분	내용
국 가 관	• 국가이익보다 개인의 입장을 중시 • 탈 이데올로기 현상으로 안보의식의 약화 • 한반도 전쟁 위험에 회의적, 통일에 낙관적
군 인 관	• 군인으로서의 투철한 사명감, 사생관 부족 • 군의 존재 목적에 대한 명확한 자기 확신 결여 • 군 생활이 사회생활에 도움이 된다는 긍정적 자세와 요령을 배운다는 부정적인 시각 내재 • 군 복무기간을 인생의 단절기로 인식
사 회 관	• 수직적인 인간관계보다 수평적인 관계 우선 • 제도적 관습과 획일적인 공동체의식을 거부 • 현실적 이해타산과 득실에 민감
행동양식	• 보편적 논리보다 자기편의주의로 자기 합리화 경향 • 원인과 이유가 합리적일 때 적극적으로 참여 • 통제된 집단생활에 대한 심리적 갈등 내재 • 조직의 일 또는 상대의 의견보다는 개인의 일 우선시

5. 신세대를 보는 관점의 변화

신세대 의식 성향이나 가치관으로 보아 일방적이고 강압적인 지시는 물론 기성세대의 보수성에 강한 반발감을 갖고 있어 반공정신이나 통일관, 또는 시사 안보

7) 육군본부, 지휘통솔, 전게서, p.2.

교육위주의 주입식 교육의 효과는 별로 없을 것이다. 따라서 강요보다는 설득과 솔선수범을 통한 리더십이 이루어지고 동기유발에 있어도 참여적인 방법을 활용해야 한다. 그러기 위해 신세대를 바라보는 관점을 긍정적인 것으로 바꿀 필요가 있다. 이들은 문제 덩어리가 아니라 실용적, 합리적인 측면과 자기충실의 자아발전을 기준으로 삼은 긍정적인 측면도 있다는 것을 알아야 한다. 합리성에 바탕을 둔 모티베이션이 일어날 때는 강한 책임 의식을 느끼면 적극적으로 업무수행에 참여시킬 수 있을 것이다.

6. 신세대 특성 이해에 따른 군 리더 자질 조건

효과적 리더는 조직 구성원의 특성에 맞는 리더십을 발휘하는 것이다. 따라서 신세대 장병들로 이루어진 군 조직에서 성공적인 리더는 그 특성에 맞는 리더십이어야 하며, 군 조직의 집단적 목표에 부합하는 리더십이어야 한다.

근본적인 리더의 자질로는 8가지가 있는데

첫째, 지혜(智慧)로써 지혜란 지식과 지성을 이용하여 올바르게 판단하고, 적시에 필요한 계략과 책략을 짜내는 능력이다. 지혜는 풍부한 경험과 해박한 지식 그리고 수준 높은 지성의 바탕 위에서 발휘되는 것이므로 지휘통솔자는 일반적인 지성과 교양을 쌓고 겸비하도록 노력해야 한다.

둘째, 신념(信念)으로써 행동의 정당성에 대한 확신이며 소속부대의 일원 또는 책임자로써의 국가목표, 이념 그리고 부대의 임무에 대한 철저하고도 긍정적인 확신을 말한다. 굳은 신념에서 우러나온 마음과 행동은 무언중에 부하의 심금을 울리고 감동을 주게 되어 상하 일체감의 공감대를 형성하여 부대의 일사불란한 단결과 정열을 불러일으키게 하는 활력소가 되는 것이다.

셋째, 통찰(洞察)력으로써 사물의 외면과 내면까지 꿰뚫어 보는 능력을 말하는 것이다. 부하의 심리상태를 꿰뚫어 볼 수 있는 식견과 문제의 핵심을 읽을 수 있는 능력, 미래를 내다보고 부하들에게 비전을 제시할 수 있는 능력 그리고 변화하는 전반적인 상황을 판단하여 부여된 임무수행에 미치는 영향을 분석하고 이에 대응하는 방책까지 구상할 수 있는 통찰력을 가져야 한다.

넷째, 결단력(決斷力)으로써 신속하고 정확하게 상황을 판단하여 여러 가지 가능한 대안 중에서 최선의 대안을 과감하게 선택하여 두려움과 주저함이 없이 실행에 옮길 수 있는 능력이다. 리더는 상황을 종합적으로 분석하여 가장 건전한 결심을 할 수 있는 판단력과 모든 상황을 꿰뚫어 볼 수 있는 직관력, 결심한 사항을 끝가지 관철시키고, 책임을 질 수 있는 자세를 갖추어야한다.

다섯째, 용기(涌起)로써 용기란 정신적, 신체적 위험을 무릅쓰고 자신이 결심한 바를 두려움 없이 실행할 수 있는 정신이다. 리더가 용감성을 보일 때 그 부하들이 용감해지지 않을 수 없으며, 이는 용장 밑에 약한 병사가 있을 수 없기 때문이다.

여섯째, 진취성(進就性)으로 적극적으로 나아가 일을 처리하고 발전시킬 수 있는 요소나 성질로서 진취적인 사고와 행동은 과거나 현재에 집착하기보다는 앞날을 내다보는 미래지향적 사고와 능동적인 행동을 말한다.

일곱째, 인내력(忍耐力)으로써 고통과 피곤, 긴장과 압박 등의 어려움이나 괴로움을 참고 견디는 능력으로 의지력과 깊은 관련이 있으며 인내력은 리더로써 존경심을 불러일으키는 곡 필요한 자질이다.

여덟째, 치밀성(緻密性)으로써 체계적이고도 분석적이며, 착실하면서도 빈틈이 없는 꼼꼼한 기질을 말한다. 자기가 맡은 일을 주도면밀하게 계획을 수립하고 처리하는 자세와 임무수행 과정을 철저하게 감독하는 습성을 가져야 한다.

기타 올바른 인간성(人間性)과 자신감(自信感), 대범함과 포용력 등을 가져야 하며 끊임없는 자기관리와 노력이 있어야겠다.

제3절 리더십과 조직구성원의 사기

사기(士氣)라고 하는 말은 본래 군대에서 많이 사용되어 왔으나 최근에는 일반 행정 및 경영 분야에 까지 확대되고 있다. 그러나 최근에 이르러 군의 사기문제가 정태적인 연구가 아니라 동태적인 현상에 대한 심리적인 측면에서 이에 대한 연구가 군 간부들에 의하여 활발하게 전개됨은 물론, 이러한 지식이 널리 보급됨에 따라 현재는 일반 용어화 되고 있다.

군에서는 사기의 문제가 전쟁의 승패를 결정짓는 중요한 문제로 다루고 있는 반면, 행정·기업에서 사기를 중요시하고 관심을 기울이기 시작한 것은 그다지 역사가 오래되지 않았다. 고전적 조직이론에서는 인간은 일하기를 싫어하며 경제적 요인에 의해서 움직이는 존재로 파악하였기 때문에 사회심리적인 요인에 대해서는 무관심하였으며, 주로 기계적 능률관 및 인간관에 입각하여 다루어 왔다.

그러나 인간관계론(human relations)의 대두와 함께 인간은 일하기 싫어하는 면도 있지만 일을 즐겨하는 면도 있으며, 인간을 동기 유발시키는 요인은 경제적 요인도 중요하지만 사회 심리적 요인도 중요하다는 점이 인식되기 시작하였다.[8)]

1. 군대조직에서의 사기

"군인이라는 직책은 군에 몸담고 있는 사람들에게 아주 특별한 삶을 요구한다(E. M. Adams, 1989)." 이러한 이유로 군인들에게 자기 자신의 개인적 목표나 판단보다는 전체의 목표나 상급자의 명령을 우선적으로 생각하게 하며, 자신에게는 전혀 도움이 되지 않는 일을, 경우에 따라서는 목숨을 바쳐가면서까지 수행할 것을 요구하기 때문이다.

군사조직과 관련해서 사기를 정의한 대표적인 인물로는 Motowidlo와 Borman(1977)을 들 수 있는데, 이들은 사기를 "집단성원들이 어떠한 고난이나 역경에 처해서도 집단 목표달성을 위한 강한 동기부여의 집단에 영향을 주는 조건

8) Douglas McGregor, The Human Side of Enterprise (N. Y. : McGraw Hill,1960), pp.45-57. 여기에서 McGregor는 Theory X에 반대되는 Theory Y를 개인의 목표와 조직의 목표를 통합하는 인간형으로 규정하고 있다.

들에 대한 일반적인 만족감으로 구성되어 있는 성원들이 공유하고 있는 심리상태" 라고 정의하고 있다.

육군의 「지휘 통솔 교범(야전교범 6-0-1)」은 "사기란 부대원이 목표달성을 위해 자발적이고 적극적으로 참여하는 심리 상태이다. 이러한 사기는 자신에게 닥쳐올 희생을 고려하지 않고 공동의 목적달성을 위해 최선의 노력을 다하게 하는 무형의 힘이다."라고 정의하고 다음과 같은 구체적인 설명을 함께 제시하고 있다.

첫째, 사기는 본질적으로 지속적인 속성을 지니고 있다.

사기는 순간적으로 진작되거나 저하되지 아니하며 본질적으로 지속적인 속성을 지니고 있다. 사기는 어떠한 사태의 변화 속에서도 관계없이 지속되는 힘이다.

평소에 지휘통솔자와 부하가 일체가 되는 진정한 사기가 진작되어 있으며 사기는 어떠한 고난 속에서도 지속되는 힘을 지닐 수 있다. 순간적인 충동은 일시적인 효과만 거둘 수 있을 뿐이며 고난이 지속되면 그 효과는 급격히 사라진다.

둘째, 사기는 개체적인 힘이 아니라 전체적인 힘이다.

몇몇 개인으로 인해 부대전체의 사기가 진작되거나 반대로 소수의 일탈자에 의해 부대의 사기가 저하되는 경우도 있으나 군의 사기는 개인적인 것이 아니라 집단적인 특성을 지니고 있다.

부대원 전원에 의해 진작된 사기는 단결이나 부대정신과 같은 정신적 제요소를 촉진시켜서 더욱 강한 효과를 낳는다. 그러므로 지휘통솔자는 부대원 모두의 사기를 진작시킬 수 있는 공통적인 동기를 유발시켜야 한다.

셋째, 고난의 상황 속에서도 사기는 여전히 작용한다.

사기가 지니는 특성 중에서 가장 중요한 것은 고난의 상황 속에서도 사기는 여전히 작용한다는 점이다. 추가적으로 육군의 교리 상에 나타난 사기의 개념은 〈표 1-8〉와 같다.

〈표 1-8〉 군 교리 상 사기의 개념

구 분	내 용
정신 전력 지도지침서 (국방부, 1983)	군대의 강약은 사기에 좌우된다. 사기는 군 복무에 대한 군인의 정신적 자세이며 사기왕성한 군인은 자진하여 어려움에 임하고 즐거이 그 직책을 수행할 수 있는 것이다.
군인복무규율 (대통령령 21750호, 2009. 09. 29)	군대의 강약은 사기에 좌우된다. 사기는 군 복무에 대한 군인의 정신적 자세이며, 사기왕성한 군인은 자진하여 어려움에 임하고 즐거이 그 직책을 수행할 수 있는 것이다.
군사술어사전 (육군본부, 1977)	군대생활과 그에 관련되는 모든 일에 있어서 특히 임무를 완수하는데 있어서 각 개인이나 집단이 가지고 있는 정신적, 심리적 상태로서 군대의 사기는 전투에서 승리를 거두고 평소에 부대 능률을 발휘하기 위해 중요한 요소가 된다.
행정요무령 (야교 100-10)	사기란 군 복무에 대한 군인의 정신적 자세이며 자신에게 닥쳐올 희생을 고려하지 않고 공통의 목적달성을 위해 모든 노력을 다하는 무형의 힘이다.
참모업무 (야교 101-5)	사기란 군 복무에 대한 군인의 정신적 자세이며 자신에게 닥쳐올 희생을 고려하지 않고 공통의 목적달성을 위해 모든 노력을 다하는 무형의 힘이다.

* 박전식, 군 사기 측정방안연구, 국방대학원 안보과정 정책연구보고서, 1992. p.28.

특히 육군은 '육군가치관[9]'을 제정하여 '명예심'을 군인의 최고 덕목으로 선정하여왔기 때문에 군인들의 사기에 미치는 보상(물질적, 상징적, 사회적 보상)의 영향 요소를 소홀히 하여 왔다. 그러나 안보환경의 변화와 함께 인간존중의 병영문화가 반영되면서 최근 군인들의 병영문화 선진화가 추진되고 있다. 따라서 물질적 보상측면에서 병들의 봉급인상을 국가재정 및 국방개혁성과를 고려하여 23% 대폭 인상하여 병들의 사기향상에 크게 기여한 바가 있다.

그러나 군 조직은 사기를 정신적인 요소로만 취급하고 실질적으로 보상이 사기

9) 육군 가치관 : 2002년에 충성, 용기, 책임, 존중, 창의 등 주로 군인의 명예심에 관련된 덕목을 군인들의 가치관으로 설정하여 스스로의 군 복무에 대한 자긍심을 고취시키도록 하였다.

에 미치는 영향에 대해서는 연구가 부족한 실정이다. 따라서 대부분의 군 장교들은 사기를 교범에 의해 규범화 된 정의에 입각해서 사기를 인식하려는 경향을 보이고 있다. 이러한 시점에서 군 사기가 군인들에게 실질적으로 제공되는 각종 보상(물질적 · 상징적 · 사회적 보상)에 의해 어떻게 결정되는지를 연구하는 것이 중요한 의미가 있는 것으로 판단된다.

군 사기의 중요성은 국민들이 평화로운 일상의 기쁨을 누릴 수 있는 것은 불철주야로 국토방위 임무완수에 헌신하고 있는 충성스런 군인들의 노고의 결과이기 때문이다 군 조직에 있어서 사기는 오랜 동안 전승을 좌우하는 중요한 요소로 간주되어 왔으며, 수많은 명장 및 전문가들에 의해 다양하게 정의되어 왔다. 전시에서 수많은 명장들과 전략가들은 전투승패를 가늠하는 최대의 요소로 사기의 중요성을 간파했으며, 실제 병영에서 그리고 전투에서 사기진작에 모든 노력이 경주된 것도 사실이다. 역사적으로 전쟁에서 승리한 노련한 명장 및 전략가들이 실전을 통해서 사기의 중요성에 대해 설파한 내용을 보면 〈표 1-9〉과 같다.

〈표 1-9〉 명장 및 전략가의 사기에 관한 견해

구 분	견 해
손 자 (BC 547)	부하가 지휘관과 같은 뜻을 지닌 상태 원래 군대는 아침에 사기가 왕성하고, 저녁에는 나태해지는 것이다. 용병에 능통한 장수는 그 왕성한 때를 피하고 나태했을 때 공격한다. 이는 사기를 다스리는 방법이다.
씨 저 (BC 74)	전투의 승패는 병력 수만으로 결정되는 것은 아니다. 병사의 사기가 문제다.
프레데릭 대 왕 (1740)	병사들을 전쟁이념이나 전투 목적으로 열광시킬 수는 없다. 가능한 방법이란 병사의 가슴 속에 강한 부대정신을 불어넣어 자기의 부대가 세계 최강의 부대임을 믿게 하는 것이다.
나폴레옹 (1812)	이 세상에서 단 두 가지 힘이 있을 뿐이다. 하나는 정신력이고 또 하나는 칼의 힘이다. 그러나 칼의 힘은 항상 정신력에 미치지는 못하는 것이다. 정신력과 물질력의 효율 비율은 3:1이다.

클라우제비츠 (1830)	전쟁이론에서 정신적 제요소를 제외할 순 없다. 전략론에서 단순히 물질적 제요소만을 그의 대상으로 해선 안되고, 그 물질적 요소에 생명을 불어넣는 정신적인 제요소를 그 대상을 포함시켜야 한다하며 이 양자를 구별하여 생각할 수도 없다.
튜 피 크 (1920)	전쟁에서 파괴력을 지닌 물질적 효과와 전투공포를 제거하는 정신적 효과는 같다. 전투는 반대되는 두 의지의 대립 즉, 두 정신적 힘의 충돌이지 물질적 충돌만은 아니다.
맥 아 더 (1940)	군대의 힘의 원천은 부대의 사기와 투지, 지도자와 피지도자 간의 상호 신뢰감, 전우애 기타 무형의 정신적 특성 등이다.
슬림 원수 (1942)	사기는 마음의 상태이며 자신에게 닥쳐올 희생을 고려하지 않고 공동의 목적달성을 위해 모든 노력을 최후 한 방울까지 더하게 하는 무형의 힘이다.
몽고메리 원 수 (1943)	예상한 목적을 달성하려는 한 집단의 견고한 결의가 사기다. 장병의 사기는 전장에서 가장 중요하고도 유일한 요소이다. 사기는 무엇보다도 지휘관에게 달려있다. 왕성한 사기는 훌륭한 지휘관 없이는 생겨날 수 없다. 사기는 국민성에 의해 형성된다.
롬 멜 (1943)	군대의 가장 중요한 요소는 사기다. 장병의 사기가 저하되면 몇 만발의 탄환으로도 돌이킬 수 없는 손해를 보기 마련이다.

* 박전식, 「군 사기 측정방안연구」, 국방대학원 안보과정 정책연구보고서, 1992, p. 16.

현대전은 통계에 나타난 것처럼 대부분의 전투에서 패자 측 사상자 수가 30%에 달할 때 승패가 결정되었다는 것은 패자가 물리적 힘이 붕괴되기 이전에 정신적으로 먼저 붕괴되었다는 것을 의미한다. 즉 전투에서 패배를 자인할 때에도 병력의 70%는 육체적인 전투력을 갖고 있다고 볼 수 있다(고재간, 1998). 따라서 전투 시 전투를 성공적으로 이끈 사기의 효과성에 대한 전례를 살펴보면 〈표 1-10〉과 같다.

〈표 1-10〉 전투 시 사기의 효과성에 관한 사례

구 분	전 례	사 기 요 소
고대전 (18세기 이전)	이수스전투(BC333) : 알렉산더 Cannae 전투(BC210) : 한니발	지휘관의 탁월한 지휘 지휘관에 대한 신뢰감
	행주산성(1453) : 권율 명랑해전(1457) : 이순신	지휘관의 용감한 전투지휘 지휘관에 대한 신뢰감
근대전 (2차대전 이전)	Jena 전투(1806) : 나폴레옹	지휘관의 탁월한 지휘 지휘관에 대한 신뢰감 승리 후 기대감
	El Alamein(1942) : 몽고메리	훈련, 초전 승리로 자신감 참여의식 고취
	임팔작전(1944) : 무다구찌 유황도 옥쇄작전	지휘관에 대한 신뢰감 지휘관의 진두지휘
한국전쟁 (1950)	백마고지, 베티고지 전투	중·소대장이 진두지휘 승리에 대한 확신(자신감)
	18연대 전승 : 백골부대	부대 전통과 강한 소속감 승리에 대한 확신
월남전 (1966)	둑코전투, 백마작전	지휘관에 대한 신뢰감 훈련, 전투를 통한 자신감 기대감(보상 및 진급)
중동전 (1967)	3차(6일)전쟁	사명감(이스라엘 생존) 승리의 확신(자신감)
포클랜드전 (1982)	Falkland 상륙작전	지도층의 솔선수범 상관에 대한 신뢰감 자신감(훈련, 승리확신)

* 한국 국방연구원, 유·무형 군 사기 앙양방안 연구, 1994, p.29.

정신력을 숫자로 표현하기는 어렵지만 이것은 전투력을 형성하는 지배적인 요소이다. 정신력은 사기·군기·단결 등과 같은 제요소의 복합체이지만 그 중에서 정신력에서 사기가 차지하는 비중이 가장 크므로 통상 정신력이란 바로 사기를 의미하기도 한다.

군 조직에 있어서 사기의 고저는 전력의 우열로 나타난다. 즉 전형적인 군사력 요소만이 적을 압도하는 데 주된 역할을 하는 것이 아니라, 오히려 무형적인 요소인 전략·전술상의 모든 기술과 장병들의 정신전력이 보다 핵심적인 역할을 하기 때문이라고 본다. 그러나 현대에 와서는 전쟁양상의 변화와 군 조직의 기능이 다양해지고 복잡해짐에 따라 지휘관의 지도력에 추가하여 집단목표 달성을 위해 노력하는 개인의 정신자세로서 사기를 더욱 중요시하게 된 것이다.

이상에서 고찰한 내용을 종합하면, 군 사기의 개념은 지휘관의 단순한 역량의 범위를 넘어서 근무환경과 상호작용하는 것이라고 할 수 있을 뿐만 아니라, 이것은 행동주체인 부하의 행동이해와 집단 목표달성을 위한 노력까지 포함하는 개념이라고 할 수 있다.

즉, 이러한 사기개념에는 행동주체인 부하들의 근무환경과 집단 목표달성의 노력을 포함하는 것으로 보았다. 그러나 근무환경과 집단 목표는 전시와 평시에 따라 많은 차이를 보이고 있다. 대부분의 학자들은 군 사기가 직면하고 있는 전·평시의 개념과 역할의 차이를 간과하고 있다. 목숨을 담보로 하는 전시환경과 목표, 업무의 효율성을 전제로 하는 평시 부대 관리시의 사기와는 확연한 차이가 있다.

따라서 본 연구는 군대조직에서의 사기는 전시와 평시 개념으로 다르게 정의되어야 한다는 전제하에서 사기를 다음과 같이 정의한다.

전시의 사기개념은 "자신에게 닥쳐올 위험보다도 조직의 임무나 전우애를 위해 보상을 고려하지 않고 자신을 희생하면서까지 부여된 임무를 완수하는 정신적인 힘"이라고 이해된다. 전시의 사기는 개인이나 집단이 생사의 갈림길에서 조직의 임무를 완수하거나 전우애 때문에 희생을 전제로 하는 정신적인 힘이라고 보기 때문이다.

한편 평시의 사기개념은 "조직에게 부여된 임무를 조직구성원으로서 보다 효율적으로 수행하기 위하여 보상을 동기로 하여 자신의 노력을 최대한 발휘하는 자율적인 의지"로 볼 수 있다. 따라서 평시의 사기개념은 일반적인 기업체에서 작업의 효율성을 제고하는데 기여하는 개인의 욕구충족이나 집단정신과 같은 맥락에서 이해될 수 있다. 그렇기 때문에 평시 군대조직의 사기개념은 조직이 개인이나 집단 구성원에게 보상을 전제로 하여 그들이 조직의 목표를 효율적으로 달성하는

데 기여하는 자발적인 의지라고 이해될 수 있다.

본 연구는 군대조직의 특수성을 인정하는 입장에서 출발하고 있기 때문에 개인이나 집단의 한쪽에 서서 사기를 이해하기보다는 개인이나 집단의 견해를 통합하는 관점에서 이를 정의하고자 하였다. 사실 군 조직의 경우 METT+TC[10]요소에 의해 임무와 상황이 개인적이거나 집단적일 수 있기 때문에 사기의 개념을 통합적인 관점으로 이해하는 것이 옳다. 군 조직은 전시와 평시의 임무와 기능이 다른 특성을 가지고 있다. 또한 전투병으로서의 개인적인 임무와 기능이 있으면서도 집단적인 목표달성을 위한 집단정신이 더욱 우선시 될 수도 있는 조직이다. 따라서 본 연구는 사기를 전·평시의 개념으로 구분하여 정의하고 개인적 및 집단적 관점으로 통합한 관점으로 보고자 한다.

전시의 사기개념은 "상급부대나 상관으로부터 부여받은 임무를 완수하기 위하여 보상에 상관없이 임무나 목표달성을 위해 희생하는 무형의 힘"이라고 정의한다.

평시의 사기개념은 "명령이나 규정의 범위 내에서 개인이나 단위부대가 맡은바 임무를 효율적으로 수행하기 위해 보상을 전제로 노력하는 정신상태"라고 정의한다. 본 연구에서는 전쟁을 수행하고 있지 않는 우리 군의 현실을 감안하여 전시의 사기개념에 대한 연구는 제외시키고 평시의 군 사기 결정요인에 대한 분석에 한정하여 연구하고자 한다.

2. 조직구성원의 사기

1) 사기의 의의

사기의 개념에 대해 가장 널리 인용되고 있는 레이톤(A. Leighton)의 정의를 살펴보면, 그는 "사기란 공동목표의 추구를 위해 지속적으로 일관성 있게 힘을 합칠 수 있는 집단의 능력"이라고 한다.

그러나 일반적으로 사기란 어떤 조직체를 구성하는 사람들이 조직의 공통된 목

10) METT+TC : Mission, Enemy, Terrain, Troops support & available + Time available, Civil consideration(군사작전 시 상황평가 요소로서 작전계획 수립 시나 참모판단의 기본이 되는 고려사항이다.)

표를 달성하기 위하여 자발적인 근무의욕을 갖고 꾸준히 노력하는 능력 이라 할 수 있겠는데 이러한 사기의 개념은 조직체의 공통목표를 달성하는데 이바지 한다는 점에서는 집단적 성격을 지니고 있으나, 한편 자발적인 근무의욕이라는 관점에서 보면 개인적 성격을 띠고 있다.

2) 사기의 성격

사기는 자발적 자주적 성격일 뿐만 아니라 집단적 조직적 성격을 가지며 나아가서는 사회적 성격을 갖는다. 이를 설명하면 다음과 같다.

가. 자주적 성격(통전성 측면)

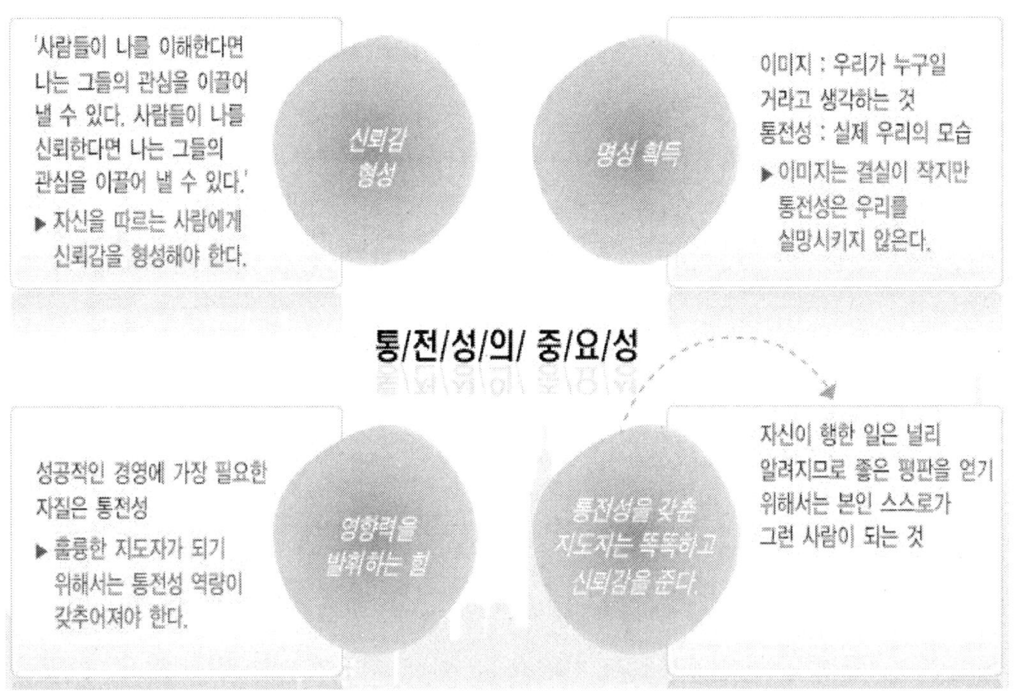

사기는 자발적인 근무의욕이다. 즉 개인의 자주적 내지는 자발적 성격이 사기의 제2의 성격이다. 사기에 자주성 자발성 있음으로써 스스로의 행동에 책임감 융통성 적응성을 갖게 되며 나아가서는 창의성과 쇄신성을 발전시킬 수 있는 것이다.

나. 집단적 조직적 성격

사기의 집단적 조직적 성격이란 개인의 사기가 그의 직무뿐만 아니라 그가 소속하는 집단 전체의 목적 달성에 기여해야 한다는 것을 의미한다. 어떤 조직구성원이 아무리 자기의 직무에 높은 근무의욕을 가지고 높은 능률을 올렸다 하더라도 그것이 자기가 소속하는 조직 및 집단의 다른 구성원의 근무의욕을 저하시켰다면 그 사람의 사기는 의의를 상실하고 마는 것이다.

다. 사회적 성격

사기는 단순히 한 집단이나 조직의 관점에 국한되는 것이 아니고 넓은 의미의 사회적 성격을 가져야 한다. 즉 사기는 단순히 군중의 순간적인 열광이나 파벌의 내향적인 자기만족 혹은 사회규범에서 일탈된 갱집단의 허식적인 자기존대와 혼동해서는 안 되며 보다 큰 사회적 가치 및 효용과 결부될 때에만 참다운 의미를 가지는 사회적 성격을 지니고 있는 것이다.[11)]

3) 사기의 규제요인

사기의 규제요인, 즉 사기에 영향 미치는 요인은 임의적으로 지적할 수 없으나 그 요인으로서는 경제적(물질적)요인과 사회 심리적 요인을 들 수 있다. 이를 상술하면 다음과 같다.

가. 경제적 요인과 사기

급여 기타형태로 제공되는 물질적 보수(보수, 연금 등) 또는 유인은 조직구성원의 사기에 지대한 영향을 미친다. 근본적으로 물질적 보수 및 유인제도가 잘못되면 조직구성원의 사기면에서 커다란 오해와 알력이 일어날 가능성이 존재하는 것이다.

미국과 같은 선진국에서는 물질적 보수와 유인이 사기의 제1차 요인으로 간주되고 있지 않으나 우리나라를 비롯한 발전도상국에 있어서는 공무원의 사기에 결정적인 영향을 미친다고 생각되고 있다.

---

11) Fritz Morstein Mark and Wa. Sayre, "Moraew and Disciplime," in Fritz Morstin Mark(ed), Elements of Public Administration, 2llae Snd ed. (Englewood Cliffs, N.J. : Hall, Inc, 1959), p.437.

따라서 군에서는 유능한 인재를 흡수하고 유인하기 위해서는 보수제도가 사회와 비교하여 현실적으로 합리화 되어야 한다.

나. 사회 심리적 요인과 사기

여기에 사회 심리적 요인이란 조직구성원(군간부)도 인간이기 때문에 사회적으로 높은 평가와 인정을 받고자 하며 그들이 소속된 조직내에서 개인의 가치와 인정을 받고자 한다. 또한 안정감을 얻고, 자기의 능력을 발전시키고 소속집단에 귀속하고자 하는 욕구를 갖는다.

따라서 그것의 욕구충족여하에 따라 사기에 영향을 미치는 것이다. 이러한 사회 심리적 욕구는 논자에 따라 여러 가지로 논의 되고 있으나 이를 요약하면 다음과 같다.

(1) 개인의 가치인정과 칭찬

인간은 누구나 자기의 존재가치를 타인으로부터 인정받고 싶어하며, 잘한 일에 대하여 칭찬을 받고자 한다. 그러한 것을 받게 되면 한층 더 사기가 향상될 것은 말할 필요도 없을 것이다.

특히 감독자 혹은 상관으로부터 그러한 인정과 칭찬을 받게 되면 더욱더 사기가 앙양될 것이기 때문에 고위층에 있는 사람은 이러한 가치가 무시되지 않도록 유의해야 한다.

(2) 성공감

이것은 조직내에서 개인적으로 발전할 수 있는 기회가 부여되고 있다고 느끼며 조직내에서 자기의 기술과 능력을 충분히 발휘하고 나아가서 자신의 직무를 자신있게 수행 완수하며 조직내의 공정한 인사행정을 통해서 진급과 처우보장이 되고 있다고 느끼는 경우에 만족감을 갖게 되고 사기가 향상될 것이다.

(3) 안정감

적정보수를 받음으로써 조직에서 받는 수입이 생계비에 미달하는 경우에 느끼는 경제적 불안으로부터의 해방은 물론, 법령 및 지시의 범위 내에서 합법적으로 직무수행을 하는 한 조직 내에서의 신분이 보장되며 부당한 신분의 위협감을 느끼는 경우가 없을 것을 기대하는 것도 의미한다.

(4) 귀속감

아리스토텔레스의 말처럼 인간은 사회적 동물이기 때문에 어떤 조직 및 집단에 소속하려고 하며 그 조직 및 집단의 다른 구성원과 동료의식을 느끼며, 그들로부터 고립되지 않고 우정 친밀감을 가질 때 귀속감은 높아지며 동시에 사기는 앙양된다.

특히 자기가 속하는 조직 및 집단에 대한 사회적 평가가 높거나 조직 및 집단내의 인간관계나 보수 및 직무환경이 좋은 경우 귀속감과 일체감이 강해지는 것이다.

(5) 참여의식

조직구성원들이 조직목표의 실현에 직접 참여할 수 있는 기회가 부여될 때 사기가 향상되는 것이며 소외감을 가질 때는 사기가 저하된다. 이러한 참여의식(참여감)은 소위 조직의 민주적 관리의 기초가 되는 것이다. 조직의 관리자는 조직구성원이 언제나 조직에의 자발적인 참여자라는 느낌을 갖도록 해야 한다.

이러한 방법으로서는 인사상담 제안제도 등이 있으며 이를 통하여 조직의 의사결정과 실현에 많은 조직구성원들이 참여하도록 해야 한다.

4) 사기의 측정방법

사기의 측정방법은 여러 가지 관점에서 여러 가지로 분류할 수 있겠으나 일상적 관리활동에 대한 일반적인 측정방법을 설명하면 다음과 같다.

가. 생산능률(생산고)

생산능률이란 조직구성원의 업적, 즉 생산능률을 기준으로 하여 사기를 측정하는 것을 말하는 바, 생산능률은 시간당 생산고, 표준시간에 대한 실제 업무시간에 의하여 측정된다.

나. 출퇴근 상황

출퇴근 상황이란 조직구성원의 지각 조퇴 결근상황을 의미하는 것으로 이는 사기의 저하와 관련되는 것이며, 조직체에 대한 귀속감이 불충분하다는 것을 뜻한다.

다. 이직률(희망 전역)

이직률이란 조직구성원이 그의 직무나 조직에 만족감을 가지지 못한 경우 그 직장을 떠나는 거라는 것을 의미한다. 따라서 조직구성원의 이직율의 여하는 어느 정도 조직 및 집단에 대한 그들의 사기를 측정하는 척도가 되는 것이다.

라. 태도조사

태도조사란 조직구성원의 의견이나 불평불만을 분석함으로써 사기를 저하시키는 원인을 규명하려고 하는 것이다.

이러한 조사방법으로는 면접법, 설문지법, 사회측정법(소시오메트리), 행동관찰법, 정보수집법, 객관적 자료분석 등이 이용되고 있다.

마. 사고율

사고율이란 조직이나 집단내에서 발생하는 사고의 빈도율을 의미한다. 사기가 낮으면 심리적 불안정으로 사고 발생 가능성이 높아지는 바, 군내 자살사고 등 각종 사고발생과 사기는 상관관계가 있다고 보고 있다.

5) 사기의 앙양방법

사기에 관한 조사 측정을 한 후에는 사기를 높이기 위한 방안이 강구되어야 할 것이다. 물론 무엇을 어떻게 하는 것이 사기를 앙양할 수 있는지는 명확하지 않다. 혹자는 적정보수 및 연금제도를 합리화하는 일이 중요하다고 하는 가하면, 합리적이고 공정한 인사행정의 실현이 곧 사기앙양의 지름길이라고 말하는 사람도 있다.

여기에서는 가장 일반적으로 일컬어지는 몇 가지 예를 들어 설명하기로 한다. 이러한 사기앙양제도에는 적정한 보수 및 연금제도의 개선, 상담 및 고충처리제도의 확립, 포상 및 제안제도의 활용, 승진 및 신분보장제도, 인사관리의 민주화와 인간관계의 개선, 행정환경의 개선, 휴양제도의 활용 및 건강관리 등이 있다.

가. 적정보수 및 연금제도의 개선

우리나라 軍의 경우 일반적으로 하위직 간부의 보수가 생계비에 미달하지 않도록 보수의 적정화가 이루어져 초급간부의 사기의 저하를 막아야하며, 군 간부가 퇴직하거나 재해를 입었을 경우 합리적인 퇴직금 또는 보상금을 지급함으로써 생활에 지장이 없도록 해야 할 것이다.

나. 상담 및 고충처리제도의 확립

여러 가지 상담을 통해서 군간부의 불안감·좌절감을 해소시키며 고충을 해소해 줄 수 있는 방안을 강구해야 한다. 고충처리제도는 조직구성원 자신이 통제 불가능한 부대의 근무조건이나 기타업무수행과정에서 나타나는 불평, 불만 그리고 부당한 인사조치 등을 공식적 절차를 거쳐 해결하는 방법을 말한다.

우리나라에서는 1981년부터 고충처리제도가 채택되었다. 현재 군 내부의 고충심사기관으로는 각군 감찰, 헌병, 기무부대 등이 있다.

다. 포상 및 제안제도의 활용

사기를 앙양시켜주며 또는 군 간부들로 하여금 합리적이며 능률적인 행정개선방안을 제안시켜 그것이 군 행정운영에 반영될 경우 그 공헌의 정도에 따라 보상 및 표창을 하는 제안제도를 충분히 활용해야 한다.

라. 승진 및 신분보장

군 간부들에게 폐쇄형제도와 개방형제도를 적절히 조정한 합리적인 진급제도를 통하여 공정한 진급을 보장함과 아울러 법령에 따라 충실히 근무하는 한 신분을 보장해주어야 한다.

마. 건전한 여가활동의 허용

군 간부들은 공무원 단체와 달리 노동조합을 인정하지 않지만 공무원 제도와 비교하여 다양한 교육 프로그램을 갖고 있다. 또는 일과 후 개인 발전을 위하여 학습을 하거나 위탁교육을 받는 것이 군 간부들의 사기를 높이는 데 크게 기여하고 있다고 생각한다. 이러한 여가 활동이 보장된다면 군 간부들의 권익향상은 물론 사기제고에도 도움이 될 것이다. 군 간부들에게 스스로 학습할 수 있도록 여건을 보장하고, 위탁 교육을 통해서 그들의 전문성을 함양하도록 해야 한다.

군 간부들의 여가활동에 관한 보장 여부는 국가마다 각군 성격에 따라 차이가 있으나 대부분의 선진국가에서는 다양한 방법을 통해 잠재역량 개발을 인정하고 있다.

바. 인사관리의 민주화와 인간관계의 개선

군 간부들로 하여금 안정감과 귀속감을 갖도록 하며 각급 부대에서 그들에 대한 가치를 인정해주어야 한다. 또한 동료 및 상하관계에 있어서 군간부들간의 불신 불화 원한 등을 해소시키고 비공식적 조직을 잘 활용해서 인간관계를 유지 개선해야 할 것이다.

사. 행정환경의 개선

과중한 업무량, 불공평한 권한배분, 자율적 직무 수행의 불인정 등 불합리한 요소를 제거해야 한다.

아. 휴양제도의 활용 및 건강관리

군 장교 및 부사관들의 과다한 업무로 인한 심신의 피로를 풀 수 있도록 휴양제도를 활용하거나 건강관리 등을 기할 수 있게 하여야 한다.

사기의 개념은 앞에서도 언급한 바와 같이 정태적인 면이 아니라 항상 동태적인 면에서 파악해야 하며 요사이 개발도상국가에서 크게 대두되고 있는 행정개혁과 행정 통제적인 면에서 사기문제는 중요시되지 않을 수 없다.

왜냐하면 우리나라와 같은 나라에서는 군행정의 민주화와 능률화의 조화문제가 크게 중시되지 않을 수 없을 뿐만 아니라 인사정책에 있어 조직구성원의 사기의 높고 낮음에 따라 조직목표의 달성에 크게 영향을 미치므로 최근 국방부내 인사분야 사기문제는 가장 중시될 분야이며 어느 때보다도 철저한 준거 기준에 의한 그 강구책이 절실히 요청되고 있다.

제2장

리더십의 이론

제2장 리더십의 이론

제1절 리더십의 일반 이론

1. 리더십의 정의

리더십은 많은 사람들에게 지속적인 관심의 주제이다. Stogdill(1974: 7)은 “리더십을 정의하려고 시도한 학자들 수만큼 많은 상이한 리더십 정의가 있다”라고 했고 그것은 마치 민주주의의 사랑, 평화 등과 같은 말의 경우와 같다. 우리가 그 같은 말들의 의미가 무엇인가를 직관적으로 알 수 있지만, 따져보면 사람마다 그 의미하는 바가 각기 다르기 때문에 우리가 리더십을 정의하려고 시도하자마자 곧바로 발견되는 것은 리더십은 많은 상이한 의미를 지니고 있다는 것이다(김남현, 2009: 3).

리더십의 정의가 다양한 이유는 리더십이란 속성이 리더와 부하 그리고 상황을 포함하는 복잡하나 현실에서 유래한다고 할 수 있다. 일부 학자는 리더의 인격과 신체적 특성, 리더의 행동에 어떻게 영향을 미치는가를 연구의 초점으로 하고 있기 때문이다(김창규, 2009: 4).

이러한 리더십이라는 현상은 거의 100여 년 동안 사회과학의 여러 분야에서 다각적으로 연구되어 왔지만, 이러한 오랜 역사에도 불구하고 아직도 통합적인 이론이나 확고한 결론은 형성되지 못하고 있다. 또한 리더십에 관한 정의도 학자들에 따라서 매우 다양하다. 리더십은 일반적으로 광의로는 요구되는 목표를 달성하기 위해 개인 및 집단을 조정하며 동작하게 하는 기술이라고 정의할 수 있고

(Pfiffner & Presthus, 1960: 92), 협의로는 조직 목표의 달성을 위해 구성원이 자발적으로 적극적 행동을 하도록 동기를 부여하고 영향력을 미치는 창의적인 능력이라고 정의할 수 있다(Dimock & Dimock, 1969: 296).

이러한 두 가지 정의에서 나타난 공통점은 첫째, 목표 달성을 위한 2인 이상의 집단 현상이고, 둘째, 지도자가 추종자에게 권력과 영향력을 행사한다는 것이다(Hall, 2002: 133). Yukl(2002)은 리더십을 "무엇을 해야 하고 그것을 어떻게 하는 것이 효과적인가를 다른 사람들이 이해하고 동의하도록 영향력을 행사하는 과정과 이렇게 공유된 목표를 달성할 수 있도록 개인 및 집단의 노력을 촉진하는 과정"으로 정의한다. 또한 Bass(1990b)에 의하면 "리더십이란 상황이나 집단 구성원들의 인식과 기대를 구조화 또는 재구조화하기 위해서 구성원들 간에 교류하는 과정"으로 정의하고 있으며, Conger와 Kanungo(1988)는 "특정 목표를 달성하기 위하여 특정인물이 다른 사람에게 영향력을 행사하는 과정"이라고 정의하였다.

이처럼 학자마다 다른 정의를 내리고 있어 리더십의 다양한 의미들은 포괄적으로 수용하여 명확하게 정의하기는 매우 어렵다. 이러한 연구에서 국내외 학자들이 사용한 리더십의 정의를 정리하면 〈표 2-1〉과 같다. 그러나 다양한 학자들 간의 개념.에도 불구하고 리더십의 정의에 내포되어 있는 기본적인 개념들은 다음과 같다고 할 수 있다.

첫째, 리더십은 조직의 목표와 관련된다. 조직이나 집단이 달성하고자 하는 미래상으로서의 목표를 전제로 행동이 전개되는 과정이며, 조직 관리의 필수불가결한 요소이다. 둘째, 리더십은 리더와 구성원 간의 관계이다. 리더는 그가 통솔하는 조직이나 집단 전체의 목표와 자신의 권위에 입각하여 구성원의 행동에 영향을 미친다. 구성원 없이 리더는 존재할 수 없다. 셋째, 리더십은 공식적 계층제의 적임자만이 아니다. 집단 내의 타 구성원의 행동을 자극하고 영향을 미치는 과정이라면 동료 간 또는 하위에 있는 자도 행사할 수 있다. 따라서 조직책임자의 직권과 리더십은 구별된다. 넷째, 리더십은 리더가 구성원에게 일방적으로 영향을 행사하는 것이 아니라 어디까지나 상호작용의 과정을 통해서 발휘된다. 다섯째, 리더십은 리더의 권위를 통해 발휘된다. 리더가 타인의 행위를 유도하고 조정, 통제할 수 있는 능력에 따라 발휘되는 것이다. 마지막으로 리더십이 소속집단 및 조직 내에서 분화된 여러 가지 직능을 수행하는데 그 중에서 리더에 관한 요인, 구성원에 관한 요인 그리고 상황적 요인이 영향을 미친다(김창규, 2009: 4-5).

〈표 2-1〉 리더십의 다양한 정의

연구자	정 의 내 용
Bennis(1959)	조직 구성원들로 하여금 각자 비전을 갖고 자기의 능력을 모두 쏟아 그 비전을 실현하게끔 하는 것
Stogdill(1974)	집단의 목표를 설정하고 목표달성을 위하여 집단 활동에 영향을 미치는 과정
Katz & Kahn(1978)	기계적으로 조직의 일상적 명령을 수행하는 것 이상의 결과를 가져올 수 있게 하는 영향력
Hersey & Blanchard(1993)	주어진 상황에서 목적을 달성하기 위해 개인이나 집단의 행동에 영향을 미치는 과정
Bass(1990b)	상황이나 집단 구성원들의 인식과 기대를 구조화 또는 재구조화하기 위해서 구성원들 간에 교류하는 과정
Conger & Kanungo(1988)	특정 목표를 달성하기 위하여 특정 인물이나 다른 사람들에게 영향력을 행사하는 과정
Yukl(2002)	무엇을 해야 하고 그것을 어떻게 하는 것이 효과적인가를 다른 사람들이 이해하고 동의하도록 영향력을 행사하는 과정과 이렇게 공유된 목표를 달성할 수 있도록 개인 및 집단의 노력을 촉진하는 과정
백기복(2009)	어떤 매개체(일, 이슈, 관심사항)를 통하여 사람들 간에 서로 영향력을 주고받으면서 결과를 산출해 가는 과정
김남현 역(2009)	공동목표를 달성하기 위하여 한 개인이 집단의 성원들에게 영향을 미치는 과정

자료 : 김주영(2007), 홍성관(2008), 백기복(2009) 등에서 재정리.

리더십의 본질을 살펴보면 다음과 같다(김남현 역, 2009: 19-20). 첫째, 리더십의 두 가지 일반적 형태는 임명된 리더십과 자생적 리더십이다. 임명된 리더십은 조직 내의 공식적인 직위를 기반으로 하는 리더십이다. 자생적 리더십은 '그가 하는 것(what one does)과 추종자들로부터 받고 있는 지지에 의해 초래된 리더십이다.' 리더십은 하나의 과정으로서 임명된 리더십 역할이나 자생적 리더십 역할을 하고 있는 모든 사람에게 적용된다.

둘째, 권력, 즉 영향력(the potential to influence)개념은 리더십과 관련된 개념이다. 두 가지 종류의 권력이 있는데 지위권력과 개인권력이 그것이다. 지위권력은 임명된 리더십과 흡사한 것으로서, 한 개인이 공식적인 조직시스템 내의 어떤 직위를 갖게 됨으로써 얻게 되는 권력을 가리키는 말이다. 개인권력은 추종자들로부터 나온다. 개인권력은 추종자들이 그 리더가 가치 있는 것(something of value)을 가지고 있다고 믿기 때문이다.

셋째, 리더십과 강제력은 동일하지 않는다. 강제는 리더를 위해 추종자의 변화를 유도하려고 위협이나 처벌을 활용한다. 따라서 강제는 리더십과 어긋나는 것이다. 그것은 리더십을 추종자들과 더불어 가는 과정으로 보지 않기 때문이며, 공동목표의 달성을 위해 추종자들과 함께 일해 가는 것을 강조하지 않기 때문이다.

넷째, 리더십과 관리는 상당한 부분이 중복되기는 하지만 서로가 상이한 개념이다. 관리는 전통적으로 계획, 조직화, 충원, 지휘, 통제활동에 초점을 맞추지만 리더십은 일반적인 영향과정(influence process)을 강조한다.

오늘날 많은 조직들 속에서 관리자는 많은데 리더는 적다. 관리자들은 정책과 실천·절차들에는 뛰어나지만 강력하고 장기적인 비전을 만드는 면에서는 뛰어나지 않다. 리더는 장기적인 관점에서 조직에 정말 필요한 것이 무엇인지를 파악하고 있는 사람이다. 결국 리더란 존재는 조직의 효율성의 측정에 있어서 차이를 만들어 낼 수 있는 사람이기 때문에 리더십의 중요성을 다시금 인식할 필요가 있다(구형회, 2009: 22).

따라서 조직 내 리더십에 관한 연구는 기본적으로 리더십이 조직의 효과성 또는 생산성에 어떠한 영향을 미치는가를 주요연구 대상으로 삼고 있으며, 최근에 와서는 조직의 유형(Egri & Herman, 2000) 및 상황(Bass & Avolio, 1993; Burns, 1978; Masi & Cooke, 2000), 문화(Yukl, 2002)에 따라 어떠한 리더십이 조직의 성과 증진에 효과적인가에 많은 관심이 집중되기 시작했다. 또한 일상적인 업무를 수행하는 조직의 리더십보다는 조직환경이 급변하는 상황, 즉 리더십이 적극적으로 요구되는 조직에서는 어떠한 리더십이 필요한지에 관한 연구가 많이 되고 있다(이창원 외, 2008: 258-259).

2. 리더십 이론 발전

1) 리더십 이론 연구

리더십 이론에 관한 연구는 각 연구자들의 관점과 연구 방법에 따라 매우 다양하다. 일반적인 리더십 이론의 발전과정을 도식화 하면 다음 〈표 2-2〉와 같다.

〈표 2-2〉 리더십 이론의 발전 과정

시 기	주요 이론	중심 주제	이 론 명
1940년대 이전	특성 이론	리더십 능력은 타고남	특성론
1940년대 후반 – 1960년대 후반	행동 이론	리더십 유효성은 리더의 행동에 따라 달라짐, 리더십은 개발될 수 있음	미시간 연구 오하이오주립대학연구 관리자론
1960년대 후반 – 1980년대 초반	상황이론 또는 상황적합 이론	리더의 유효성은 상황에 따라 달라짐	Fiedler 상황론 House 목표경로 성숙도 이론 리더십 대체이론
1980년대 초반 이후	신조류 리더십 이론	리더는 비전을 지녀야 하며, 하위자에게 강한 정서적 반응을 이끌어내야 함.	변혁적 리더십론 카리스마적 리더십 리더십 이론 전략적 리더십 팔로워십 이론 LMX 이론

자료 : 홍성관(2008: 9), 백기복(2009: 76).

전통적 접근법으로 리더십에 관한 이론은 리더십 과정의 어느 측면을 강조하느냐에 따라 일반적으로 다음과 같은 이론으로 분류할 수 있다(Yukl, 1994).

첫째, 리더를 중심으로 성공적인 리더의 개인적 특성 및 자질에 연구의 초점을 맞춘 특성론적 접근법(trait approach)이다. 이 이론에서는 효과적인 리더에게는 다른 사람들과 구별되는 자질과 특성이 있다고 생각하고 이것이 리더십의 지위와 기능에 영향을 준다고 간주하여 그 자질과 특성을 추출하려고 노력하는 이론이다.

따라서 연구의 초점은 리더 개인의 인성 또는 자질에 둔다. 지난 반세기 동안의 리더십에 관한 연구결과에 의하면 리더는 지적 능력, 자신감, 권력에 대한 욕구, 성실, 사교성, 카리스마, 단호함, 열정, 강인함, 용기 등에 의해 특정지어진다는 것이다(Robbins, 1990).

둘째, 리더와 부하 간의 관계를 중심으로 한 리더의 행동을 통해 리더십 효과성을 설명하고자 하는 행태론적 접근법(behavioral approach)이다. 행태론적 접근법은 리더의 어떠한 행동이 리더십 효과성과 관계가 있는가를 파악하고자 하는 접근법이다. 즉 효과적인 리더의 행동은 그렇지 못한 리더의 행동과 다르며 모든 상황에서 효과적인 리더의 행동이 존재한다는 것을 전제로 수행된 접근법이다(이창원 외, 2008: 261). 이 연구들은 "리더십이란 기본적으로 두 가지의 행동 즉, 과업행동(task behavior)과 관계성 행동(relationship)으로 이루어져 있다."라고 전제하며, 여기서 과업행동이란 집단성원들이 그들의 과업목표를 달성하도록 도와주는 행동이고 관계성행동은 집단성원들이 서로 인간관계를 가지고 잘 지내도록 하며 만족을 느끼도록 도와주는 행동을 말한다. 따라서 행태론적 리더십연구의 주요목적은 리더가 어떻게 하면 이들 두 가지 유형의 행동을 조합하여 하위자들의 과업목표를 위한 노력에 영향을 미칠 것인가를 설명하려는 데 있다(김남현 역, 2009: 92-93). 행태론적 접근법의 대표적인 연구로는 미시간대학교의 리더십 연구, 오하이오주립대학교의 리더십 연구, 그리고 Blake와 Mouton의 관리그리드 연구 등이 있다.

셋째, 리더의 행동이 상황에 따라 다르다는 것을 강조하는 상황론적 접근법(situational approach)이다. 리더십 이론 중 특성적 접근법과 행태론적 접근법은 리더의 개인적 특성에 초점을 둔 1차원적 접근방법(특성론적 접근)과 생산과 인간이라는 3차원적 접근방법(행태론적 접근)이다. 이러한 특성적 접근과 행태론적 접근 방법은 모두 효과적인 리더의 유형을 완전히 해명할 수 없었다. 이에 효과적인 리더십유형은 여러 가지 상황에 따라 다르다는 상황론적 리더십 연구로 초점을 옮겨 리더십 유형을 상황과 관련시켜 3차원적으로 연구하기 시작했다. 이 개념은 리더십에 있어서 부하와 상황이 논리적인 결론으로 이르는 적극적인 참가자라는 것에 착안하고 있다.

상황론적 이론의 접근방법은 리더십의 효율성이 리더의 특성이나 행동에 의해서가 아니라 리더, 부하, 조직이 처해있는 상황적 요인에 따라 결정된다는 것이다. 즉, 상황 이론에서는 주어진 상황 하에서 리더에게 가장 효과적일 수 있는 특성, 기능, 행동을 결정해주는 상황의 여러 측면을 확인하는데 관심을 두고 있다. 이러한 상황이론으로는 Fiedler의 상황적합적 리더십이론, Evans와 House의 경로-목표이론(path-goal theory), 수직적-쌍방관계 연결이론, Hersey와 Blanchard의 리더십상황이론, Yukl의 다중연결모형(Multiple linkage model) 등이 있다.

2) 현대 리더십 연구와 다양한 관점

이와 같은 리더십에 대한 학자들의 관심은 20세기에 들어와 행동과학적 연구가 진행되면서 활성화되었다. 서구문명의 확산이 영어 사용을 동반하듯이 리더십 용어도 세계적으로 확산되면서 다양하게 정의되고 사용되기 시작하였다.

아래 표는 과거 50년에 걸쳐 제시되어 온 몇 가지 대표적인 정의[1])를 보여주고 있다. 이러한 다양한 정의를 크게 두 가지 유형으로 분류 및 요약하면 초기의 연구자들은 일반적으로 리더를 집단의 목표에 달성하기 위하여 구성원들을 동기화시키고 그들에게 영향력을 발휘하는 존재로 보았다. 즉, 리더가 집단을 이끌어 가는 중심인물이며 집단의 성패를 좌우하는 핵심적인 역할을 한다는 것을 기본 전제로 하고 있다. 부하는 수동적 존재로서 리더의 지도하에 그를 잘 따라가기만 하면 집단의 목표가 달성될 수 있다는 관점이다. "나를 따르라(Follow Me)"라는 구호가 이를 상징적으로 표현한다고 볼 수 있다.

〈표 2-3〉 리더십의 정의[2])

1. 리더십은 "개인의 행동이며 집단의 활동들을 공유해 목표로 향하게 한다." (Hemphill & Coons, 1957, p.7.)
2. 리더십은 "조직의 일상적인 지시에 기계적으로 복종하도록 하는 것에 더해서 영향력을 증가시키는 것이다."(Katz & Kahn, 1978, p.528.)
3. "개인이 부하들을 동기 유발시키고 관여시키며 만족시키기 위해서 제도적, 정치적, 심리적 및 기타 자원을 동원할 때, 리더십은 발휘된다."(Burns, 1978, p.18.)

1) Gary Yukl, *Leadership In Organization*, New Jersey : Pearson Prentice Hall, 2006, p.5.
2) Gary Yukl, *Leadership in Organizations*, New Jersey " Pearson Prentice Hall, 2006, p.5.

4. 리더십은 "조직화된 집단 활동에 영향을 미쳐 목표를 성취하도록 하는 과정이다."(Rauch & Behling, 1984, p.46.)
5. "리더십은 집합적 노력에 목적, 즉 의미있는 방향을 부여하는 과정이며, 하고자 하는 의욕을 불러 일으켜서 목적의 성취를 위해 이것을 사용하게 된다."(Jacobs & Jacobs, 1990, p.281.)
6. 리더십은 "문화 바깥으로 나아갈 수 있는 능력이며 보다 적극적인 진화적 변화 과정에 착수할 수 있는 능력이다."(Schein, 1992, p.2.)
7. "리더십은 사람들이 서로를 이해하고 개입하기 위해서 함께 일하고 있는 것을 이해하는 과정이다."(Drath & Palus, 1994, p.4.)
8. "리더십은 비전을 천명하고 가치를 구현하며 일을 달성할 수 있는 환경을 조성하는 것에 대한 것이다."(Richards & Engle, 1986, p.206.)
9. 리더십은 "개인이 타인에게 영향을 미치고 동기를 부여하며 타인이 조직의 효과성과 성공을 위해 공헌할 수 있도록 하는 능력이다."(House et al., 1999, p.184.)

시대가 변화하고 사회가 다양화, 민주화, 복잡화됨에 따라 리더십에 대한 초기 연구자의 관점은 변화하고 있다. 오늘날 리더십을 연구하는 학자들은 부하를 단순히 리더의 지시나 명령을 수동적으로 수용하는 피동적 존재가 아니라 자유, 평등, 자아실현과 같은 고차원적 동기를 지닌 능동적 존재로 보고 있다. 따라서 기존의 입장인 리더 중심의 단순한 지시나 영향력의 일방적 행사만으로는 부하를 동기화시키기 어렵다고 보고 리더십을 집단과 각 구성원들의 목표달성을 촉진하기 위하여 각 구성원들이 다른 구성원들에게 영향을 미치고 또한 그들을 동기화시키는 상호작용적 과정으로 본다. "다 함께(Let's Go together)"라는 구호가 이를 잘 표현[3)]하고 있다.

위에서 언급한 리더십에 대한 다양한 개념과 정의를 종합해보면 전통적 시각의 리더십 연구들은 조직의 목표달성에 있어서 핵심적인 인물이 리더이며, 그의 부하에 대한 동기부여 능력과 영향력 발휘를 강조한다. 이에 비해 오늘날 리더십 개념은 리더 중심주의로부터 벗어나 리더십을 리더와 구성원 간의 상호작용적(Leader-Member Exchange Process) 과정으로 보고 있으며, 상호관계 및 과정에서 영향력의 정당성 확보와 구성원의 내면으로부터 자발성과 창의성을 극대화할 수 있

3) 이준형, 『리더십 먼저 민주주의 나중에』(서울 : 도서출판인간사랑, 2004), p.77.

는 변환적 영향력 계발 등을 강조하는 것으로 요약할 수 있다. 이처럼 리더십은 인간의 집단 활동에서 나타나는 역동적 현상으로서 학자 또는 연구하는 사람의 가치가 반영되어 관점과 강조되는 각도에 따라 다양하게 정의되고 환경변화에 따라 변화되는 것임을 알 수 있다.

리더십에 대한 관점이 왜 "나를 따르라(Follow Me)" 패러다임에서 "다 함께(Let's Go together)" 관점으로 변화하고 있을까. 오늘날 21세기를 상징하는 단어를 세계화, 혼돈, 네트워크(Network)라고 하듯이 조직을 둘러싸고 있는 환경은 세계화 진전, 다양성 심화, 기술발전, 디지털화, 변화에 대한 빠른 대응, 기업의 윤리와 사회적 책임이 점점 중요시[4]되고 있다. 또한 현대의 혼돈이론(Chaos theory)은 모든 존재와 현상을 복합적, 역동적, 비선형적, 상호의존적 관계에서 바라보고 있으며, 세계와 우주를 복잡한 변화와 불확실성이 지배하는 예측 불가능한 것으로 본다.

현대의 조직관을 한마디로 요약하면 종전의 기계적 관점에서 통합적, 유기체적 관점으로 바뀌고 있다. 이와 같은 관점의 변화와 더불어 대부분의 조직들이 변화된 환경에 대응하여 조직의 성과와 효과성을 제고하기 위해 엄격한 수직적 구조에서 유연하고 분권화된 구조와 수평적 협력을 강조하는 방향으로 변환을 추구하고 있다. 조직의 문화도 경직된 문화에서 적응적 문화로 전환되고 있으며, 경쟁전략보다는 협력전략으로 일상적 과업보다는 정보공유와 권한 및 역할의 적극적 위임을 추구하고 있다. 또한 안정된 환경 하에서 효율성 추구보다는 변화무쌍한 환경 하에서의 학습 조직을 중시하는 방향으로 변화를 추구하고 있다. 리더십 개념에 대한 패러다임이 변화하고 있는 것도 상기 환경변화와 관련이 있으며 이와 같은 현상은 앞으로도 계속될 것이다.

이처럼 리더십은 본질적으로 인간관계에 관한 개념으로서 리더십의 주체이며 대상이기도 한 인간은 저마다 독특한 개성과 능력을 가지고 있다. 리더십 환경 또한 시대의 흐름에 따라 계속 변화하기 때문에 지금까지 리더십에 대한 많은 연구와 발전이 있었음에도 불구하고 다양하고 새로운 시각의 리더십에 대한 연구가 계속 요구[5]되고 있다.

4) Richard L. Daft, Understanding the Theory and Design of Organizations, South-Western : Thomson, 2007, pp.28-30.
5) 이종학·길병옥, 『군사학 개론』 (대전 : 충남대 출판부, 2009), p.282.

3. 일반 리더십 유형

리더십의 유형은 리더십의 정의가 다양한 만큼 사회 및 시대에 따라 유형이 분류되어지고 있다. 시간적으로 구분되어지는 기준이나 의미가 다소 상이하여 리더십 유형의 기준이 정확하게 일치하지는 않지만, 일정한 기준으로 리더십 유형이 구분되어 나타나고 있다. 사회 과학자들은 리더가 얼마나 효과적으로 추종자들에게 영향을 미치고 과업목표를 달성하는지를 결정하는 특성, 능력, 행동, 권력원천, 상황적 측면을 밝히려 노력해 왔다(강정애 외, 2009: 2).

1950년대부터 1970년대까지 행태론적 접근법과 상황론적 접근법으로 수행된 리더십 연구들은 대부분 구조주도(initiating structure)와 배려(consideration)와 관련된 리더십 행태에 초점을 맞추고 있다(Yukl, 1999a). 또한 1980년대 초반 이후부터는 신조류 리더십 이론이 집중적으로 연구되기 시작했는데, Bass(1985b)는 Burns(1978)가 제시한 거래적 리더십(transactional leadership)과 변혁적 리더십(transformational leadership)의 차이점을 근거로 거래적 리더십과 변혁적 리더십으로 이루어지는 두가지 요인 모형(two-factor model)을 제안하였다.

1950년대부터 1970년대까지 행태론적 접근법과 상황론적 접근법으로 수행된 리더십 연구들은 대부분 구조주도(initiating structure)와 배려(consideration)와 관련된 리더십 행태에 초점을 맞추고 있다(Yukl, 1999a). 또한 1980년대 초반 이후부터는 신조류 리더십 이론이 집중적으로 연구되기 시작했는데, Bass(1985b)는 Burns(1978)가 제시한 거래적 리더십(transactional leadership)과 변혁적 리더십(transformational leadership)의 차이점을 근거로 거래적 리더십과 변혁적 리더십으로 이루어지는 이요인 모형(two-factor model)을 제안하였다.

이러한 리더십 이론의 발전과정을 배경으로 리더십의 유형을 소위 "전통적 리더십"(traditional leadership)이라고 부르는 구조주도, 배려, 거래적 리더십과(김호정, 2001a; 이창원, 2003) 현대적 리더십으로 분류되는 변혁적 리더십을 중심으로 리더십 유형을 크게 분류하였다. 본 연구에서는 우리나라 국방조직 구성신분별 효과적인 리더십 유형에 관한 실증적 연구에 있어 전통적 리더십으로 분류되는 배려, 구조주도, 거래적 리더십과 현대적 리더십으로 분류되는 변혁적 리더십을 중심으로 리더십 유형을 연구하고자 한다.

1) 배려, 구조주도형 리더십

오하이오 주립대학에서는 1945년부터 기존의 리더십보다 새로운 관점에서 리더십 연구를 시작하였다. 이 연구는 리더십을 리더가 부하에게 보여주는 행동 스타일이라고 규정하고 리더십 스타일을 찾아 그 유효성을 검증하려는 것이었다. 오하이오 주립대학교의 학자들은 리더의 행동에 대해 부하들이 어떻게 인식하고 있는가를 파악하기 위해 설문지를 작성했고 군대와 산업체에서 이에 대한 답변을 수집했다.

오하이오 주립대학교 리더십 연구의 주요 목적은 리더의 행동 유형과 이에 따른 조직성과 및 조직구성원들의 만족감 간의 관계를 분석하는 것이었다. 연구팀은 리더의 행동을 배려(consideration)와 구조주도(initiating structure)의 두 가지로 분류했다.

배려(consideration)는 친근하고 지원적인 방법으로 행동하는 것, 부하직원에 대한 관심을 보이고 그들의 복지 증진을 위한 방안을 모색하는 것 등을 말한다(Yukl, 2002: 50). 또한 배려(consideration)는 리더의 사람에 대한 관심과 대인관계에 관한 것이다. 리더는 친밀하고 지원적이며, 부하에게 관심을 보이고, 부하의 복지를 돌본다. 배려 행동의 예로는 부하에게 개인적 호의를 보이고, 시간을 내서 부하가 가진 문제를 경청하고, 부하를 지원하고 변호해주고, 중요한 문제에 관해 부하와 협의하고, 부하의 제안을 기꺼이 받아들이며, 부하들을 공평하게 대해주는 것 등이 있다(강정애 외, 2009: 74-75).

구조주도(initiating structure)는 구성원들에게 명확한 기준에 따라 역할을 배정하고 업무를 지시하며, 명백한 절차를 거쳐 목표가 기간 내에 업무를 효과적으로 수행하도록 하는 것이다. 또한 구조주도(initiating structure)는 리더의 과업성취에 대한 관심과 관련된 것이다. 리더는 집단의 공식 목표를 달성하기 위해 자기 자신의 역할은 물론 부하의 역할을 정의하고 구조화한다. 구조주도 행동의 예로는 부하의 불량한 작업을 비판하고, 마감시한 준수의 중요성을 강조하며, 부하들에게 과제를 배정해 주고, 명확한 성과 기준을 유지하며, 부하들에게 표준 절차를 준수하도록 요구하고, 문제에 대한 새로운 접근방식을 제안하며, 부하들의 활동을 조정해 주는 것 등이 있다(강정애 외, 2009: 74-75).

〈표 2-4〉 배려, 구조주도형의 구분

배 려	구조 주도
◦ 리더는 집단구성원이 말을 듣기 위해 시간을 마련한다. ◦ 리더는 기꺼이 어떤 변화를 이루려고 하는 사람이다. ◦ 리더는 친절하고 접근하기 쉬운 사람이다.	◦ 리더는 일을 각각 집단의 구성원에게 할당한다. ◦ 리더는 집단구성원들로 하여금 정해진 규칙(규정)을 따르도록 한다. ◦ 리더는 집단구성원에게 그들에게서 무엇이 기대되고 있는가를 알게 한다.

자료 : 배정훈(2009: 209).

이들 연구에서 특이할만한 것은 배려와 구조주도라는 별개의 독특한 차원이 있다는 것을 알아냈다는 점이다. 종전의 리더십 연구, 즉 민주적 리더십 스타일은 말할 것도 없고, 리더십 스타일을 비슷하게 구분한 미시간대학의 초기 연구나 리커트의 연구들은 일관되게 리더십 스타일을 양 극단으로 나누어 생각하는 것이 상례였다. 그러나 오하이오 주립대학의 연구에서는 처음으로 리더의 행위를 단일선상이 아닌 두 개의 축 위에서 표시하였다. 즉 구조주도와 배려라고 하는 리더 행위유형의 배합을 어떻게 지니고 있는지를 전혀 예측할 수 없다는 것이다. 다시 말하면 리더가 구조주도와 배려를 동시에 많이 나타낼 수도 있고, 또 두 가지 행위 유형을 모두 적게 나타낼 수도 있다는 것이다(배정훈, 2009: 209).

오하이오 주립대학의 연구원들은 리더의 행동에 관한 자료를 수집하기 위하여 초기 연구결과를 토대로 배려와 구조주도를 측정하는 두 가지 설문지 개정판과 축소판을 개발하였는데 하나는 '리더행동 기술 설문지'(Leader Behavior Description Questionnaire: LBDQ)였고, 또 하나는 감독행동 기술 설문지(Supervisory Behavior Description Questionnaire: SBDQ)였다. 이것은 리더의 유형을 네 가지로 구분하여 리더가 실제로 그의 활동을 어떻게 수행하고 있는가를 기술하기 위해 고안, 연구되었다. 따라서 높은 구조주도와 낮은 배려유형, 높은 구조주도와 높은 배려유형, 낮은 구조주도와 낮은 배려유형, 낮은 구조주도와 높은 배려유형 등이 그것이다.

〈표 2-5〉 구조주도-배려의 리더십 행동 유형

<table>
<tr><td colspan="2" rowspan="2"></td><td colspan="2">구 조 주 도</td></tr>
<tr><td>낮 음</td><td>높 음</td></tr>
<tr><td rowspan="2">배려</td><td>높음</td><td>① 낮은 구조주도 높은 배려
(부하에게 업무구조를 적게 강조하는 반면 부하의 욕구 만족에는 높은 관심을 두는 리더의 행동)</td><td>② 높은 구조주도 높은 배려
(부하에게 업무구조를 높게 강조하고 부하의 욕구 만족에도 높은 관심을 두는 리더의 행동)</td></tr>
<tr><td>낮음</td><td>③ 낮은 구조주도 낮은 배려
(부하의 업무구조를 적게 강조하고 또한 부하의 욕구 만족에도 관심을 적게 두는 리더의 행동)</td><td>④ 높은 구조주도 낮은 배려
(부하에게 업무구조를 높게 강조하지만 부하의 욕구 만족에는 관심을 적게 두는 리더의 행동)</td></tr>
</table>

자료: 이창원 외(2008: 263)

이러한 배려와 구조주도로 이루어지는 리더십 행동 유형을 요약하면 [표 2-5]과 같다(Kreitner & Kinicki, 1989: 454). 즉 구조주도의 수준과 배려 수준을 어느 정도로 배합하느냐에 따라 ① 낮은 구조주도와 높은 배려: 부하에게 업무구조를 적게 강조하는 반면 부하의 욕구 만족에는 높은 관심을 두는 리더의 행동, ② 높은 구조주도와 높은 배려: 부하에게 업무구조를 높게 강조하고 부하의 욕구 만족에도 높은 관심을 두는 리더의 행동, ③ 낮은 구조주도와 낮은 배려: 부하의 업무구조를 적게 강조하고 또한 부하의 욕구 만족에도 관심을 적게 두는 리더의 행동, ④ 높은 구조주도와 낮은 배려: 부하에게 업무구조를 높게 강조하지만 부하의 욕구 만족에는 관심을 적게 두는 리더의 행동 등 네 가지로 분류할 수 있다는 것이다.

이 사분면에 의하면 가장 유용하고 바람직한 리더십은 높은 구조주도와 높은 배려의 능력, 즉 조직을 위한 과업구조를 훌륭하게 편성할 능력과 조직구성원들에 대한 인간관계적 관리를 능숙하게 조화하고 통합하여 수행할 수 있는 리더십이라는 것이다(김창규, 2009: 13-14).

오하이오 주립대학교 연구를 종합해 보면, 첫째는 많은 연구에서 구조주도와 배려의 유효성이 상황에 따라 달라진다는 사실을 발견하였다는 점이다. 그리고 둘째는 특성이론이 리더를 확보함에 있어 선발에 의존할 수밖에 없었던 반면에 행태중심이론에서는 리더십을 교육·훈련을 통하여 개발할 수 있게 됨으로써 수많은 리더십 훈련프로그램들이 등장하게 되었다는 점이다. 그러나 이들 훈련 프로그램들은 유효성에 대한 검증 없이 실무에서 많이 통용되어 왔다(백기복, 2009: 87).

오하이오 주립대학교 리더십 연구 이후 리더의 배려와 구조주도가 다양한 리더십 효과성의 기준과 어떠한 관련이 있는가를 조사하는 연구가 많이 수행되었다. 그러나 연구 결과 어떠한 리더의 행동도 리더십 효과성과 일관성 있게 관련이 있는 것은 없다는 것이 밝혀졌다(이창원 외, 2008: 263-264).

2) 거래적 리더십

가. 거래적 리더십의 개념

거래적 리더십(transactional leadership)이란 리더가 상황에 따른 보상에 기초하여 부하에게 영향력을 행사하는 과정으로 정의되고 있다. 즉, 리더십이란 리더가 보상, 인센티브를 사용해 부하로부터 올바른 행동을 유발하게 만드는 과정이며, 이 과정은 리더가 부하간의 교환이나 거래관계에 기초하고 있다.

거래적 리더십과정은 리더는 부하들이 원하는 보상을 얻기 위해 무엇을 해야 하는지 인식하게 하고 부하들에게 목적을 달성하게 하기위한 필수적인 역할을 명확히 한다. 또한 부하의 욕구가 무엇인지 인식하여 부하들이 노력을 기울일 때 이러한 욕구가 만족스러운 노력의 성과와 어떻게 교환하여 충족될 것인지를 명확히 한다. 따라서 거래적 리더십과정은 이러한 두 과정을 통해서 부하들이 자신에게 기대된 성과를 달성하도록 하는 것이다.

Burns(1978)에 의하면 거래적 리더십은 개인이 가치 있는 어떤 것을 교환할 목적으로 다른 사람과의 접촉을 시작할 때 발생한다고 한다. 즉, 리더는 교환이라는 시각을 가지고 부하에게 접근하여 조직이 기대하는 성과를 달성할 경우 반대급부로 부하가 원하는 것을 제공해줌으로써 부하들에게 동기를 부여하는 리더십이이다. 따라서 거래적 리더들은 부하들에게 바람직한 결과를 달성하기 위하여 해야만 하는 명백한 역할을 부여하고 또한 자신이 기여하는 바를 정확히 제시함으로써 부하들이 조직에서 요구하는 바를 충족키 위해 최선을 다하는 묵시적인 계약관계가 존재한다. 그러나 이러한 리더십은 서로 간에 자발적으로 더 큰 성과를 올릴 수 없다고 지적하고 있다.

Burns의 이론을 토대로 하여 Bass(1985b)는 거래적 리더십에 대해 일련의 교환 또는 협상에 토대를 둔 리더와 부하의 관계에서 기대되는 노력 또는 협상된 노력을 발휘하도록 동기부여가 되는 과정을 거래적 리더십이라고 정의하고 있는데 교환 또는 협상과의 관계는 리더가 원하는 것을 얻기 위해서 부하들이 원하는 것을 제공하는 관계를 의미한다.

나. 거래적 리더십의 구성요소

Bass(1985b)는 거래적 리더십과 변혁적 리더십 개념에 기초가 되는 리더의 형태를 파악하기 위해 다요인 리더십 설문지(Multifactor Leadership Questionnaire: MLQ)를 개발하였다. MLQ의 여러 가지 판(版) 중 가장 광범위하게 사용되는 MLQ-X는 거래적 리더십을 다음 네 가지 차원으로 분류한다. 1) 조건적 보상Ⅰ(약속): 리더는 성과에 따라 가치 있는 보상을 제공할 것을 약속함; 2) 조건적 보상Ⅱ(보상): 리더는 성과에 따라 보상을 제공함; 3) 예외에 의한 관리(능동적): 리더가 문제가 있을 것을 예기하고 교정적인 행동을 취함; 4) 예외에 의한 관리(수동적): 리더는 문제가 발생하거나 일이 계획한 대로 진행되지 않을 때 교정적인 행위를 취함 등이다. Tepper와 Percy(1994)는 MLQ-X에 있어서 예외에 의한 관리(수동적 또는 능동적)를 측정하는 항목을 포함하는 어떠한 LISREL 모형도 자료에 적절한 적합성을 얻을 수 없었지만, 조건적 보상Ⅰ(약속)과 조건적 보상Ⅱ(보상)를 측정하는 항목들이 적합하게 수렴되어 리더십 해석이 가능한 지표를 형성한다는 것을 제시하였다. 결국, Tepper와 Percy(1994)에 의한 개발된 MLQ-X의 수정판은 거래적 리더십이 리더의 조건적 보상을 측정하는 항목을 이용하여 측정될 수 있음을 제시하였다(이창원 외, 2003: 25).

〈표 2-6〉 거래적 리더십의 구성요소

요 인	내 용
조건적 보상	○ 조건적 보상Ⅰ(약속) : 리더는 성과에 따라 가치 있는 보상을 제공할 것을 약속함 ○ 조건적 보상Ⅱ(보상) : 리더는 성과에 따라 보상을 제공함
예외에 의한 관리	○ 예외에 의한 관리(능동적) : 리더가 문제가 있을 것을 예견하고 교정적인 행동을 취함 ○ 예외에 의한 관리(수동적) : 리더는 문제가 발생하거나 일이 계획한 대로 진행되지 않을 때 교정적인 행위를 취함

자료: 이창원 외(2003: 25).

(1) 조건적 보상(contingent reward)

거래적 리더는 성과와 보상의 교환관계를 통해 부하들을 동기부여 시키며 명시된 성과를 달성토록 하기 위하여 직접적이든 간접적이든 목표달성을 위한 과정과 그 결과에 대한 보상을 제시하게 된다. 즉, 거래적 리더는 부하들이 노력의 대가로 보상을 받기 원한다면 그들이 무엇을 해야 하는지를 주지시켜, 노력의 결과인 성과에 따라 부하가 원하는 것을 주게 된다.

조건적 보상은 리더가 달성해야 할 과업을 명확히 할당하고 규정한 수준에 맞는 성과를 부하가 달성하였을 때 동기부여의 강화를 위해 제공하는 인센티브와 보상이다. 조건적 보상은 주로 성과에 대한 임금 인상, 승진, 칭찬 등의 형태를 띠고 있으며, 이러한 조건적 보상은 새로운 아이디어의 창출보다는 효율적 관리 과정에 초점을 두고 이루어진다. 이러한 조건적 보상은 리더의 조건적 보상 행동에 있어 리더가 많은 권한을 보유하고 있고, 부하가 보상을 얻기 위해 리더에게 의존하고 있으며, 성과가 부하의 노력에 의하여 달성될 수 있으며, 성과가 저하되게 측정될 수 있는 경우에 더 큰 효과를 거둘 수 있다.

조건적 보상이라는 거래적 리더 행동은 보상이 노력의 결과로써 얻어질 수 있다는 기대를 증가시켜 부하들의 동기부여와 만족을 가져오며, 리더의 조건적 보상 행동이 높은 수준의 성과를 달성하도록 부하를 동기부여 하는데 긍정적인 영향을 미치는 것으로 기존의 실증 연구를 통하여 분석되었다(구형회, 2009; 김현철, 2008; 안규욱, 2007; Bass & Avolio, 1990; Kilmonski & Hayes, 1980; Peter & Waterman, 1982).

(2) 예외에 의한 관리(Management by exception)

예외에 의한 관리는 리더가 예외적 사건이 발생했을 때에만 개입하고 그렇지 않은 경우는 부하들이 부여받은 임무를 수행하도록 하고 목표가 달성될 때까지 간섭하지 않은 것을 말한다. 즉, 부하들이 합의된 성과수준에 도달하지 못하였을 경우 혹은 기준으로부터 이탈할 경우에만 리더가 개입하여 이탈에 대한 경고와 처벌 등을 제공하는 리더의 행동들을 의미하게 된다(Bass & Avolio, 1990).

리더가 부하들이 규칙이나 기준들로부터 얼마나 이탈하는지 사전에 감독하여 기준대로 임무를 수행하도록 시정조치를 취하는 적극적인 예외적 관리와 수용 가능한 성과기준에서 명백히 이탈했을 경우에 한하여 개입하며 처벌과 같은 교정조치를 취하는 소극적인 예외적 관리로 구분한다. 이 두 가지 모두 부하들에게 과업완료에 필요이상의 작업을 요구하지 않으며 과업이 잘 진행되는 동안 어떠한 것도 변화시키기를 원하지 않는다.

예외에 의한 관리에서 부하들의 성과가 기준이하로 떨어질 경우에 리더들은 부하들이 성과기준에 도달할 수 있도록 피드백을 제공하는데, 리더는 조건적 보상과 함께 하위자들에게 경고 등과 같은 부정적 피드백을 제시할 수 있다. 부정적 피드백은 조건적 보상 보다는 상대적으로 비효과적이며, 특히 리더가 하위자에게 개입하는 형태가 비난이나 처벌로 나타날 때에는 예외에 의한 관리는 역효과를 낼 수도 있다. 따라서 비난의 대상은 부하 개인이 아닌 업무수행과 관련된 것에 국한되어야 하며 구체적으로 무엇이 잘못이고 부하의 잘못에 대해 리더 자신이 느낀 바를 언급해 주어야 한다. 또한 리더는 부하의 잘못된 점에 대해 정확하게 진단할 수 있는 능력을 지니고 있어야 한다(Bass, 1990c).

3) 변혁적 리더십

가. 변혁적 리더십 개념

변혁적 리더십이라는 용어는 Downton(1973)이라는 학자에 의해 처음 만들어졌다. 그러한 변혁 리더십이 리더십의 중요한 접근법으로서 등장하게 된 것은 정치사회학자인 Burns(1978)의 저서인 'Leadership'을 통해 시작되었다. Burns는 그의 저서에서 리더와 부하의 역할을 연결시키려고 시도하였다. 그는 리더에 대하여 기술하기를 "리더란 부하와 리더의 목표에 보다 더 효과적으로 도달할 수 있도록 부하의 동기를 자극하는 사람"(Burns, 1978: 18)이라고 정의하고 리더십의 형태를 거래적 리더십(transactional leadership)과 변혁적 리더십(transformational leadership)으로 구분하였다.

Bass(1985b)는 기존의 리더십 이론들이 리더와 부하 간의 거래적 관계에만 초점을 둔 거래적 리더십(transactional leadership) 이론들이라 정의하고, 리더십을 지금까지와는 다른 새로운 이론으로 변혁적 리더십(transformational leadership)을 제시하였다. Bass(1985b)가 제안한 변혁적 리더십이란 리더가 부하들에게 과업성과의 중요성을 인식시키고, 조직과 팀의 이익을 개인의 이익보다 우선하게 하여 더욱 상위의 욕구를 활성화시켜, 부하들에게 동기를 부여하고 변화를 가져오는 리더십을 의미한다. 거래적 리더가 보상과 처벌을 통해 부하들을 동기 부여하는 것과는 달리, 변혁적 리더는 부하들에게 미래의 비전을 제시하고 영감적인 메시지를 통해 부하들이 그러한 비전에 몰두하게 한다. 이를 통해 부하들은 자신의 업무가 갖는 중요성을 인식하게 되고, 개인의 목표와 조직의 목표를 일치시키며, 자신의 업무에 만족하게 되고, 높은 수행목표를 달성하려는 동기를 갖게 된다(Bass, 1985b).

변혁적 리더십은 부하에게 자긍심을 심어주고, 개인적 차원에서 부하를 존중한다는 것을 보여주며, 창조적인 사고를 할 수 있는 여건을 마련해 주고, 부하에게 영감(inspiration)을 제공함으로써 기대 이상의 성과를 이끌어낼 수 있다(Tepper & Percy, 1994).

변혁적 리더십은 조직구성원들로 하여금 리더에 대해 신뢰를 갖게 하는 카리스마는 물론 조직변화의 필요성을 감지하고, 그러한 변화를 이끌어낼 수 있는 새로운 비전을 제시할 수 있는 능력을 요구하는데, 이러한 변화를 효과적으로 유도하려면 리더는 조직구성원들에게 업무를 할당하여 주는 것 이외에 그렇게 할당된 과업의 가치와 이를 달성해야 할 당위성을 주지시키고 동시에 성공에 대한 기대도 제공하여야 한다(김호섭 외, 2002: 263).

Bennis와 Nanus(1985)에 의하면 변혁적 리더는 조직의 안정성을 위협하는 새로운 위기상황에 직면했을 때 등장한다고 한다. 또한 변혁적 리더는 조직 환경의 변화에 적응하고자 하는 조직의 쇄신을 강조한다. 변혁적 리더는 구성원이 업무를 수행하는 새로운 방법을 찾을 수 있도록 자신감을 심어줌으로써 변화를 유발한다. 변화에 대한 저항은 조직이 새로운 환경의 도전에 직면하여 이겨낼 수 있다는 확신을 심어줌으로써 극복될 수 있다. 변혁적 리더에 대한 학자들 간의 정의는 다음의 〈표 2-7〉와 같다.

〈표 2-7〉 변혁적 리더의 개념 정의

학 자	정 의
Burns(1978)	하급자들의 흥미를 진작시키거나 확대시키고 집단 내 목표나 사명감을 받아들이게 하여 이기주의를 초월한 집단이익을 추구하는 자
Bradford & Cohen(1984)	개발자로서의 경영자로 공유된 책임 집단을 구성하고 지속적으로 구성원들의 기술을 개발시키고 공동의 목표를 제시하는 자
Bass(1985b)	구성원들에게 영감을 심어주거나, 구성원 개개인의 성취 욕구를 고취시켜 주며, 문제해결에 대한 새로운 방법을 제시하고, 개인적 노력을 고양시키는 자
Tichy & Devanna(1986)	변화와 혁신을 추구하고 기업가 정신을 소유한 자로 경기 부흥을 인식하며 신 미래상을 창조하고 변화를 제도화하는 자
Leavit(1986)	개척적인 기질을 발휘하는 자
Kouzes & Posner(1987)	과정을 변화시키고, 행동을 고취시키며, 문제해결 방법을 제시하고 감정을 자극하는 자

자료: 김창규(2009: 56) 재인용.

나. 변혁적 리더십의 구성요소

1980년대 중반에 Bass는 Burns(1978)와 House(1977)의 선행연구에 기초하여 변혁적 리더십을 보다 확장하고 다듬어서 새로운 내용의 개정판을 제시하였다. Bass는 그의 연구에서 리더의 욕구보다는 부하의 욕구에 더 많은 주의를 기울임으로써, 성과가 바람직하지 못한 상황에 변혁적 리더십이 적용되어질 수 있다는 것을 제의함으로써, 거래적 리더십과 변혁적 리더십을 상호 독립적인 연속체라기보다는 단일선상의 연속체로 설명함으로써 Burns의 연구결과를 확장하였다(Yammarino, 1993).

변혁적 리더십은 카리스마(charisma), 개별적 배려(individualized consideration), 지적자극(intellectual stimulation), 영감적 동기부여(inspiration motivation) 등의

용인들로 구성되어 있다(Bass, 1985b, 1996; Bass & Avolio, 1996; Avolio & Howell, 1992). Bass는 초기에 변혁적 리더십을 구성하는 행동요소로 카리스마, 개별적 배려, 지적 자극의 세 가지를 제시하였으나 최근의 연구결과에 나타난 주요결과들을 포함하여 Bass와 Avolio는 영감적 동기부여 요소를 추가하여 변혁적 리더십을 구성하였다(김효수, 2009: 190). 본 연구에서는 Bass(1985b)의 변혁적 리더십 최초 이론인 카리스마, 지적자극, 개별적 배려에 영감적 동기부여를 추가하여 4가지 변혁적 리더십의 구성요인으로 구분하였다.

〈표 2-8〉 변혁적 리더십의 구성요인

리더십 유형	구성 요인	내 용
변혁적 리더십	카리스마	부하들에게 강력한 역할모델이 되고 있는 리더들을 가리킨다. 부하들은 그러한 리더들과 동일시하고 그들의 행동을 본받으려고 한다. 그리고 그들은 부하들에게 항상 비전과 사명감을 심어준다.
	영감적 동기부여	부하들에게 높은 기대를 표시하며, 조직구성원들 간에 공유된 비전을 실현하는 데 최선을 다하도록 동기유발을 통해 부하들의 의욕을 끊임없이 고무시키는 리더를 묘사하는 말이다.
	지적 자극	부하들의 창의성과 혁신성을 자극하고, 그들 자신의 신념과 가치뿐만 아니라 리더와 조직의 신념과 가치까지도 새롭게 바꿔 나가려고 노력하는 리더십이 이에 속한다.
	개별적 배려	부하들의 개인적인 욕구에도 세심한 관심을 기울이고 지원적인 분위기를 조성하려는 리더들의 대표적인 특성이다.

자료: 김남현(2009: 243-245).

다. 거래적 리더십과 변혁적 리더십의 비교

효율적 리더십 모형에 대한 논의에 있어 일반적인 공통점 중 하나는 각각의 이론이 모두 리더가 부하의 복종과 협력을 얻는데 효과적 방법을 찾아내는 것과 관련되다. 결국 리더십이란 리더가 어떤 행동이나 보상 또는 유인 등을 통하여 부하들을 바람직한 행동방향으로 유도하는 과정으로 생각하여 왔다.

Bass(1985b)는 Burns(1978)가 제시한 거래적 리더십(transactional leadership)

과 변혁적 리더십(transformational leadership)의 차이점을 근거로 거래적 리더십과 변혁적 리더십으로 이루어지는 두가지 요인 모형(two-factor model)을 제안하였다. 거래적 리더십은 일반적으로 리더의 요구에 부하가 순응(compliance)하는 결과를 가져오는 교환과정(exchange process)을 포함하지만, 부하들이 과업목표에 대해 열의와 몰입까지는 발생시키지 않는 것이 일반적이다(Yukl, 2002: 253). 즉 거래적 리더는 부하 직원들의 욕구를 파악해서 그 부하들이 적절한 수준으로 노력과 성과를 보이면 그러한 노력과 성과만큼의 보상을 제공하는 교환적 과정을 기반으로 하는 것이다(Bycio, Hackett, & Allen, 1995).

변혁적 리더십과 거래적 리더십의 차이점을 요약하면, 거래적 리더는 현상을 유지하기 위해 노력하고 현상과 너무 괴리되지 않는 목표를 지향한다. 또 부하들에게 성과를 올린만큼 보상을 받는다는 확신을 심어주고, 부하가 원하는 보상으로 제공함으로써 동기부여를 시키며, 부하들에게 관리표준을 설정하고 문제점을 해결하기 위한 해답을 제시해준다. 그러나 변혁적 리더는 부하들에게 매력적이고 도전적인 비전을 형성하며, 현 상황을 초월한 높은 수준의 목표를 지향하도록 동기부여 시키고, 부하들이 창의적으로 새로운 시도에 도전하도록 고무하며 부하 스스로 문제 해결책을 찾도록 자극을 준다. 〈표 2-9〉에서는 변혁적 리더십과 거래적 리더의 차이점을 분류·요약하였다.

〈표 2-9〉 거래적 리더십과 변혁적 리더십의 비교

구 분	거래적 리더십	변혁적 리더십
현 상	현상 유지를 위해 노력	현상 변화를 위한 노력
목표 지향성	목표가 현상에 크게 어긋나지 않음	보통 현상보다 매우 높은 이상적 목표지향
시 간	단기 전망을 가지고 있음	장기 전망을 가지고 있음
동기부여	즉각적이고 보상을 통하여 동기 부여함	높은 단계의 개인적 목표를 추구하도록 고무시킴으로써 동기 부여함
행동표준	규칙과 관습을 따르도록 함	혁신과 실험을 하도록 격려함
문제해결	문제를 직접적으로 해결해 주거나 해답이 있는 곳을 알려줌	문제의 제기를 통하여 함께 문제를 해결하거나, 부하 스스로 문제를 해결하도록 함

자료: 김성국(2001: 343)에서 재구성.

4. 조직효과성

조직효과성의 개념은 좁은 의미의 효과성인 '조직목표의 달성도'라고 하는 일반적 관념에서 출발한다는 데에 대하여 대부분 동의하고 있다. 그런데 연구자들의 조직을 보는 관점에 따라 조직효과성의 개념이 달라진다는 것이다(민 진, 2009: 103). 조직효과성(organizational effectiveness)에 대한 개념과 예측방법은 여러 가지로 발전되어 왔으나 많은 학자들의 공통된 견해를 갖지 못하고 있다. 아직까지 조직 효과성에 대한 합의된 정의도 없으며, 정의 숫자는 이 개념을 연구한 학자의 숫자만큼이나 다양하다(정인준, 2009: 7).

조직효과성의 개념이 등장하게 된 것은 조직목표가 여러 환경요인과 조직자체의 구성요인에 의해 변화가 일어났고, 조직목표 그 자체를 조직성과의 결과변수로 파악하기 어려워짐에 따라 보다 구체적인 개념에 의해 조직을 평가하려는 데서 비롯된 것이다(양창삼, 1994). 흔히 조직을 평가할 때 '조직이 어느 정도 목적을 달성 하는가'라는 것이 조직효과성의 개념이다 그러나 조직효과성의 개념은 아직도 발전 단계에 있으며, 수많은 조직효과성에 관한 논의에도 불구하고 개념, 결정요인, 평가 척도에 합의된 견해가 없어 '조직효과성의 정글'이라고 불리기도 한다(Miles, 1980). 경영학에서 주로 사용하는 조직 유효성이라는 개념 역시 조직이 얼마나 잘되고 있는가 또는 효과적인가를 표시하는 개념으로 조직의 성과를 평가하는 기준으로 보고 있다(주효진, 2003: 27).

조직효과성에 대한 정의는 우리가 조직을 어떻게 정의하느냐에 따라 달라진다. 조직을 합리적으로 공동의 목적을 달성하기 위한 2인자 이상의 협동체로 규정할 경우 조직효과성은 합리적 공동 목적의 달성 정도라는 관점에서 정의될 수 있으며, 조직을 환경에 대한 적응 능력이나 조직 생존으로 측정될 것이다. 폐쇄 체제적인 관점에서 주로 조직 내부의 안정성에 초점을 맞추는 경우에는 체제 유지나 보존(retention)이 효과성의 기준이 되며, 조직 내의 개인이나 소집단의 행태적 조작을 강조하는 인간관계론적인 측면에서 보면 조직구성원들의 직무 만족, 응집력, 사기, 조직몰입도 등이 조직효과성을 가늠하는 척도가 될 것이다(이창원 외, 2008: 468).

조직효과성에 대한 학자들의 개념 정의를 보면, Drucker(1973)는 능률은 일을 바르게 하는 것이고, 조직효과성은 성공의 기초이자 올바른 일을 하는 것이라고 하였다. 또한 조직효과성은 희소가치가 있는 자원을 획득하기 위해서 환경을 개척

해나가는 조직의 능력이다(Seashore & Yuchtman, 1967), Robbins(1983)는 조직효과성이란 단기-장기목표의 달성도로서 목표를 설정하는 데는 전략적인 환경요소가 반영되어야 하고 평가자의 이해관계와 그 조직의 라이프 사이클 단계의 특성이 반영되는 것이라고 정의하였다. Etzioni(1964)는 조직은 사회적 단위로서 효과성과 효율성이 최대화되어야 한다면서 조직의 실제적 조직효과성은 조직이 목표를 달성하는 정도에 따라 결정된다고 정의하였다.

1) 조직, 효과성, 효율성

지금까지 리더십이란 무엇인가와 관련하여 개념과 정의에 대해 언급하고, 리더십 연구와 관련된 다양한 이론을 소개하면서 본 책자에서 적용할 리더-구성원 교환이론, 권력-영향력 접근이론, 그리고 팔로워십 이론에 대해 중점적으로 검토하였다. 이 분야에서는 21세기 군대에서 효과적인 리더십은 무엇인가와 관련하여 조직의 효과성과 관련된 이론적 검토로서 조직과 조직효과성, 리더십 효과성, 한국육군이 지향하는 군 효과성 제고를 위한 리더십 패러다임에 대해 세부적으로 언급하고자 한다. 먼저 조직이란 사람이 모인 집합체로서 조직에 관한 정의도 학자들에 따라 다양하다. Daft는 조직(組織)이란 인간의 사회적 집합체이고 목표 지향적이며 정교한 구조와 협조체계를 이루고 있고 외부환경과 상호작용하는 유기체적 속성을 띤다고 했다. 조직의 핵심요소는 건물이나 정책, 업무절차가 아니라 사람과 사람과의 관계라고 정의하고 있다. 인간은 사회적 동물로서 홀로 생존할 수 없으며 어떠한 형태로든 조직을 이루고 살아간다. 개인을 기본단위체로 하여 가정, 기업, 학교, 군대, 교회, 정부 등 다양한 형태의 조직의 한구성원으로서 일생을 살아가게 된다. 이처럼 조직이란 사람이 모인 공동체로 각각의 조직이 추구하는 목표는 조직의 성격에 따라 상이하며 사회에는 다양한 조직이 있다.

효과는 어떤 목적을 지닌 행위에 의하여 드러나는 보람이나 좋은 결과이며, 유효라는 용어는 보람이나 효과가 있음이라는 의미이다. 효율이라는 용어는 애쓴 노력과 얻어진 결과의 비율로 기술되어 있다. 영어사전에는 효과(effectiveness)란 "목적달성과 관련하여 의도했거나 거대한 결과를 산출한 적합도(adequate to accomplish a purpose producing the intended or expected results)"로 기술되어 있고, 효율(efficiency)이란 "최소의 노력과 시간을 지출하여 업무를 달성한 능력 또는 성취한 정도라고 기술하고 있다.[6] 이처럼 효과성, 유효성이라는 개념은 목표가 달성된 정도, 목표가 적절하게 달성 된 것 등 적절성, 보람, 좋은 결과 등이라는 개념이 포함된 가치 지향적이고 포괄적인 의미를 내포하고 있고, 효율이라는 의미는 인원, 물자, 시간 예산 등 가용자원의 투입을 통해 달성한 가시적 성과의 비율이라는 구체적이고 계량화된 제한적 의미를 지니고 있다. 예를 들면, 에너지와 물자 절약을 위해서 유류소모가 많은 전투장비 가동을 제한하고 실전적 훈련을 하지 않으면서 에너지와 물자를 많이 절약 했을 때 단순한 절약 실적만 본다면 효율성이 높으나, 훈련을 소홀히 한 결과가 실제 전투 시 임무달성에 기여하지 못하는 결과고 나타나면 효과성 측면에서 문제가 있다.

조직의 효과성이란 조직의 목표가 최적(最適), 최선(最善)의 상태로 달성된 정도를 의미하는 가치 지향적이고 포괄적 개념이라고 볼 수 있다. 따라서 효과성과 효율성이라는 의미는 차이가 있으며 효과라는 용어가 효율보다 포괄적인 의미를 지닌다. 또한 조직의 목표란 유형적, 무형적 측면, 상하위 목표의 차이 등 다원적이고, 동태적인 성격을 지니고 있으며, 상황에 따라 변화하기 때문에 개념을 한정하고 통일성을 갖추기가 어렵다.[7] 따라서 조직이 어떠한 목적으로 설립되었으며 추구하는 목표가 무엇인가에 따라 효과성도 달라진다. 특히, 군 조직은 국가의 안전보장과 전쟁 관련 목표를 달성하는 조직으로서 일반조직과 조직목표가 다르다. 따라서 군 조직의 효과성도 일반조직과는 상이한 면이 있다. 이처럼 조직효과성이란 조직의 목표가 달성되는 정도를 말하며 현재 조직의 복잡성과 유기체적 관점과 연계하여 볼 때 매우 광범위한 개념이며 많은 변수를 포함한다.

2) 조직효과성 평가지표

조직효과성은 효과성을 광범위하게 측정하는 경우에는 결과변수로 사용되고, 조직의 효과성을 높이기 위한 처방을 목적으로 할 경우는 종속변수로 사용된다. 조직효과성을 평가하기 위해 조작적 정의를 할 경우 조직효과성은 직무만족, 조직몰입, 자발적 참여형태, 성과지각, 조직 내 갈등수준, 조직적응성, 성과, 충성심, 응집력, 조직시민행동 조직 목표몰입 등으로 정의된다.

조직효과성을 평가할 수 있는 하나의 기준변수를 사용하는 것은 현실적으로 불가능한데, 이러한 인식의 주된 이유는 연구자마다 조직에 대한 근본적 가정이 다

6) Websters College Dictionary(1991), op cit. p.426.
7) 정재욱, "상황적 조절변수를 중심으로 한 리더십의 조직효과성에 대한 영향에 관한 연구" (중앙대 박사학위논문, 1991) p.11.

르고 조직을 구성하는 개인의 선호체계 자체의 변화와 모순성에서 찾을 수 있다. 그래서 Steers(1975)는 조직효과성에 관한 대부분의 연구와 이론이 기법적인 성격을 지니고 있어 조직에 적합한 조직효과성의 평가를 방해하고 있다고 주장하면서, 평가의 문제로서 구성타당도, 기준의 안정성, 시간적 관점, 다중적 기준, 측정의 정확성, 일반화 가능성, 이론적 적절성, 분석수준 등을 제시하였다.

조직효과성의 구성요인은 학자들에 의해 다양하게 제시되고 있다. Dalton 등(1980)은 조직효과성의 평가지표를 경제적 성과와 심리적 성과로 구분하였으며 기존 연구자들이 경제적 성과지표보다 심리적 성과지표에 대한 연구를 더 많이 진행하여 왔다고 주장하였다. 경제적 성과지표에는 수익성, 성장성, 생산성, 총매출액 등이 해당되고, 심리적 성과지표에는 조직구성원들의 사기, 조직몰입, 직무만족 등이 해당된다. 또한 Gibson(1982)은 조직효과성을 조직이 목적을 달성하는 정도라고 정의하면서 평가관점을 생산성, 효율, 직무만족, 적응성, 발전가능성, 유지존속 등을 들었다.

한편, Campbell(1977)은 조직효과성의 지표로 심리적 지표(직무만족, 동기부여, 사기, 갈등과 응집성, 적응성, 조직몰입 등), 경제적 지표(생산성, 능률, 수익, 품질, 성장성, 목표달성정도, 환경의 이용도 등), 관리적 지표(사고의 빈도, 결근율, 이직률, 통제, 조직구성원의 의사결정 참가, 안정성 등)를 제시하였다.

〈표 2-10〉 조직효과성 평가를 위한 지표

지 표	주 요 내 용
심리적 지표	직무만족, 동기부여, 사기, 갈등과 응집성, 유연성과 적응성, 조직목표에 대한 조직원의 동조성, 조직몰입
경제적 지표	전반적 효과성, 생산성, 능률, 수익, 품질, 성장성, 환경의 이용도, 이해관계자 집단에 대한 평가, 인적자원의 가치
관리적 지표	사고의 빈도, 결근율, 이직률, 통제, 계획과 목표설정, 역할과 규범 일치성, 경영자의 인간관계 관리능력, 경영자의 과업지향성, 정보관리와 의사전달, 신속성, 안정성, 조직구성원의 의사결정 참가, 훈련과 개발의 강조

자료: Campbell(1977: 36).

이와 같이 국내외 연구들을 살펴보면 조직효과성 하위 변수로 직무만족, 조직몰입, 혁신적 행동, 조직적응성, 직무성과를 조직 효과성 구성요인으로 분석하고 있지만 대부분의 선행연구에서는 조직 효과성 하위 변수로 직무만족과 조직몰입을 선정하여 연구하였다(구형회, 2009; 권상일, 2005; 김종진, 2005; 김현철, 2008; 오운균, 2007; 이광노, 2002; 이경선 외, 2008; 이창원 외, 2003).

본 연구에서는 조직효과성의 구성요인으로 다양한 조직효과성 변수가 있지만, 국방조직에서는 경제적 지표와 관리적 지표는 실질적으로 측정이 어렵기 때문에 국방조직 효과성 측정에 적합하다고 판단되는 직무만족과 조직몰입을 그 하위변수로 선정하였다. 따라서 본 연구에서는 조직효과성은 조직목표를 달성하는 정도라는 관점과 연구대상이 국방조직 내 군인과 군무원을 대상으로 하는 연구라는 점을 감안하여 학자들이 제시하는 심리적 지표 중에서 직무만족과 조직몰입을 조직효과성의 구성요인으로 선정하여 연구하였으며 구성요인으로 선정하여 연구하였으며, 군 조직효과성 측면에서 분석하였다.

3) 군 조직효과성 판단 요소

가. 분석수준별 분류

앞에서 논의된 바와 같이 조직효과성을 설정하는 기준도 조직이론을 연구하는 학자에 따라 매우 다양하면 군대 리더십 효과성 모델도 통합적 관점에서 접근하고 있다. 조직효과성의 기준과 요소를 설정할 때 일반적으로 활용하는 것이 분석의 수준이다. 오늘날과 같이 통합적 관점에서 개인과 집단의 역할이 모두 강조되는 상황에서 특정요소만 효과성의 요소로 한정하는 것은 바람직하지 않다. 따라서 개인차원, 집단차원, 조직차원의 세 가지 분석수준으로 나누어 군 조직효과성 판단요소를 정리하여 아래 표[8]와 같이 제시하였다.

8) 백기복, "군 리더십 효과성 모델", 2007, pp.34-36.

〈표 2-12〉 수준별 조직효과성 판단요소

구분	개인 수준	집단 수준	조직 수준
효과성 요소	군 임무에 몰입	단위조직의 전투력 향상	군 전투력 극대화
	성공적 조직생활	구성원들의 성공적 조직학습	환경변화에 유연하게 대응
	개인의 성장과 발전	지역사회 기여	조직의 효율성 제고
	군대에 대한 호의적 태도	사건/사고예방 및 차단	군에 대한 국민의 신뢰, 증대

출처 : 백기복, "군 리더십 효과성 모델" (육군리더십 발전세미나 발표논문, 2007), pp.34-35 연구자 재정리

먼저 개인차원에서는 군 조직구성원들이 개별적으로 얼마나 군에서 주어진 임무에 몰입하는가, 군에 대한 태도가 얼마나 호의적인가, 군에서의 조직생활을 얼마나 성공적으로 수행하고 있는가, 그리고 구성원 각각이 미래지향적으로 성장하고 발전하고 있는가를 효과성 측정지표로 활용할 수 있다.

집단차원에서는 부대의 전투력 향상, 부대 구성원들의 성공적이고 건설적인 조직학습, 부대가 위치한 지역사회에의 기여, 그리고 각종 사건, 사고의 예방정도 등이 효과성 요인이 될 수 있다. 그리고 조직차원에서는 전투력 극대화, 환경변화에 전향적으로 대처하는 능력, 조직의 효율성 제고, 그리고 군에 대한 국민 일반의 신뢰성 증가 등을 지표로 활용할 수 있다. 이와 같은 개인수준, 집단수준, 조직수준은 별도로 존재하는 것이 아니라 상호의존적이고 연계된 것으로서 개인차원과 집단차원의 효과성이 뒷받침되어야 조직효과성이 완성될 수 있다.

나. 리더, 부하, 집단별 분류

〈그림 2-2〉 리더십 효과성 분류기준

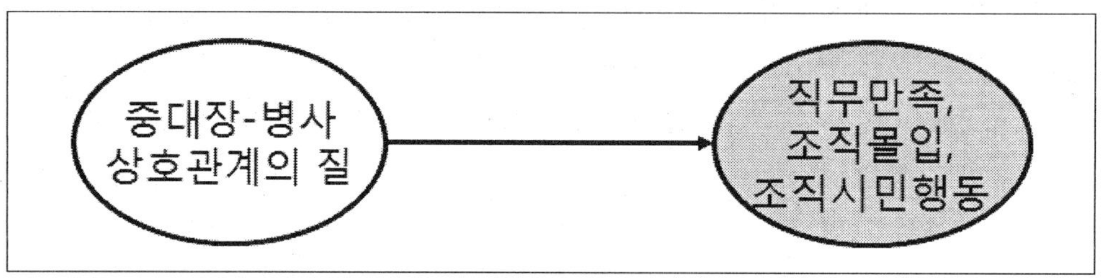

한편 신응섭 외 5인은 리더, 부하, 집단 차원으로 구분하여 리더십 효과성 측정요소를 아래 표[9]와 같이 제시하고 있다. 리더에 대한 부하의 만족도, 집단목표에 대한 부하의 헌신정도, 집단목표 달성여부 등 다양하게 제시하고 있다. 먼저 리더 입장에서 리더에 대한 부하의 만족도를 알아보기 위해 질문지를 이용하여 측정하거나 고충처리 신청수를 활용할 수도 있다. 또한 리더의 승진정도, 리더에 대한 부하의 지지정도를 리더십 효과성으로 측정할 수도 있다.

〈표 2-13〉 리더 - 부하 - 집단별 리더십 효과성 측정요소

구분	세부 내용
리더에 대한 부하의 만족도	질문지로 측정한 만족도, 고충처리 신청수
집단목표에 대한 부하의 헌신정도	임무완수의지, 책임감, 충성심
리더의 승진	상위계급 진급, 좋은 직책 영전
리더로서의 지휘 확보	부하의 지지정도, 선거에서의 당선
부하복지와 발전	부하의 업무수행여건, 능력향상, 부하의 승진
집단의 위기대처 능력	집단의 구조조정 능력, 조직운영의 신축성
집단의 준비태세	사기, 응집성, 즉각 출동 태세
집단의 성장	국가의 영토확장, 조직의 규모 확대, 구성원 수 증가
집단의 생존 여부	국가의 흥망, 기업의 도산 여부, 집단의 존폐
집단목표달성여부	전투의 승패, 경기의 승패, 우수부대선발
집단의 업무성과	소대사격성적, 각종전투력 측정 성적, 각종사고 건수

출처 : 신응섭 외 5인 공저, 『리더십의 이론과 실제』(서울 : 학지사, 2005), p.53.

9) 신응섭 외 5인 공저(2005), 리더십의 이론과 실제, 2005. p.53.

다음으로는 부하의 입장에서 효과성을 알아보기 위해 집단목표에 대한 부하의 헌신정도 임무완수의지, 책임감, 충성심 등을 분석요소로 설정할 수도 있다. 또한 부하의 능력향상정도, 부하의 승진도 분석요소로 활용될 수 있다. 집단차원의 효과성은 집단의 위기대처능력, 준비태세, 업무성과 등 다양한 요소를 활용할 수 있다. 이와 같이 리더십 효과성 측정요소는 개인수준, 집단수준, 조직수준, 리더입장, 구성원 입장, 집단차원 등 관점에 따라 다양하다. 지금까지 논의된 바와 같이 오늘날 군에서 지향하는 리더십 효과성을 요약하면 군 본연의 임무완수와 성과달성이 중요한 요소이지만, 수단과 방법, 절차 등 제반 요소도 아울러 고려되어야 한다는 것과 개인수준, 집단수준, 조직수준, 리더입장, 구성원 입장, 집단차원 등 제 요소는 고립되고 별개의 독립적인 것이 아니라, 상호의존적이고 상호연계성이 있다는 통합적 관점에서 접근하고 있는 것으로 볼 수 있다.

다. 한국에서 군 조직효과성과 관련된 선행연구

아래 표[2-14]는 다양한 관점에서 상기 효과성 모델이 검증될 수 있도록 군 임무의 환경 적합도 부터 조직효과성에 대한 설명에 이르기까지 검증요소를 중점적으로 제시하고 있다.

〈표 2-14〉 육군 리더십 효과성 요소 검증 포인트

내용 항목	조작적 정의 및 검증방법
군 임무의 환경 적합도	• 정치, 군사, 사회, 경제 환경의 제 변화요구가 군 임무에 반영된 정도, 전문가 인터뷰와 조직 정책결정자 인터뷰를 통해서 추출한 후 군에서 수행하는 여러 가지 임무의 내용분석 결과와 비교분석함.
임무실행체계의 적절성	• 임무 실행체계(비전, 목표, 가치 등)가 임무의 성공적 현실화를 위해서 적절히 설정되었는가? • 실행체계의 여러 요인들 간의 질서가 경쟁력 있게 잡혀 있는가? • 설문조사, 인터뷰, 현장실험 등을 통하여 분석.

리더십 핵심요일들(리더 역할, 역량, 행동)의 타당성	• 리더의 역할, 역량, 행동 등이 임무 실행을 위해서 충분히 구체적으로 타당성 있게 구성되었는가? • 개념의 명확성, 임무실천에 대한 효용성, 내용의 신뢰성, 각 요인들 간의 차별성, 그리고 조직 효과에 대한 영향정도를 설문과 인터뷰를 통하여 자료수집 후 분석함.
리더십 관리체계의 과학적 합리성	• 진단/평가, 교육훈련, 피드백 방식, 커뮤니티 구축 등이 과학적으로 타당성 있게 구축되었는가? • 진단 및 교육의 내용이 리더십 핵심요인들과 임무체계 완성에 얼마나 기여할 수 있도록 구성되어 있는가? • 진단/평가 프로세스와 교육과정의 내용을 사회과학적으로 엄격한 방법에 의해 검증함.
조직문화에 대한 기여도	• 군 리더들이 조직문화 혁신과 새로운 문화 창출에 얼마나 기여하고 있는가? • 그들이 군 조직문화의 수혜자인가 기여자인가? • 조직문화 혁신을 통하여 군 임무 완수에 얼마나 기여했는가? • 기존자료 분석 : 업무관행 관찰 분석.
Hardware 참단화에 대한 기여도	• 시설, 설비, 무기 등의 적절한 활용과 문제점 개선 정도. • 참신하고 혁신적인 제도와 정책의 발의 및 실천 정도. • 소프트 파워와의 유기적인 연계노력이 적절했는가? • 인터뷰 및 그 동안의 실적 분석.
조직효과성에 대한 설명력	• 모델에 나와 있는 조직 효과성 결정요인들 각각이 독자적으로 얼마나 최종 효과성 변수를 설명해주고 있는가? • 결정요인들 하나씩 설명력을 탐색한 후, 결정요인들 간에 상대비교 분석 : 적절한 통계분석 기법 활용

출처 : 백기복, “군 리더십 효과성 모델” (육군리더십 발전세미나 발표논문, 2007), p.76.

상기 언급된 바와 같이 군 조직효과성과 관련하여 다양한 관점이 제시되었으며, 우리나라에서도 많은 연구가 이루어져왔다. 이 글에서는 군 조직효과성 선행연구 내용 위주로 제시하였다.

먼저, 최병순(1988)은 상이한 상황 하에서의 효과적인 지휘행동연구에서 사기, 집단응집성, 리더십 만족, 병사들의 부대에 대한 평가, 상급지휘관의 해당 부대에 대한 평가 등 다섯 가지 요소를 효과성 지표로 활용하였다. 오점록(1998)은 리더십, 팔로워십 특성과 자기 임파워먼트가 군 조직유효성에 미치는 영향 연구에서 직무만족, 조직몰입, 군 직업의식 등 세 가지 요소를 효과성 지표로 활용하였다. 정효현(2001)은 갈등관리전략에 관한 연구에서 직무만족, 조직몰입, 진단응집력 등 세 가지 요소를 활용하였으며, 백남환(2002)은 카리스마적 리더십이 군 조직유효성에 미치는 실증적 연구에서 리더에 대한 만족, 직무만족, 집단응집성, 훈련숙달 등 네 가지 요소를 활용하였다. 그리고 최근에 김설환(2007)은 전략적 리더십이 군 조직유효성에 미치는 영향에 관한 실증적 연구에서 직무만족, 조직몰입, 집단응집력, 조직성과 등 네 가지 요소를 효과성 지표로 활용하였다. 연구자의 연구주제에 따라 다양한 효과성 지표를 활용하고 있음을 알 수 있다.

지금까지 언급한 바와 같이 군 리더십 효과성 평가 항목들은 다양하며, 연구자의 관점과 연구 분야별로 다양하게 활용되고 있음을 알 수 있다. 본 연구에서는 상기 육군에서 제시된 효과성 요소 중에서 리더의 영향력 형태에 대한 반응정도, 저항, 복종, 몰입 등 세 가지와 자신의 임무와 부대에 대해 느끼는 태도와 관련하여 직무만족, 조직몰입, 조직시민행동 등 세 가지 요소 등 여섯 가지 요소를 효과성 지표로 활용할 수 있다.

이상의 논의에서 알 수 있듯이 리더십은 조직효과성과 밀접한 관계가 있다. 그러나 군 조직 효과성은 일반조직의 효과성과는 다소 차이가 있다. 따라서 군 리더십의 효과성도 군대가 지향하는 이념과 가치체계와 연계하여 군 조직 효과성과 연계되어야 한다. 이와 같은 중요성을 감안하여 오늘날 군대에서도 다양한 리더십 효과성 모델을 정립하여 군이 지향해야 하는 효과적 리더십 모델을 제시하고 조직 구성원들이 전체를 조망하면서 각자의 역할과 책임을 다할 수 있도록 하고 있다. 이미 앞에서 언급한 바와 같이 한국 육군에서도 효과적인 리더십 개념을, 리더가 육군이 지향하는 가치를 바탕으로 구성원에게 목적, 방향, 동기를 부여함으로써 육군의 임무와 목표를 달성하도록 하고, 조직과 구성원의 지속적인 발전에 기여하도록 하는 상호작용과정으로 정립하여 제시하였다. 즉, 육군이 추구하는 효과적인 리더십은 육군의 임무와 목표달성에 기여해야 할 뿐만 아니라, 육군 구성원의 성장과 발전에도 기여할 수 있어야 한다는 것이다.

이와 같은 관점을 고려하여 한국 육군에서는 리더십과 조직효과성이 연계된 종합모델을 정립했다. 그림에서 제시된 바와 같이 군 리더십 효과성 모델은 크게 군내외 환경의 결정요인들, 1차와 2차 임무, 그리고 목표, 전략/정책, 가치관을 포함하는 임무체계, 리더십 체계, 그리고 효과성 관리체계 등으로 구분되어 있다.

〈그림 2-3〉 한국 육군 리더십 효과성 모델

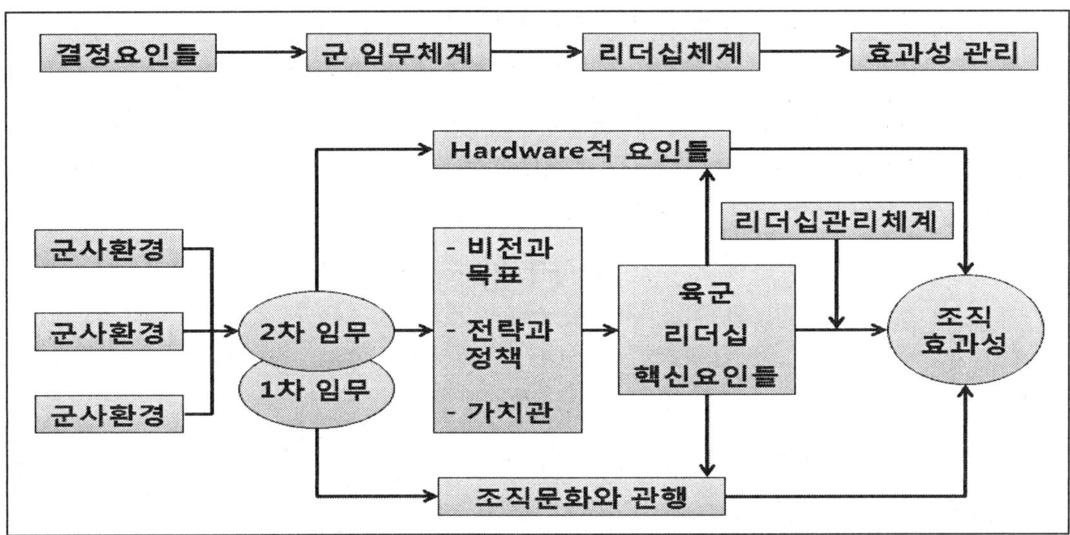

출처 : 백기복, "군 리더십 효과성 모델" (육군리더십 발전세미나 발표논문, 2007), p.26.

군사 환경, 사회 환경, 그리고 조직 환경의 변화에 따라 육군의 사회차원 임무, 조직차원 임무, 그리고 개인차원 임무에도 영향을 준다. 이러한 임무는 육군의 비전과 목표, 전략과 정책, 그리고 육군이 지향하는 제 가치 등의 수단을 통하여 구체화된다. 이들 요소들은 조직의 하드웨어적인 요소와 조직문화와 관행 등 소프트웨어적인 요소와 연계되어 궁극적으로 조직의 효과성에 영향을 미친다. 이와 같은 과정에서 이를 더욱 효과적으로 관리하고 승수효과를 발생케 하는 역할과 기능을 수행하는 것이 리더의 역할이며 리더십이 담당하는 기능이다.

제2절 리더와 관리자의 기능과 역할

오랫동안 치열하게 전개되어 온 논쟁들의 중심에는 다음과 같은 것들이 있다. "리더와 관리자는 과연 다른 존재인가? 리더도 관리를 해야 하는가? 최고의 관리자는 리더의 덕목도 갖춰야 하는가? 리더도 관리를 해야 되는가? 둘 중 어떤 게 나은가?" 이 절에서 리더나 관리자의 개념에 대한 의문에 해답을 찾고자 한다.

1. 리더의 기능과 역할 : 조직문화의 창조와 유지

리더의 주요한 기능의 하나는 집단 혹은 조직을 위한 문화 및 분위기의 창조와 발전이다. 리더들 특히 조직의 설립자들은 세대를 거슬러 가면서 거의 지울 수 없는 이미지를 남기곤 한다. 어떤 기업들은 설립자의 유지를 받들어 사회에 강한 책임감을 반영한다든지 그리고 참여를 촉진하고, 관리자들과 근로자들 간의 봉급의 차이를 낮게 하면서 평등한 관리를 고수한다. 만약 설립자가 통제 지향적이고 독재적이라면 그 조직은 집권화되고 그리고 하향적으로 관리되기 쉽다. 그와 반대로 설립자가 참여적이고 팀 지향적이라면, 그 조직은 분권화되고 개방적이 되는 경향이 있다. 실로 리더들은 문화를 형성하는 데 많은 영향력을 행사하기도 한다.

리더들은 조직의 다른 구성원들의 역할모델이다. 그들은 조직문화의 주요한 구조인 지위심벌을 설립하거나 부여한다. 부하들은 그들의 리더들로부터 어떤 행위는 허용되고 어떤 행위는 용인되지 않는지를 알 수 있다.

리더가 모델을 만들기 위하여 필요한 책임을 인정하는 것이다. 그에게 부여된 권력과 지위를 가지고 사람들 자신의 결정들에 대한 책임과 다른 사람에 대한 조직의 영향을 행사하는 의무이다.

리더가 조직의 문화를 형성하는 다른 방법은 보상체계에 대한 결정과 결정기준들을 통제함으로써 이루어질 수 있다. 어떤 조직에서는 철저하게 가장 높은 기여를 한 사람에게만 보상을 준다. 다른 조직에서는 문화적 다양성과 사회적 책임성에 관한 성취가 높게 인정받으면 보상을 받는 경우도 있다. 예를 들어 다양한 문화의 배경을 가진 사람들의 조화라든지 혹은 사회발전을 위한 기여를 우선적으로 높게 평가하는 조직을 말한다. 그 이외에도 리더들은 조직의 다른 리더들과 관리자를 선택하는 책임을 지고 있다. 채택된 리더들은 현재 존재하는 리더들의 이상적인 모델에 알맞은 경향이 있으며 그러므로 그 문화에 알맞는다. 조직을 위하여 구조나 전략을 결정하는 리더의 권력은 문화를 형성하는 효과적인 수단이다. 계층, 통솔의 범위, 보고체계, 그리고 공식화와 전문화의 정도를 결정하기 때문에 리더는 역시 문화를 형성한다. 예를 들면, 높게 분권화되고 유기적인 구조는 개방적이고 참여적인 문화를 가져오기 쉽고, 반면에 높게 집권적인 구조는 기계적 그리고 관료 문화와 일치하는 경향을 갖는다. 조직의 구조는 상호작용을 제한하거나 혹은 촉진한다. 리더 혹은 고위관료에 의하여 선택된 전략은 조직의 문화에 의하여 결정하거나 역시 형성하는 것을 도와 준다. 그와 같이 개혁과 위험부담을 요구하는 성장전략을 선택하는 리더는 감축전략을 선택하는 리더보다 다른 문화를 창조할 것이다.

조직내에서 가장 높은 위치에 있는 사람을 포함해 대부분의 사람들은 관리자의 마인드를 가지고 있다. 고위 임원진들을 보편적으로 '리더'라고 부르는 것은 단지 그들이 권한을 갖고 있는 자리에 있기 때문이다. 그들은 관리자처럼 생각하고 행동한다. 관리자의 역할은 대체로 문제가 발생하면 이를 수동적으로 해결하고, 조직의 위계질서를 유지하며, 개인적 리스크를 최소화하는 것이다. 관리자들은 사람들을 새롭고 경험해 보지 못한 영역으로 이끌려고 하지 않는다. 그렇지만 그렇게 하는 것이 리더가 되는 길이다.

리더와 관리자를 구분해서 정의 하는 입장은 관리자와 리더가 서로 양립할 수 없는 가치와 성격을 가지고 있다고 가정한다. 관리자들은 안정, 질서, 효율성을 중시하는 반면에, 리더는 유연성, 혁신, 적응을 중시한다. 리더십이란 힘과 탁월한 비전을 구비한 매우 독특한 예술이다. Warren Bennis 와 Nanus 는 리더와 관리자를 간단한 말로서 비교하였는데 그들에 의하면 "관리자는 일들을 제대로 하는 사람이며, 리더는 제대로 된 일을 하는 사람이다(Managers are people who do things right and Leaders are people who do the right things.)" 리더란 필연적으로 광범위한 기초, 상상력, 또는 역사의 원동력이라 할 수 있는 활기 넘치는 아이디어를 갖추지 않으면 안될 것이다. 닉슨은 리더와 관리자의 차이를 이렇게 설명한다. "관리가 산문(散文)이라면 리더십은 시(詩)다. 관리자는 오늘을 생각하지만 리더는 내일 모레를 생각한다."

Bennis 는 성공적인 최고경영자와 기업의 대표이사, 이사회의장 60명과 공공부문의 걸출한 지도자 30명 등 90명의 리더와 인터뷰를 실시하였다. 이들과 인터뷰를 통해서 90명의 리더 모두를 통합하는 역량의 네 가지 영역, 사람을 다루는 네 가지 전략이 다음과 같이 밝혀졌다.

- 전략 1: 비전을 통한 관심 집중
- 전략 2: 커뮤니케이션을 통한 생각의 전달
- 전략 3: 포지셔닝을 통한 신뢰성 구축
- 전략 4: 긍정적 자존심을 통한 자기관리

통해 관심을 집중한다는 것은 초점을 맞추는 것이다. 비전은 다른 모든 사람을 비전으로 끌어들이고 몰아간다. 헌신과 결합된 몰입은 자석과도 같다. 비전은 사로잡는 힘이 있다. 비전은 제일 먼저 리더를 사로잡고, 그의 관심은 다른 사람들을 비전에 집중하게 만든다. 비전은 활력과 영감을 주어 목적을 행동으로 전환한다.

꿈을 꿀 수 있다면 그 꿈은 실현할 수 있다. 그러나 혼자의 꿈은 꿈에 지나지 않으나 모두 다 같이 꾸는 꿈은 실현할 수 있다. 꿈을 공유하기 위해서 커뮤니케이션하지 않고서는 아무것도 달성할 수 없다. 성공은 다른 사람의 열정과 몰입을 유도할 수 있는 능력이 필요하다. 어떻게 상상력을 발휘할 것인가? 어떻게 비전을 나눌 것인가? 어떻게 사람들을 조직의 목표하에 정렬시킬 것인가? 어떻게 청중들로 하여금 아이디어를 이해하고 받아들이게 만들 것인가? 종업원들은 구체적으로 확립된 정체성을 인식하고 그 아래로 모아야 한다. 의미의 관리, 완벽한 커뮤니케이션은 성공하는 리더십과 분리될 수 없다.

반세기 전에는 루스벨트와 처칠이 위대한 연설가였다. 최근에 와서는 넬슨만델라와 마가렛 대처, 이트하크 라빈과 같은 지도자들이 비범한 설득 능력으로 사회를 재결집시킨 인물로 꼽힌다. 반대로 지미 카터는 커뮤니케이션 능력이 부족했고, 힘을 집결시키는 데도 효과적이지 못했다. 물론 그의 연설에는 의미가 담겨져 있겠지만 많은 사람들은 그 의미가 모호했다고 말한다.

신뢰는 조직을 움직이는 윤활유의 역할을 한다. 신뢰가 없으면 조직은 생존하기 어렵다. 실제로 예측 가능한 사람, 그의 지위를 알고 그 역할에 걸맞게 행동할 것을 아는 사람을 신뢰한다. 리더는 그 자신을 알리고 자기 역할을 분명하게 보여

줌으로써 신뢰를 얻는다.

만델라는 26년간의 감옥생활에도 불구하고 남아프리카공화국에서 인종차별정책을 몰아내는 것을 결코 포기하지 않았다. 이러한 일관성은 결국 1990년 평화적인 정부수립과 평화적인 정권교체라는 결과를 낳았다. 이 같은 투쟁에 대한 경의의 표시로 세계는 1993년 노벨 평화상을 수여했으며 남아프리카 국민들은 선거를 통해 그를 대통령으로 추대하였다.

이와 같이 모든 리더십에는 자신의 입장을 밝히고 그리고 일관성이 요구된다는 것이다. 결국 포지션을 통하여 신뢰를 구축하는 것인 진리라는 것은 조직과 리더 모두에게 똑같이 적용된다.

성공하는 리더의 핵심 요소는 자신을 창의적으로 관리하는 것이다. 자신을 창의적으로 관리한다는 것은 긍정적 자존심을 이끌어 내는 것이다. 즉 "당신의 주요 장점과 약점은 무엇입니까?"라는 질문은 리더가 가지고 있는 긍정적 자존심의 의미를 파악하기 위한 것이다.

긍정적 자존심을 갖기 위한 첫 단계는 자신의 강점을 인식하고 약점을 보완하는 것이다. 두 번째 요소는 훈련을 통하여 역량을 개발하는 것이다. 이것은 자신의 능력을 개발하고 끊임없이 발전시키는 것을 말한다. 세 번째는 일반적으로 성공하는 CEO는 자기가 가진 약점을 감추거나 보완하기 위해 참모진을 구성하지, 직접 그 일을 맡아 하지 않는다. 즉 리더가 인식하는 역량과 직무요구 사항간의 적합성을 파악하는 능력을 보여 준다. 이를 요약하면, 긍정적 자존심은 세 가지 중요 부분으로 구성된다. 자신의 강점에 대한 지식, 강점을 성장시키고 개발하는 능력, 조직의 요구와 자신의 강점 및 약점 사이의 적합성을 분별하는 능력이 그것이다. 긍정적 자존심을 가진 사람은 자기 업무를 훌륭하게 수행하며, 적절한 역량을 보유하고 있다. 그들은 자신의 일을 즐기며, 일을 통해 기본적 욕구와 동기를 만족시킨다. 마지막으로 그들은 자신의 일에 자부심을 가지며 거기에는 그들의 가치체계가 반영되어 있다. 특히 긍정적 자존심은 다른 사람에게 자신감과 높은 기대감을 부여하고 힘을 이끌어 낸다.

〈표 2-15〉 2000년대 이래로 리더십 기능

미래 지향적인 행동을 제공:	결과지향적인 행동의 증진:
- 조직의 욕구를 진단한다. - 장기적인 비전과 목적을 발전한다. - 광범위한 목적을 달성하기 위한 전략을 설계한다. - 변화를 주도한다.	- 지각 있고 논리적인 기획을 발전시킨다. - 문제를 직접적으로 다룬다. - 전략수행을 감독한다. - 강제적인 행동을 한다. - 기회를 인식하고 솔선한다.
협조적인 팀 접근법을 유지 : - 모범적인 행동을 보이면서 이끌어 나간다. - 사람들을 동등하게 처우한다. - 독립성과 프로젝트 지향적인 행동을 장려한다. - 자신의 의견을 받아들이도록 협상하고 설득한다. - 목적달성에 대하여 보상한다. - 사람들을 동기부여하기 위하여 개인의 충성을 유도한다. - 근로자들이 일체적인 상호작용을 격려한다. - 조직의 가치를 의사소통 한다	조직과 조직 과정의 성실성을 보호 : - 위협적인 갈등을 해결한다. - 조직을 환경에 알린다. - 체제와 사람들 간에 촉매작용을 한다. - 자역 사회의 요구에 부응한다. - 조직의 혁신적인 가치를 촉진한다.

출처: Jreisat, op. cit., pp. 164-165

2. 관리자의 기능과 역할

관리를 보는 두 가지 주요한 방법이 있다: 관리의 기능과 다양한 관리가 활동하는 역할. 관리의 기능적인 관점은 효과적이고 능률적인 방법으로 계획, 조직, 지시, 그리고 조직의 자원 통제를 통하여 조직의 목적을 달성하는 것으로 정의한다. 이와 같이 관리기능의 모델은 관리자들이 수행하는 광범위한 활동을 포함한다. 관리에 대한 이 접근법은 마치 조직이 큰 기계가 운영되는 것과 같이 리더와 부하들의 관계로 축소한다.

Henry Mintzberg는 이 분야에서 고전에 속하는 책인 「The Nature of Managerial Work」을 저술하였다. 그는 조직을 운영하는 10명의 관리자를 심층적으로 관찰하여 관리의 업무를 첨가하였다. 그는 관리자의 업무가 10가지의 관리자 역할로 다음과 같이 조직화될 수 있다고 하였다.

〈표 2-16〉 관리자의 역할

분 류	역 할	활 동
비공식적	감독 선전 대변인	- 정보를 찾고 받으며, 정기간행물과 보고서를 살피고, 개인적인 접촉을 유지 - 정보를 다른 조직구성원들에게 보내고, 메모나 보고서를 보내고, 전화를 한다. - 연설, 보고서, 메모를 통하여 외부인들에게 정보를 송신한다.
인간 상호관계	리더 연락	- 방문객에 인사한다든지 합법적인 서류에 싸인과 같은 그러한 예식과 상징적인 의무 - 부하를 지시하고 동기부여하며; 훈련, 상담, 그리고 부하들과 의사소통 - 조직의 내부 및 외부에 정보연결을 유지; 메일, 전화, 회의
결정적	기업가 소통 담당자 자원 할당자 협상자	- 프로젝트 증진을 주도; 새로운 아이디어 발굴; 다른 사람에게 아이디어 책임을 위임 - 논쟁과 위기 동안 시정행동을 취함; 부하들 사이에 갈등을 해결; 환경의 위기에 적응 - 누가 자원을 얻는가를 결정; 계획, 예산, 우선순위 결정 - 노동조합과 협상하는 동안 부서를 대표, 판매 구입, 예산, 부서의 이익을 대변

출처: Henry Mintzberg, 1971, The Nature of Managerial Work, New York: Harper & Row, pp. 92-93; Henry Mintzberg, 1971, "Managerial Work: Analysis from Observation," Manageral Science 18, Daft, op. cit., p.37.

관리자 업무의 활동을 개별적인 역할로 이해하기 위하여 분류는 하였으나 관리의 현실 세계에서는 모든 이러한 역할들이 상호작용을 한다는 것은 중요하다. Mintzberg의 연구결과는 리더십과 관리의 많은 정의들의 통합을 나타내고 있다고 볼 수 있다, 그가 정의하는 이러한 역할들이 전형적으로 리더들의 주요한 역할이고 기능이기도 하다.

비록 리더십과 관리가 자주 상호 교체하면서 사용하기는 하지만 이 두 개념은 같은 것이 아니다. 대부분 20세기 동안은 리더십은 좋은 관리와 동등하게 사용되었다. 그러나 리더십과 관리는 같은 것이 아니다. 물론 관리자는 때때로 리더가 될 수 있고 리더는 때때로 관리자가 될 수 없는 것은 아니다. 실제로 관리자와 리더간의 구별은 간단하지 않다.

행정가의 역할을 정의를 한 이해, “planning , organizing , staffing, directing, coordinating, reporting, 그리고 budgeting (POSDCORB)” 의 접근법 혹은 그와 유사한 접근법들이 관리자가 무엇을 하여야 하는지에 대한 지침을 주었다. Allison 은 공공관리에 관한 많은 논문을 검토하고 가장 빈번하게 사용되는 관리의 책임을 설명하면서 POSDCORB 개념의 장점을 설명한다.

〈표 2-17〉 Allison 의 관리자의 기능

전략	내부구성요소의 관리	조직외부기관과 대중에 대한 관리
- 목적과 우선순위를 결정 - 운영계획을 수립	- 조직과 인사 - 지시와 인사관리체제 - 업적달성에 대한 통제	- 외부의 공공권위기관에 속하는 외부조직을 다룸 - 독립조직들을 다룸 - 언론과 대중을 다룸

Cameron 과 Whetten 은 다음과 같이 관리기술에 대하여 다음과 같이 언급하였다.

- 자아인식
- 부하의 스트레스관리
- 갈등관리
- 부하의 업적달성 증진
- 다른 사람들을 동기부여

- 효과적인 위임과 공동의 의사결정
- 협조적인 의사소통의 설립
- 집단의 의사결정

위에서 보듯이 리더와 관리자의 기능 가운데 분명한 구별보다는 그들의 역할은 서로 보완적이다. 자주 효과적인 리더는 역시 효과적인 관리자이며 그 반대도 같다. 그러나 그러한 결론은 리더십과 관리가 다른 별개의 기능이라고 의미할 때는 정확하지 않다.

효과적인 공공관리자는 그들이 정책과 사람들에게 영향을 줄 때, 거북한 느낌을 극복할 때, 지시할 때, 그리고 공격적인 행동을 취할 때 리더십의 역할을 한다. 관리자의 기능을 단지 능률만 고려한다는 것은 현실적이지 않으며 바람직하지도 않다. 효과적인 관리자는 결정을 하고, 예산지출을 감독하며, 일상적인 거래의 합법성을 확인하고 그리고 능률 적이고 평등한 보상체제를 하는 조직 운영의 중추적 역할을 한다. 역시 관리자는 교환적인 리더로 불려질 수 있다. 왜냐하면, 교환적 리더는 조직의 의사결정을 하며, 그들의 많은 시간을 낮은 수준의 관리자들이 효과적인 운영결정을 수행하고 있는지를 확인하는 데 활용한다. 일반적으로 관리자의 업무는 낮은 수준의 결정을 검토하고, 더욱이 예, 설득, 검증된 수준 높은 지식과 기술, 그리고 윤리적인 행동에 의하여 부하들을 관리한다. 관리자들은 새로운 기술과 정보를 사용하고, 협조를 동원하고, 업적에 대한 통제를 한다. 관리자는 문제를 해결하는 기술이 있고, 리더는 조직을 설계하고 구축하는 데 능숙하며 또한 조직의 미래에 새로운 접근법의 설계자이다.

3. 리더와 관리자의 차이

최근에 관리자와 리더십간의 차이에 대하여 많이 거론하고 있다. 어떤 사람들은 리더십을 관리의 기능으로서 말하고 다른 사람들은 관리를 리더십의 하위 기능으로 취급한다.

그러나 리더십은 목적과 가치를 옹호하고, 방향을 설정하며 그리고 영감 및 감동을 주는 중요한 기능을 의미한다. 반면 관리(management)는 예산을 감독하거나 혹은 업무가 달성되는 것을 확인하는 집안 살림 기능을 의미한다. 관리는 조직의 안정을 유지하기 위하여 계획과 통제에 중점을 두는 반면, 리더십은 미래를 위해 비전을 창조하고 그리고 그것을 달성하기 위하여 감명을 주는 데 초점을 두고 있다.

〈표 2-18〉 관리와 리더십의 비교

구 분	관 리	리더십
지 시	계획과 예산 하위계층에 대한 감시	비전과 전략을 강조 영역에 대한 감시
정 렬	조직화 그리고 막료 지시 그리고 통제 경계 확정	문화와 가치의 공유 창조 다른 사람이 성장하는 것을 도움 경계선을 감소
관 계	사물에 집중-상품과 서비스를 생산/서비스 지위권력에 기초 보스로서 행동	사람에 집중-부하들에 감명을 주고 동기 부여함 코치로서 행동, 촉진자, 봉사자
개인적 자질	감정적 거리 전문가 마인드 지시 일치 조직에서 통찰	감정적 연결(마음) 개방 마인드(깊은 사려) 청취(의사소통) 불일치(용기) 자신 속에서 통찰(정직)
산 출	안정유지	변화창조, 빈번한 급진적 변화

출처: John P. Kotter, 1996, Leading Change, Boston, MA: Harvard Business School Press, p. 26;
Joseph C. Rost, 1993, Leadership for the Twenty-First Century, Westport, CN: Praeger, p. 149;
And Brian Dumaine, 1993, "The New Non-Manager Managers," Fortune, February 22, pp. 80-84.

관리와 리더십은 둘 다 조직에는 중요하다. 전통적인 관리는 고객, 주주, 근로자 및 다른 사람들의 요구를 충족시키기 위하여 필요하다. 그러나 조직은 미래를 보고, 근로자를 동기부여하고 감명을 주며, 그리고 변화하는 요구에 적응하기 위하여 강력한 리더십이 필요하다.

몇 가지 예를 들면, 리더십과 관리는 조직을 위한 지시를 제공하는 데 동일한 관심을 가지고 있다는 것이다. 그러나 그들은 다르다. 관리는 특정한 결과를 위하여 세부적인 계획과 스케줄에 집중하고, 계획을 달성하기 위하여 자원을 할당한다. 리더십은 미래의 비전을 세우고 실천하는 방안을 발전한다. 관리는 단기적인 목적에 관심이 있는 반면 리더십은 장기적인 목적에 치중한다. 그러므로 미래에 대한 전망인 비전은 리더십의 주요 관심분야이다.

계획을 달성하기 위하여 구조를 조직하고, 막료를 구성하며 정책, 절차 및 계획을 실행하는 감독 등에 온 마음이 쏠려 있다. 그러나 리더십은 비전을 전달하고 공유된 문화를 창조하며, 바람직한 미래를 달성하기 위한 핵심적인 가치를 발전한다. 관리는 기계, 보고서, 조직의 상품과 서비스를 생산하기 위한 필요한 단계들에 관심을 집중한다. 그러나 리더십은 사람을 동기부여하고 감명을 주는 데 집중한다.

조직에 있어 권위의 공식적 지위는 관리 권력의 근원이다. 그러나 리더십 권력은 리더의 개인적 특성들로부터 나온다. 리더십은 공식적 리더 혹은 관리자가 권위의 공식적인 지위를 가지고 있다는 것을 필요로 하지 않으며, 공식적인 지위를 가지고 있는 사람(공식적 리더 혹은 관리자)이 리더십을 가지고 있지 못하는 경우도 허다하다. 리더의 주요한 관심의 대상은 자신이 아니고 다른 사람이다. 리더의 가장 주요한 임무는 다른 사람들이 성장하고 발전하는 것을 도우는 것이다. 실로 권위의 근원들이 리더십과 관리와의 차이를 구별하는 중한 요인이다.

리더십은 일련의 기술 이상이다. 리더십은 보이지도 않으며, 그러나 강력하고 많은 복잡한 개인적 자질에 의하여 리더십은 발전한다. 이러한 자질은 열정, 정직, 용기, 그리고 겸손과 같은 것들을 포함한다. 좋은 리더십은 자신을 먼저 생각하는 것이 아니라 다른 사람을 먼저 생각한다. 이러한 사람에게 자연히 리더십은 따른다. 리더십이 있는 곳에 사람들은 공동체의식을 느끼고, 그들이 의미 있는 것을 느낀다. 리더들은 그 자신들의 egos 를 억누르고, 다른 사람들의 기여를 인정하고, 그리고 자신들이 중요한 사람이란 것을 느끼게 한다.

관리가 대답을 제공하고 문제를 해결하는 것을 요구하는 반면, 리더십은 잘못과 의심을 인정하고, 청취하고, 신뢰하며 그리고 다른 사람들로부터 배우는 것이 필요하다는 것을 안다. 감정의 개입은 위험할 수도 있다. 그러나 진정한 리더십을 위해서는 사람을 움직이고 감명을 주기 위하여 감정이 필요한 경우도 있다. 리더는 새로운 아이디어를 비평하는 폐쇄적인 마음보다는 오히려 새로운 아이디어를 환영하는 개방적인 마음을 가지는 경향이 있다. 리더는 다른 사람을 고려하고, 다른 사람과 감정적인 거리를 두기보다는 오히려 개인적인 관계를 구축한다. 리더들은 그들이 충고를 주고 명령을 주기 위하여 말하는 것보다는 사람들이 무엇을 원하고 필요한지를 청취하고 그리고 식별한다. 리더들이 대중의 이익을 위하지 않을 때, no라고 말하고, 모든 사람들을 획일적인 마음을 갖도록 하는 것보다는 다른 사람의 불일치를 기꺼이 받아들여야 한다.

관리 사이의 차이는 두 개의 다른 결과를 창조한다. 앞의 표에서 보듯이 관리는 안정, 예측성, 질서 그리고 능률에 관심을 보인다. 그와 같이 좋은 관리는 조직이 끊임없이 단기적 결과를 달성하는 것을 돕고 그리고 다양한 주주들을 만족시킨다. 다른 한편 리더십은 극적인 변화를 창조한다.

리더십은 낡고 비생산적인 규범들이 새로운 도전을 충족하기 위하여 대치되도록 현상유지에 의문을 제기하고 도전하는 것을 의미한다. 좋은 리더십은 새로운 고객과 시장을 확대하는 새로운 상품과 서비스와 같은 그러한 아주 가치있는 변화를 초래할 수 있다.

20세기에는 좋은 관리가 자주 조직을 건강하게 지키는 것이 충분하였다. 그러나 21세기를 위한 리더들은 이제는 전통적인 관리에 의존할 수 없다. 오늘날 조직은 관리에서 리더십으로 변하여야 조직을 지킬 수 있을 것이다.

리더십과 관리의 차이점은 현재도 계속 논쟁이 계속되고 있는 쟁점이다. 분명한 것은 개인이 관리자가 되지 않고도 리더(예: 비공식리더)가 될 수 있으며 또한 리더십을 발휘하지 않고도 공식적인 리더 혹은 관리자가 될 수 있다는 것이다. 관리와 리더십을 동등한 것이라고 주장하는 사람들은 없지만, 어느 정도 중복되는지에 관해서는 크게 의견이 갈려 있다.

리더와 관리자 사이의 차이는 무엇인가? 이러한 논쟁은 과거 문헌에서도 역시 발견할 수 있다. 리더와 행정가들을 비교하는 것은 Philip Selznick의 「Leadership in Administration」에서 구체적으로 설명되어 있다. 이 당시는 그래도 Woodrow Wilson dl 정치와 행정을 분리한 이원론이 강하게 영향을 미치고 있었기 때문에 행정을 관리라고 즉 행정가를 관리자로 보는 경향을 부인할 수는 없던 때이었다.

능률의 개념을 초월하여 이들간의 차이를 탐색하였다. 이 개념은 운영책임, 제한된 자유재량, 의사소통의 통로 그리고 지휘체계에 적용하는 개념들이다. 그는 역시 능률의 논리는 피라미드의 상위 계층으로 올라가면서 힘을 상실한다고 한다.

Selznick 에 의하면 리더는 조직을 관장하고, 조직에 공동체의식을 불어넣어 주며, 그와 같이 조직을 그 환경에서 가치가 있는 조직으로 변형하는 정치인으로 고려한다. 그는 대부분의 조직은 비교적 하위직의 사람들에 의하여 운영되며 최상위의 사람들은 조직을 운영하지 않고 그 대신 기획, 예산, 및 인사문제와 같은 문제에 전념한다.

"리더는 풀어주고 관리자는 옥죄는 사람이다. 권력과 에너지를 해방시키고 행동을 허락하는 사람들, 그들이 바로 리더이다"라고 Lucas 는 말했다. 그러나 무조건적인 해방과 허용이 능사는 아니다. 누군가는 통제하고, 누군가는 압박하고, 누군가는 상세한 지침과 방향을 알려 주어야 한다. 그게 누구일까? 바로 관리자다. 그럼 관리자는 어떤 존재인가? 일을 실행하는 사람이다. 리더에게는 실수의 가능성까지 포용하는 혁신적 환경을 조성할 목표가 있는 반면, 관리자에게는 직원들을 훈련시켜 실수와 낭비를 줄이고 억제해야 할 목표가 있다. 상반된 내용이지만 두 가지 모두 조직에 꼭 필요하다. 권한을 가진 리더는 실수를 환영하고 때로는 축하해야 할 경우도 있지만, 일의 주체인 관리자는 그와 같은 실수로부터 교훈을 얻고 다시는 같은 일이 반복되지 않도록 할 책임을 지닌다. 리더는 원대한 청사진과 결과에 주력하는 반면, 관리자는 현재 맡고 있는 업무와 방법론에 초점을 맞춘다. 두 가지 모두 없어서는 안 될 요소들이다. 배가 어디로 가고 있으며 목적지는 어디여야 하는지 누군가는 알고 있어야 한다. 그가 바로 권력자, 즉 리더이다. 하지만 목적지에 무사히 도달하기 위해서는 지속적으로 항로를 점검하고 기계의 작동 상태를 관리할 사람이 필요하다. 이것은 관리자의 몫이다.

그러나 리더십과 관리를 서로 다른 유형의 사람들과 연관시키려는 노력은 경험 연구에서는 지지를 받지 못하고 있다.

학자들은 리더십과 관리를 별개의 과정으로 이해하기는 하지만 리더와 관리자를 서로 다른 유형의 사람들이라고 생각하지는 않는 다. 이러한 예로써 kotter 는 관리와 리더십의 핵심과정과 의도한 성과에 따라서 구별하였다.

관리는 예측가능성과 질서를 만들어 내기 위해 ① 운영목표를 설정하고 행동계획을 수립하며 자원을 할당하고, ② 조직화와 충원을 통해서 구조를 수립하고 사람들에게 일을 할당하며, ③ 결과를 모니터하고 문제를 해결한다.

이에 반해서, 리더십은 조직변화를 만들어 내기 위해 ① 미래의 비전과 필요한 변화를 위한 전략을 수립하고, ② 비전을 전달하고 설명하며, ③ 비전을 달성하도록 동기부여하며 고무시킨다. 관리와 리더십은 해야 할 필요가 있는 것이 무엇인지를 결정하고, 이를 위해서 관계의 인맥을 창조하며, 일이 이루어지도록 만드는 것에 모두 관계한다.

그러나 두 과정은 양립할 수 없는 몇 가지 요소를 가지고 있다. 강한 리더십은 질서와 효율성을 와해시킬 수 있으며, 강한 관리는 모험과 혁신을 방해할 수 있다. 두 과정은 모두 조직의 성공을 위해 필요하다. 그러나 강한 관리만으로는 목적이 모호한 관료주의를 동기 부여할 수 있으며, 강한 리더십만으로는 비현실적인 변화를 유발할 수 있다. 두 과정의 상대적 중요성과 두 과정을 통합하는 최선의 방법은 상황에 따라 달라진다.

위에서 언급하였듯이 관리와 리더십을 별개의 역할, 과정 또는 관계로 정의하는 일은 보기보다 불분명할 수 있다. 그럼에도 불구하고 대부분의 학자들은 현대조직에서 관리자로서 성공하기 위해서는 반드시 리더십이 있어야 한다는 점에는 거의 모두 동의하는 것 같다.

제3절 리더십의 효과성과 효과적인 리더십의 장애

1. 리더십의 효과성

효과적인 리더십은 무엇을 의미하는가? 효과성은 여러 가지 의미에서 정의될 수 있다. 어떤 학자는 리더십 효과성을 집단의 성과로 정의한다. 이러한 관점에 따라 그들의 집단이 효과를 발휘할 때 리더는 효과적이라고 한다. 또는 리더의 효과성을 결정하는 중한 요인으로 부하들의 만족도를 고려한다. 변혁적이고 비전적인 리더들은 조직의 대규모 변화의 성공적인 수행을 효과성으로 정의한다.

이와 같이 리더십의 효과성에 대한 정의는 조직의 효과성 정의만큼이나 다양하다. 어떤 정의를 선택할 것인가는 주로 효과성을 결정하는 사람의 견해에 달려 있고 그리고 고려할 대상이 누구인가에 따라 다르게 정의를 한다.

사람들의 가치관, 작업, 성격, 이념, 전공분야 등에 따라 효과성을 다르게 보는 것은 당연하다. 예를 들어 1960년대 인권과 차별을 반대하는 운동가이며 Hewlen-Packard 인사 관리자는 효과성을 사람들이 더욱 의사소통하고, 더 협조하며 그리고 더 개혁하는 것으로 정의를 하였다. 학자들의 경우 유명한 논문들을 발표하는 것을 효과성이라고 정할 수 있다. 분명히 효과적인 리더가 무엇을 의미하는지 정확한 정의는 없는 것 같다.

그럼에도 불구하고 Luthans는 효과적이고 성공적인 관리자간의 차이를 구별하면서 리더십의 효과성 개념에 대한 흥미 있는 의견을 제안하였다. 그에 의하면 효과적인 관리자는 근로자들이 만족하고 생산적인 근로자들로 유지하는 사람들이며, 반면에 성공적인 관리자는 빨리 승진하는 사람들이다. 관리자들의 집단을 연구한 후 성공적인 관리자들과 효과적인 관리자들은 서로 다른 활동을 한다고 제안을 하였다. 효과적인 관리자들은 부하들과 의사소통하고, 갈등을 관리하고, 근로자들을 훈련하고, 발전하며, 동기 부여하는 데 많은 시간을 보내는 반면, 성공적인 관리자들의 주요한 관심은 근로자들에게 있는 것이 아니다. 그 대신 성공적인 관리자들은 외부인들과 상호작용, 사회화, 그리고 정치적 흥정과 같은 그러한 연계활동에 집중을 한다.

효과성에 대한 이상적 정의는 리더가 수행하는 모든 다른 역할들과 기능들을 고려하여야 한다. 그러나 모든 조직은 그러한 철저한 분석을 하지 않고 쉽고 단순한 측정들을 사용하곤 한다. 예를 들어 주주나 재정분석가는 기업의 근로자들이 만족하건 안하건 관계없이 주가가 계속 상승한다면 한 기업의 CEO 는 효과적이라고 말한다. 정치인들은 투표가 그들의 인기를 나타내고 또한 재선을 한다면 효과적이라고 생각한다. 축구 코치는 자신의 축구선수들이 승리한다면 효과적이다. 대학교의 총장도 만약 그 대학이 연구의 업적이 많이 배출되고 학생들이 취업이 잘되고, 각종의 시험에서 학생들이 우수한 성적으로 합격한다면 그의 리더십은 효과적이라고 말할 것이다.

이와 같이 모든 예에서 볼 수 있듯이 효과성의 의미는 결과에 초점을 맞추고 있는 것을 볼 수 있다. 근로자들의 만족과 같은 과정문제가 측정될 수 있으나 효과성의 주요한 지표로 활용되지 않는다.

광범위한 관점은 목적을 달성하는 동안 내부의 안정과 외적인 적응을 유지하는데 성공적일 때 리더가 효과적이라고 고려한다. 그렇다면 일반적으로 그들의 부하들이 그들의 목적을 달성할 때, 서로 화합을 이루면서 기능할 때, 외부의 환경변화 요구에 적응할 수 있을 때 효과적이다. 그러므로 리더십 효과성의 정의는 다음 세 가지 요소를 포함한다.

① 목적달성(재정적 목적을 충족, 상품의 질 혹은 서비스를 생산하고, 소비자의 욕구를 수용하는 것을 포함)
② 원만한 내부의 과정(집단의 응집성, 지지자의 만족, 그리고 효과적인 운영을 포함)
③ 외부에 적응성(성공적으로 변화하고 진화하기 위한 변화에 대한 집단의 능력)

리더십을 연구하는 학자들이 갖는 다음의 관심은 리더십의 각 스타일들이 근로자들에게 미치는 영향 혹은 효과성에 모아졌다. 이 연구들의 결론들은 혼합되어 있고 심지어는 서로 갈등을 한다. 공공조직의 관료들을 포함하여 1000명이 넘는 관리자에 대한 연구에서 Stogdill은 배려하는 리더들의 부하직원들이 과업지향적인 리더들의 부하직원보다 높은 수준의 직무 만족을 가지고 있다는 발견을 하였다. 또 다른 연구는 리더의 배려는 적어도 단기적으로는 근로자들의 낮은 이직률을 가져왔으며 과업구조는 근로자들의 불만과 긍정적인 관계가 있었다. 리더들이 양 척도에서 9.9를 나타내는 곳에 근로자들이 이직률과 불만이 낮은 경향을 보여 주었다(행태접근법의 리더십 Grid 참조). 다른 연구도 유사한 결과를 보여 준다. 이러한 연구들은 배려하는 리더들의 부하들이 더욱 큰 직무만족을 가져왔으며 대부분의 리더들은 과업지향적인 것보다는 낮은 수준의 감독을 선호할 것이라는 결론을 주장하였다.

다른 연구들은 반대되는 연구결과를 내놓고 있다. 즉 과업구조는 근로자의 형태에 따라 다른 반응을 나타내는데 특히 대규모 집단에 기술이 없거나 중간 정도의 기술을 가진 근로자들은 규모가 작은 작업집단의 동료들보다 과업구조를 선호하거나 혹은 끈질기게 반대하지도 않았다. 집단의 갈등은 과업구조에서 감소되는 경향이 있다. 높은 수준의 근로자들은 리더들이 과업지향적인 활동에 종사하는 작업환경에 더 만족하였다. 우리는 이러한 연구결과에서 보듯이 어떠한 특정한 리더의 스타일이 보다 더 생산적이라고 말할 수는 없다.

Likert 역시 근로자 중심적인 리더십이 생산성과 높은 상관관계를 가지고 있다고 하였으나 그도 역시 높은 업적을 수행하고 있는 작업집단에서 과업지향적인 리더를 자주 발견하였다.

리더십 효과성을 어떻게 볼 것인가에 대해서도 연구자마다 의견이 일치되고 있지 않다. 위에서 보듯이 대부분의 연구자들은 리더가 취한 행동이 부하들과 조직의 다른 이해관계자들에 미치는 결과에 비추어서 리더십 효과성을 평가한다. 리더십 평가는 일반적으로 리더가 이끄는 집단이나 조직의 성장, 위기에 대처하는 준비성, 부하의 리더에 대한 만족, 부하의 집단 목표에 대한 개입, 부하들의 심리적 행복, 집단 내에서 리더가 높은 지위로 승진하는지 여부 등으로 평가한다. 그 중 흔히 리더의 효과성을 평가하기 위하여 사용하는 측정치는 리더가 이끄는 조직이 과제를 성공적으로 수행하고 목표를 달성하는 정도이다.

부하의 리더에 대한 태도는 리더 효과성을 나타내는 또 다른 지표이다. 리더는 부하들의 요구를 얼마나 잘 만족시켜 주는가? 부하들은 리더를 존경하고 숭배하는가? 부하들은 리더의 요구에 매우 헌신적인가 혹은 저항하는 편인가? 이러한 태도는 면접이나 설문지에 의하여 평가된다. 리더들에 대한 적대행위는 예로는 결근, 자발적 이직, 불만, 경영진에 대한 불평, 전환 배치요구, 태업 그리고 장비와

시설에 대한 의도적인 파괴 행위 등이 있다. 리더는 집단의 응집성, 구성원간의 협력, 구성원의 동기부여, 문제해결, 의사결정, 구성원간의 갈등해소를 증진시키는가? 이와 같이 효과성 측정치가 너무 많을 때는 리더의 효과성을 평가하기 어려우며, 어느 측정치가 가장 관련이 있는지를 명확하게 알기 어려운 점이 있다.

리더십을 정의할 때와 마찬가지로 리더십 효과성을 어떻게 볼 것인가에 대해서도 연구자마다 의견이 다르다.

2. 리더십의 장애

모든 문화나 모든 조직의 환경에서 공통적으로 효과적인 리더가 된다는 것은 이상적이라고 할 수 있다. 무엇이 효과적인 리더를 만드느냐는 쉽지 않은 질문이다.

효과적인 리더가 되기 위하여 실수를 범하고 실수를 통하여 배우는 것이 첩경이다. 그러나 불행하게도 조직들은 리더들이 새로운 기술을 실습하거나, 새로운 행태를 시범하고 그리고 그들의 행위를 관찰할 환경을 제공하기에 대단히 인색하다는 것이다. 대부분의 경우에 조직들은 실수를 하였을 경우, 그에 지불하는 비용이 엄청나게 크기 때문에 새로운 방법을 활용하기보다는 일상적인 방법을 그대로 사용하려고 할 것이다. 실로 연마나 실수에 따른 경험이 없이는 효과적인 리더가 된다는 것은 가능하지 않다. 문제는 효과적인 리더가 되는 데 장애가 되는 요인이 무엇인가를 밝혀내는 것이다.

효과적인 리더가 되지 못하도록 막을 수 있는 기술과 자질의 수준들을 당연하고 객관화한다는 것은 어렵기 때문에 이들을 제외하고, 효과적인 리더가 되는 데 있을 수 있는 장애요인이 다음과 같이 있을 수 있다.

조직들이 신속한 반응과 해결을 찾는 데 어려움을 야기할 수 있는 불확실성을 직면한다는 것이다. 외부적인 요인들은 즉각적인 대응을 요구한다. 위기에 직면할 경우를 대비하여, 학습을 위한 시간과 인내가 필요한데 조직들은 그러할 여유가 없다는 것이다. 아이러니하지만, 만약 그러한 여유가 허용된다면, 조직들은 리더십의 새로운 방법으로 복잡성과 불확실성을 더욱 쉽게 다룰 수 있는 지혜를 학습할 것이다. 그러나 악순환의 문제가 발생하는 것은 조직이 직면하고 있는 현재 위기를 극복할 수 있는 학습의 시간들이 허용되지 않는 다는 데 있다. 자연히 학습할 시간과 혁신적인 행태를 연마할 수 있는 시간을 갖지 못하여 위기 관리능력을 배양하지 못한 결과 계속 위기를 초래하고 있다는 것이다.

효과적인 리더가 무엇인지에 대하여 낡은 아이디어로 되돌아가는 경향이 있다. 그러므로 조직들은 새롭고 복잡한 문제들에 적합하지 않은 단순한 해결책에 의존한다. 단순한 아이디어의 사용은 단지 임시적인 해결책만 제공할 뿐이다.

마지막으로 효과적인 리더십에 장애를 줄 수 있는 다른 요인은 학문적 연구결과를 이해하고 적용하는 데 어려움이 따른다는 것이다. 엄격한 과학적 연구방법을 활용한 훌륭한 연구라 하더라도 학문적 연구는 연구결과의 적용을 명확하게 제시하지 않고, 심지어는 실무자들이 이들의 연구결과를 충분히 이해하지 못하는 경우도 많다.

효과적 리더십을 학습하기 위하여 복잡하고, 끝이 없는 실험 및 배움의 과정은 조직의 도움이 없이는 불가능할 것이다.

우리는 모든 것에서 배울 수 있다. 영웅전에서 배우는 방법도 있지만 나쁜 리더를 통하여 배우는 것도 많다. 실수를 저질렀을 때 그것은 만회하려면 다음 3가지 일을 하여야 한다. 첫째, 실수를 인정하여야 한다. 둘째, 실수로부터 배울 수 있어야 한다. 셋째, 실수를 반복하지 말아야 한다.

3. 학습과 조직학습

성공적인 리더들의 대부분은 학습 능력과 욕의 중요성을 매우 잘 인식하고 있다. 그들은 열정적인 학습자로서, 새로운 경험에 개방적이었고 자기 계발의 기회가 될 새로운 도전을 탐색하고 실수에 대처할 줄 알았다.

어떤 사람들은 리더십이 너무 파악하기 힘들고 그리고 신비스러워 배울 수 없다고 한다. 반면에 다른 사람들이 리더는 타고난 것이 아니라 리더는 만들어지며, 만들기 위하여 열심히 노력한다고 주장한다. 그러므로 많은 사람들이 어느 누구도 리더가 될 수 있는 잠재력을 가지고 있다고 주장하는 편에 동의하고 있는 것 같다.

리더는 영원한 학습자다. 어떤 리더들은 어린아이 시절부터 많은 책을 읽은 독서가인 해리트루먼과 같은 사람도 있다. 자신의 주변에 정치가나 학자로 둘러싸게 하였던 리더들도 있다. 엄청나게 많은 시간을 고객들과 함께 보냈다는 월마트의 전설적인 설립자 샘 월톤 등이 이러한 스타일에 속한다. 대부분의 리더들은 경험으로부터 학습하는 명수들이다. 학습은 끊임없이 새로운 이해와 새로운 생각, 새로운 도전의 불꽃을 일으키고 그 상태를 유지시키는 리더의 필수적인 에너지원이다. 학습은 오늘날처럼 급격하게 변화하는 복잡한 환경에서는 필수불가결한 것이다. 한 마디로 배우지 않는 자는 리더로 생존하지 못한다. 리더들은 단순히 '배우는 방법' 뿐만 아니라 '조직의 환경 안에서 배우는 방법' 을 발견한 사람들이다. 그들은 조직에서 일어나는 일에 집중하는 법을 알았고 조직을 학습의 장으로도 활용하였다. 성공하는 리더들은 도날드 마이클이 규명한 '새로운 핵심' 역량이라는 기술을 학습하고 있었다.

- 불확실성을 인지하고 공유함
- 실수를 용인함
- 대인관계의 역량 (경청, 동기유발, 가치관의 갈등 조정 등)이 확대됨
- 자신에 대한 지식을 축적함

어떻게 함으로써 리더는 조직 환경에서 배우는 특정한 종류의 학습 전문가가 된다. 끊임없이 변하고 있다. 변화는 때로는 합병이나 공장의 이전처럼 급격하고 고통스러울 수 있다. 속도가 빠르든 늦든, 규모가 크든 작든 조직은 끊임없이 자신을 혁신하고 있다. 그들은 항상 학습하고 있다.

조직학습(organizational learning)이란 조직이 새로운 지식이나 도구, 행동, 가치관을 습득하고 활용하는 과정이다. 조직학습은 조직 내 모든 차원, 개인과 집단뿐만 아니라 시스템 전반에 걸쳐 일어난다. 개인은 그들의 일상적인 활동, 특히 개인 상호간, 그리고 외부 세계와의 상호작용의 일부로써 학습한다. 집단은 구성원들이 공통의 목표를 달성하기 위하여 협동하면서 학습한다. 전체 조직은 환경으로부터 피드백을 받고 미래의 변화에 대응함으로써 학습한다. 이렇게 모든 계층에서 새로이 학습된 지식은 새로운 목표와 절차, 역할구조, 그리고 성공의 도구로 전환된다.

조직학습의 가장 좋은 예는 군대에서 찾아볼 수 있다. 군대는 각기 다른 가치관과 학력, 적성, 동기, 신념을 가진 구성원들이 모인 곳이다. 각 개인은 반드시 몇 가지 생존기술과 여러 가지 육체적 · 정신적 활동을 최소한도 이상으로 익혀야 한

다. 군은 많은 적, 위협, 임무, 지형적 조건, 주어진 시간 등 광범위한 범위에서 발생 가능한 상황에 적응하는 법을 배워야 한다. 이것은 분석과 모의 훈련을 통해 이루어지며 어떤 무기를 사용해야 할지, 어떻게 군을 편성할지, 실제교전에 신속하게 대응하기 위해서 어떤 규율이 필요한지 결정하는 데 영향을 미친다. 학습의 종류도 다양하다. 유지학습 및 혁신학습 등이 있다. 유지학습은 현존하는 체제 또는 정립된 삶의 방식을 유지하기 위해 고안된 학습유형이다. 반면에 동요와 변화, 불확실성의 시대에는 장기적인 생존을 위해 다른 유형의 학습이 절실히 요구된다. 이런 형태의 학습은 변화와 쇄신, 구조조정, 그리고 문제의 재정의를 가져온다는 점에서 혁신학습이라고 부른다.

업무수행에 필요한 전문성이 부족하다며 자포자기하는 부하들처럼 리더를 맥 빠지게 하는 사람도 없을 것이다. 따라서 리더는 부하들에게 지속적인 교육과 성장의 기회를 제공함으로써, 부하 자신이 상사로부터 충분히 인정받고 있으며 일부 권한을 위임받았다고 느낄 수 있도록 동기를 부여해야 한다. 모름지기 리더는 부하들의 일에 대한 열망과 의지를 간과해서는 안 된다. 그뿐 아니라 리더가 명확한 지침을 제공하고 적절한 교육을 하며 필요한 자원을 아낌없이 지원해 줄 때 부하들은 직장생활을 성공적으로 해 나갈 수 있다는 사실을 알아야 한다.

리더십 훈련은 주요한 관심의 대상이 되고 있다. 대학교, 전문가 훈련 센터, 상담, 경영대학, 관리자 훈련, 기업훈련 부서들, 다양한 리더십 훈련기관들 등에서 리더십 훈련 분야의 붐을 이루고 있다. 그러한 프로그램이 확산되고 있는 것은 좋은 리더십의 부족을 인지한 것뿐만 아니라 미래의 새로운 희망을 위해서이다. 인간의 행태가 자주 변하고, 사회환경이 급작스럽게 변하고 있는 세태 속에서 공식조직의 구조를 아무리 잘 짜여 준다고 하더라도 조직의 성과를 향상시키는 데는 한계에 직면하였다. 이제 우리는 리더십의 중요성을 더욱 인식하게 되었으며, 오늘날 리더십의 발전에 더욱 의존하는 경향을 나타내고 있다.

통제, 관리 등과 같은 전통적 개념보다는 대부분의 리더십 훈련은 사람과 관계 이슈에 집약되는 것을 볼 수 있다. 여러 형태의 리더십 훈련 세미나에서 훈련원은 장애를 극복하기 위하여 그리고 리더들이 그들의 부드러운 쪽에 감동을 주기 위하여 호소력을 사용한다. 또는 리더십 훈련 프로그램에 참여한 사람들에게 그들이 실지 생활에서 관찰한 리더십의 예들을 이야기하고 보고서를 제출케 한다. 훈련하는 사람은 개인적인 이야기를 말하는 것이 리더십을 배우고 다른 사람들에게 영향력을 미칠 수 있는 가장 좋은 방법의 하나가 될 수 있다고 인식하면서 어떻게 요점을 말하는가를 가르친다. 역시 사람을 설득하는 기술도 배울 수 있는 중요한 방법이다. 남을 설득시키려면 먼저 자신부터 신념, 열정, 스스로 자신을 설득시켜야 하고 그들에 미쳐야 한다.

훈련하는 방법으로 학생들로 하여금 기업이나 사회에서 리더십 사례를 탐색함에 의하여, 학생들은 조직의 성공을 위하여 리더십이 얼마나 중요한지 그리고 리더가 되는 데 직면하는 어려움과 도전에 대한 지식을 얻을 수 있다. 주로 학교에서는 학생들에게 한 리더를 선택하여 강의실에서 발표하게 한다.

리더십 훈련은 일반적으로 4단계를 거치면서 진전을 한다.

1단계: 무의식적 무능력——이것은 학생들이 리더십에 대한 어떤 능력을 가지고 있지 않다. 그리고 그들은 리더가 되기 위하여 노력을 하지 않았기 때문에 그들이 능력이 없다는 것조차 알지 못한다.

2단계: 의식적이나 무능력——그들은 능력이 없다는 것을 알고 열심히 노력하는 것이 필요하다는 것을 인식한다. 스키 혹은 골프 레슨을 받거나 또는 책을 읽고 잠재적 리더들로부터 훈련을 받는다. 학생들은 잘하기 위하여 무엇이 필요한지를 안다. 그러나 아직 그들은 무능력을 면치 못한다.

3단계: 의식적인 능력——연마를 통하는 올바른 방법에 대한 의식은 당신을 점진적으로 리더십 능력을 갖도록 할 것이다. 당신은 바람직한 미래를 그릴 수 있고, 미래를 위하여 다른 사람에 영향력을 가할 수 있으며 그리고 변화를 위한 용기를 갖는다. 이 단계는 리더십 혹은 스키나 골프와 같은 운동을 즐긴다.

4단계: 무의식적 능력——당신은 당신의 기술로부터 긍정적인 환류를 받고 그리고 당신이 얼마나 잘하는지를 안다. 이 단계에서는 기술은 당신의 부분이 되고 그들은 자연적으로 일어난다. 당신은 비전을 만드는 데 의식적으로 생각할 필요는 없다. 그것은 직감적으로 온다.

만약 당신이 리더가 만들어지는 것보다 태어나는 것이라고 또는 어떤 사람은 타고난 리더라는 것을 들었다면 이것은 첫 단계에서 시작한 것이 아니라 4단계에서 시작한 것을 의미한다. 그러나 이러한 현상은 아주 드물다. 우리 대부분은 리더십이 무엇인가를 알려고 노력하고 그리고 나서 경험과 실무를 통하여 능력이 있는 사람이 된다. 사람들이 자신들의 경력을 통하여 리더십의 기술을 습득하였다면, 그는 4단계에 도달했고, 사람들은 당신이 모든 능력을 가지고 있다고 가정하면서 당신을 보고 타고난 리더라고 할 것이다.

물론 다른 문화의 리더들은 다른 기능과 다른 역할을 하지만 연구자들은 많은 관리자의 역할과 기능을 조사하여야 할 것이다.

제3장

군과 리더십

제1절 리더십 형성과정
제2절 국방조직의 구성신분별 특성과 군 리더십
제3절 세계 각국 리더십과 한국군의 리더십 모델
제4절 소부대 초급 간부의 리더십 개발
제5절 전장환경에 따른 리더십 적용

제3장 군과 리더십

제1절 리더십 형성과정

1. 리더십 기원

리더십의 개념은 인류역사와 함께 공동체 생활의 올바른 지도 원리를 제시하기 위해 오래전부터 연구되어 온 것으로 알려지고 있다. 이집트의 상형문자로 된 리더십(seshemet), 리더(seshemu), 그리고 부하(semsu) 등은 5,000년 전에 쓰인 것으로 추정되고 있고, 리더와 리더십 이라는 단어는 영국의 옥스퍼드 백과사전(1943년 발행)의 기록에 의하면 리더는 12세기, 리더십은 19세기 초에 등장한 것으로 보고 있다.[1)]

리더십은 고대에서부터 동서양을 막론하고 올바른 리더의 자질에 대해서 강조하고 있다. 동양에서 리더와 리더십에 대한 언급은 공자의 유교사상, 노자의 도덕경, 그리고 정약용의 목민심서에 잘 나타나 있다. 공자는 三人行하면 必有我師焉이라고 하여 인간관계가 존재하는 곳에는 어디서나 리더의 역할을 하는 사람이 자연발생적으로 나타나고, 리더십은 권력이나 강제가 아닌 심리적인 추종에 근거해야 함을 암시하고 있다. 또한 리더는 덕(德)으로 이끌어야 하고, "먼저 자기 몸을 닦고 주변과 나라를 다스린 연후에 천하를 다스릴 수 있다(修身齊家治國平天下)."라는 글에서 보듯이 자기 자신을 관리하여 다른 사람의 모범이 되어야 진정한 리더가 될 수 있다고 하였다.[2)] 노자는 "리더가 없는 듯이 행동하더라도 과업

---

1) 남기덕 외, '리더십'(서울:학지사, 1994), p.14.

을 성공적으로 해 낼 수 있어야 한다(以無爲 而有爲).” 즉, 과업이 모두 완성되었을 때, 부하들로 하여금 ‘우리가 그 일을 우리 스스로 해냈다’라고 생각하도록 인위적인 관리를 지양하고 자발적인 동기부여를 통한 지도력을 발휘하는 지도자가 진정한 지도자라고 하였다.[3] 또한 정약용은 “리더(군자)의 학문은 수신(修身)이 반이고 목민(牧民)이 반이다.”라고 하여 리더는 자기 수양을 통한 리더십 역량을 키우고, 사사로움 보다는 오직 나라와 백성을 위하는 마음에서부터 출발해야 함을 역설하고 있다. 또한 군주에게 있어서 민(民)은 현실적으로 통치의 대상이긴 하지만 언제든지 계기가 주어지면 주체로 전환될 수 있는 가능성이 있다고 봄으로써 민본주의는 군주가 갖추어야 할 인격적 자질중의 하나라고 보고 있다.

서양에서 리더와 리더십에 대한 언급은 플라톤(Platon)의 국가론, 풀루타르크 영웅전 등에 잘 나타나 있다. 그리스 대철학자 이자 정치사상가라고 할 수 있는 플라톤은 ‘동굴의 비유’에서 “리더인 철인(哲人)은 동굴 밖을 내다보지 못하는 사람들을 선(善)의 이데아인 태양의 세계로 향하도록 인도해야 한다.”고 하였으며, 심지어 플라톤 사상에서 리더는 철인 즉 현자의 능력을 보유하여 인류가 염원하는 이상주의로 안내할 수 있는 자로서 범인들과 인식의 차원이 다름을 강조하였다.[4] 또한 그리스의 풀루타르크는 그의 저서 풀루타르크 영웅전에서 “리더는 높은 도덕심과 정의감에 입각하여 리더십을 발휘해야 하며, 그럼으로써 구성원에게 덕(德)스러운 마음을 일으키게 할 수 있다.”고 하였다. 이처럼 동양과 서양의 리더십관은 리더의 도덕과 윤리성을 포함한 인격중심의 리더십이 주장되었음을 볼 수 있다.

중세 및 근세의 리더십은 종교적 교훈이 지배적인 사회적 분위기 속에서 최고 권위의 근거를 신(神)에 두고 있었기 때문에 종교적 · 윤리적 기준이 요구되었다. 그리고 중세의 윤리적 기준은 고대보다 더욱 엄격했으며 전체적이고 명령적인 형태로 발휘되었다고 할 수 있다. 이러한 윤리적 기준은 기사도와 중세의 군대 리더들의 애국심, 명예심을 강조하는 기초가 되었다. 한편, 중세 리더십이 윤리적 측면을 강하게 내포하는 것과는 다르게 보다 현실적인 통치차원의 리더십관을 형성하고 있는

2) 이강옥 외, ‘21C 리더십의 새로운 패러다임’ (서울: 무역경영사, 2001), pp.41~50. (공자의 유교사상은 논어와 대학에서 리더와 리더십에 관하여 잘 언급하고 있다.)
3) 박태섭 역, ‘무위경영’(서울: 선재, 1999), pp.102~124.
4) 박치정, ‘21세기 조직을 움직이는 지도자와 리더십’(서울:삼경문화사, 2000), pp. 98~99.

것도 있었다.[5] 리더십의 형태를 지배라는 개념으로 인식하고 지배자와 피지배자간의 권리의 정당성의 근거에 따라 지배구조의 유형을 분류하기도 하였다.[6]

〈표 3-1〉 동·서양 리더십의 철학적 기반

시 기		주장자	내 용
동양	BC 551 ~ 479	공자의 유교사상	• 논어(論語) : 덕치의 중요성 강조 – "덕으로 정치를 하는 것은 마치 북극성이 제자리에 있으면 하늘의 모든 별들이 그것을 향하여 도는 것과 같다." – "국민을 법(法)으로 인도하고 형(刑)으로 가지런히 하면 백성이 범법은 하지 않지만 수치심이 없게 되고, 국민을 덕으로 인도하고 예로서 가지런히 하면 백성이 수치심을 갖고 또 선을 하게 된다." • 대학(大學) : 大學之道 在明明德 在親民 在止於至善 : 명명덕은 자기 자신을 관리하여 다른 사람의 모범이 되어야 진정한 리더가 될 수 있다는 것이고, 천민 즉 백성을 친히 여겨 지지어선 즉, 지극한 선에 이르게 된다는 것이 대학의 도(道)이다.
	BC 4세기 말 (추정)	노자의 도덕경	• 太上不知有之 猶兮其貴言 功成事遂 百姓皆謂我自(제17장) : 보이지 않는 지도력, 지원자로서 리더의 역할 • 治大國 若烹小鮮(제69장) : 간섭과 착취 대신에 부하의 자율에 맡겨 생활을 보호해주는 리더의 역할
	1762 ~ 1836	정약용의 목민심서	• 리더(君子)의 학문은 수신(修身)이 반이고 목민(牧民)이 반이다. 리더는 자기 수향을 통한 리더십 역량을 키우고, 사사로움 보다는 오직 나라와 백성을 원하는 마음에서부터 출발해야 함. • 군주에게 백성은 통치의 대상이지만 통치의 주체가 될 수 있음.

5) 마키아벨리(Niccolo Machiavelli, 1469~1527)는 군주론에서 리더는 잔인성, 부정직성을 지녀야 하며, 리더가 이끌 조직의 힘보다 리더 개인의 힘을 더 중시하는 등 인간의 性惡說에 입각한 리더십 관을 갖고 있었다.

6) 베버(M. Weber, 1864~1920)는 지배구조의 유형을 전통적 지배, 카리스마적 지배, 합리적 지배로 분류하였다.

서양	BC 428 ~ 347	플라톤의 국가론	• 올바른 리더는 철학자 즉 철인이 되어야 함 - 동굴(악:惡) 속에 있는 우매한 사람들을 태양(선:善)의 세계로 인도하는 사람 • 지배자나 정치가는 위대한 철인이나 성왕(聖王)이 담당 - 지배자나 철인은 단순히 학자가 아니라, 오로지 진리만을 추구함으로써 도덕적 의무를 스스로 수행하는 인물이기 때문에 가장 도덕적인 철인이 국가를 지배해야 함
	AD 46 ~ 120	플루 타르크 영웅전	• 리더는 높은 도덕심과 정의감에 입각하여 리더십을 휘해야 하며 그럼으로써 구성원에게 德스러운 마음을 일으키게 할 수 있다.

이처럼 리더십은 인류가 사회 공동체를 이루기 시작한 이래로 동·서양을 막론하고 인류 공동의 선의 추구와 올바른 삶의 방향으로 유도하기 위해 지속적으로 연구되어온 주제로서 특정한 시기에 그 중요성이 부각되었다가 사라지는 성격이 아니라 인류 역사와 함께 존속해 왔음을 알 수 있다. 앞으로도 리더십이란 주제는 시대의 흐름에 따라 연구 방법상의 변화는 있을 수 있겠지만 인간의 궁극적 삶을 바르게 유도하고 조직의 올바른 방향을 제시하기 위해 끊임없이 중요하게 다루어져야 하는 것이다.

이러한 리더십 형성의 철학적 기반은 동서양에서 찾아볼 수 있는데, 리더십 개념이 적용된 시기와 주장자, 그리고 그 내용을 살펴보면 앞의 〈표 3-1〉와 같다.

2. 군 리더십 용어 및 개념

이와 같이 리더십 현상을 설명하는 지휘, 통솔, 리더십이라는 용어는 본질적으로 조직에서의 인간관계에 관한 개념으로 군대에서도 사용되고 있다. 그러나 일반조직과 달리 군대는 국가의 존망과 국민의 안전을 책임지는 조직이며 수행하는 임무가 상황에 따라서는 군 구성원의 희생까지도 요구하고 또한 임무에 관한 실행을 강제할 수 있는 점에서 일반적인 리더십 개념과는 차이가 있다. 군대에서 사용되고 있는 리더십 관련 용어 및 개념은 지휘(指揮)와 리더십(Leadership)으로 구분할 수 있다.

1) 지휘(指揮)

가. 지휘권 및 지휘관

지휘란 지휘권(指揮權)에 입각하여 부대를 이끌어가는 일체의 행위로서 임무완수를 위하여 부대활동을 계획, 지시, 협조하는 기능을 말하며, 지휘에는 지휘관에게 부여된 합법적 권한과 책임을 바탕으로 임무를 달성하기 위한 부대 운용계획 수립, 부대편성, 지시, 협조, 통제 등의 활동과 예하 장병의 건강, 복지, 사기, 규율 등에 대한 책임도 포함[7]된다. 특히 지휘라는 개념은 지휘관(指揮官)이 법에 명시된 합법적 권한과 책임을 바탕으로 지휘계통상 예하 부대와 부하 장병을 지도하고 감독하는 모든 행위를 말하며, 법적 강제력이 보장되는 군대 특유의 조직운영 개념[8]이다. 지휘관이란 중대 이상의 단위부대의 장과 함선부대의 장 또는 함정 및 항공기를 지휘하는 자를 말하며, 지휘권이란 지휘관이 계급과 직책에 의해 예하 부대에 합법적으로 행사하는 권한[9]을 말한다.

이처럼 지휘관이라는 용어와 지휘권이라는 용어는 법과 규정에 명시되어 있는 용어이며, 특히 지휘권은 헌법과 법률에 근거하여 군 최고 통수권자로부터 위임되는 권한으로서 군 지휘관들이 보유하는 특별한 권한이다. 군대조직과 일반조직이 다른 점은 군은 필요할 때 구성원의 의지와 관계없이 생명을 희생하면서까지 임무를 완수해야 하는 특성이 있다는 점이다. 이를 위한 제도적 장치가 지휘권이며, 이것이 일반적인 리더십과 군대의 지휘 개념의 차이점이다. 따라서 지휘권은 법에 명시적으로 규정되어 있고 지휘관이라는 직책도 법과 규정에 의해 정해져 있으며 책임과 역할이 막중하다. 이와 같이 군의 지휘관은 군 구성원으로서 수행하는 여러 가지 직책 중에서도 특별하며 책임과 의무가 별도로 규정되어 있다. 지휘관은

7) 육군본부, 『육군리더십』 (대전 : 육군본부, 2009), p.1.
8) US Department of the Army, *Army Leadership*, New York. : Department of the Army, 2006, pp.2-3.(Command os a specific legal leadership responsibility unique to the military.)
9) 육군본부, 『인간중심 리더십에 기반을 둔 임무형 지휘』 (대전 : 육군본부, 2006), pp.부3-1-3-3.

부대의 핵심으로서 부대를 지휘, 관리 및 훈련하며, 부대의 성패에 대하여 책임을 진다. 그러므로 지휘관은 부대의 모든 역량을 통합하여 부여된 임무를 완수해야 한다. 지휘관의 궁극적인 임무는 전투에서 승리하는 데 있고 부대의 임무를 수행함에 있어서 성공 또는 실패에 대한 책임 역시 지휘관에게 있다. 따라서 군 지휘관은 임무수행과 관련해 필요한 권한을 부하에게 위임할 수 있으나 책임은 위임할 수가 없다.

군 지휘권과 지휘관 직위의 중요성에 대해서는 고대 병서에도 잘 나타나 있다. 먼저 『육도삼략』의 병도(兵道) 편에 전쟁수행과 관련해 군 최고 통수권자로서 군주와 전장에서 군을 직접 지휘하는 장수와 관련된 가장 근본적 원칙이 제시되어 있다. 무왕이 태공에게 병도에 대해 묻자 태공이 대답하기를 "용병의 원리는 하나(一)에 지나지 않습니다. 일(一)이란 지휘권의 독립이며, 장수가 자유자재로 군을 움직이게 하는 것을 말합니다. 옛날 황제도 일(一)이란 도(道)로 나아가는 단계이며, 신(神)의 경지에 가깝다 하였습니다. 용병이란 전기(轉機)의 포착과 기세의 활용에 지나지 않으며, 그 성패는 군왕이 장수를 신임하고 모든 권한을 맡겨주느냐에 달려 있습니다. 성군들은 병기를 흉기라 하고, 전쟁을 위험스러운 일이라 해서 부득이한 경우에만 이를 사용했던 것입니다."[10]라고 했다. 즉, 전쟁 수행의 도는 군 통수권자와 전장에 위치하는 최고 지휘관을 중심으로 하나가 되어 변화무쌍한 상황에서 자유자재로 오가고 능수능란하게, 일사불란하게 전세(戰勢)를 발휘하여 승리하는 것을 말하는데, 이것은 신의 경지에 가까운 것이며 나아가서 도에 이르는 과정이라고 제시하고 있다.

또한 손자는 전쟁에서 승리하기 위해서는 군주는 도를 구비해야 하고, 장수는 능력을 갖추어야 한다고 했다. 정쟁 수행과 관련하여 군 최고 통수권자로서 정치지도자와 전장에서 용병을 직접 담당하는 군사 지휘관의 역할의 중요성을 잘 설명해주는 부분[11]이다. 이같이 군주는 도를 구비해야 하고 장수는 능력을 갖추어야

10) 이상옥 역(2007), 壬辰倭亂-對日七日戰爭, pp.149-153(武王問太公曰, 兵道如何, 太公曰, 凡兵之道, 莫過於一, 一者能獨往獨來, 黃帝曰, 一者階於道, 幾於神, 用之在於機, 顯之在於勢, 成之在於君, 故聖王號兵爲凶器, 不得已用之)

11) 고대에는 정치지도자는 군주, 군사지도자는 장수라 칭했는데 군대를 총괄하는 최고 지휘관을 상장(上將)이라고 호칭했다. 조선시대에는 종4품 이상의 무관직위를 장군, 종6품부터 정5품까지를 교위, 정7품부터 종9품까지를 부위라고 호칭했다. 이러한 호칭은 현대 군대의 장군, 장교, 부사관으로 이어지고 있다.

한다는 원칙의 중요성은 임진왜란 당시 선조와 이순신 장군, 원균 장군과의 사례에서도 잘 나타나고 있다.

정유재란 직전에 조선 조정은 이순신 장군에 대한 선조의 의심, 이순신 장군을 제거하기 위한 일본의 이간책, 당파 이해관계에 따른 정치적 이유가 복합적으로 작용하여 삼도수군통제사로서 임무를 성공적으로 수행해오던 이순신 장군을 해임하고 원균을 통제사로 임명하는 실책을 범하였다. 그 결과 1597년 7월 15일과 16일에 있었던 칠천량 해전에서 일사불란한 지휘체계를 확립하지 못한 원균 함대가 일본군의 전략전술에 끌려 다니다가 전멸에 가까운 참패를 당했다. 이로 인해 조선은 남해의 재해권을 상실하고 전라도와 경기도 지역까지 위협받는 심각한 상황이 초래되었다. 이후 이순신 장군이 통제사로 재기용되어 1597년 9월 16일에 있었던 명량해전에서 불과 13척의 전력으로 왜선 133척을 상대하여 적선 31척을 격파하는 놀라운 승리를 달성했다. 또한 칠천량 전투로 인해 상실했던 남해의 재해권을 되찾고 이후 노량해전에서 일본 수군을 물리칠 수 있는 기반을 마련하게 되었다.

군주의 올바른 상황판단과 바른 정치, 상황과 임무를 고려한 능력을 갖춘 적임자의 지휘관 임명, 그리고 지휘관의 리더십이 전쟁 승패에 미치는 영향을 생생히 보여주는 사례이다. 이처럼 군 통수를 위한 지휘 계통의 확립과 지휘관 임명 및 지휘권 위임은 전쟁의 승패와 직결되는 중요한 사안이다. 따라서 고대로부터 이를 중요시해왔던 것이다. 『육도삼략』의 입장(立將) 편에는 군주가 장수를 지휘관으로 임명하고 전쟁 수행과 관련된 지침을 하달한 후 군대 지휘권한을 위임하는 내용이 제시되어 있다. 군주는 사흘 동안 목욕재계하고 종묘에 고한 다음에 지휘관으로 선발된 장수에게 지휘권을 상징하는 부월(斧鉞)을 내려주면서, "이제부터는 아래로는 황천 깊이 이르기까지 위로는 하늘 끝에 이르기까지 장군의 재량으로 제어하시오. 적에게 허점이 있거든 나아가 칠 것이며 적이 실(實)하거든 고수하고 나아가지 마시오. 아군이 대군이라고 해서 적을 경시하지 말고, 군주의 명령만을 중히 여겨 전사(戰死)하는 것을 가볍게 여기지 말고, 자신의 직위가 귀하다고 다른 사람을 천하게 여기지 말고, 장군의 의견만 고집하고 부하들의 의견이나 건의사항을 무시하지 마시오. 말 잘하는 자의 교묘한 말에 현혹되지 마시오. 장병들이 아직 앉지 않았는데 먼저 앉지 말고, 장병들이 식사를 하기 전에 먼저 식사하지 마시오. 장병들과 추위와 더위를 함께하면 장병들은 필사적으로 분투할 것이오

."[12]라고 제시되어 있다. 군주가 전쟁터에 나아가는 장수에게 지휘관으로서 부대를 지휘할 수 있는 전권을 위임하면서 지휘관으로서 명심해야 할 군주의 지침도 하달하고 있다. 핵심내용은 지휘관으로서 장병들과 더불어 동고동락, 생사고락을 함께 하고 독단적으로 업무를 처리하지 말고 중지를 모아 현명하게 부대를 지휘하여 임무를 완수해줄 것을 당부하고 있다. 고대로부터 군 지휘관을 선발하고 지휘권을 부여하는 절차가 얼마나 엄숙하고 신성하게 이루어졌으며 지휘관이라는 직책과 지휘권이라는 것이 어떠한 의미를 지니는지를 상징적으로 보여주는 내용이다.

군대에서 지휘란 바로 이와 같은 맥락에서 지휘권에 입각하여 부대를 이끌어 가는 일체의 행위로서, 지휘관은 부여된 지휘권이라는 합법적 수단을 통해 자신의 의지를 구현하고 임무를 완수하게 된다. 이는 고대로부터의 전쟁 경험과 옛 지혜가 압축된 내용으로서 현대 군대의 지휘권 확립과 군의 정치적 중립 보장, 군 지휘관의 전문성 구비, 지휘통일의 원칙, 권한위임, 지휘관의 책무와 리더십과 관련하여 많은 교훈이 되는 내용이다. 비로 이러한 점이 일반조직의 리더십 개념과 군대조직의 지휘 개념이 다른 점이다.

나. 고대 병서에 제시된 바람직한 지휘 개념

고대로부터 군주와 장수의 바람직한 관계와 전장에서 지휘관의 바람직한 리더십에 관해서는 많은 연구자들의 관심사항이었다. 앞에서 언급한 바와 같이 군 지휘관의 부대지휘는 국가의 안위와 직결되기 때문에 고대로부터 병서에 중요하게 취급되고 있다. 먼저 『육도삼략』에는 군주가 전쟁에 출전하는 장수를 임명하고 지휘권을 상징하는 부월(斧鉞)을 내려준 다음 장수가 명심해야 할 지침을 하달하고 있다. 군주로부터 부월을 받고 당부의 말을 듣고 나면 부대를 출동시키기 전 장수가 군주에게 절하고 다음과 같은 건의를 한다.

"신이 알기에 국가는 밖으로부터 다스리면 안 되고 군대는 안으로부터 제어하면 안 된다고 했습니다. 또한 두 마음으로 군주를 섬길 수 없고 의심된 마음으로 적과 대응할 수 없다 했습니다. 신이 이미 군주로부터 출전 명령을 받고 부월을 하사받아 지휘관으로서 위엄을 갖게 되었으니 감히 살아 돌아오지 않겠나이다. 군주

12) 이상옥 역(2007), 앞의 책, p.257.(君親操鉞, 從此上至天者, 將軍制之, 復操斧, 從此下至淵者, 將軍制之, 見其虛則進, 見其實則止, 勿以王軍爲衆而輕敵, 勿以受命爲重而必死, 勿以身貴以賤人, 勿以獨見而違衆, 勿以辨說爲必然也, 士未座勿座, 士未食勿食, 寒署心同如此, 士衆必盡死力)

께서 출전한 군대에 대해 안에서 불필요한 제어를 하지 않겠다는 허락을 받고자 합니다. 기꺼이 허락해주시면 지휘관직을 수락하고 허락하지 않으시면 장수의 직에 오를 수 없습니다."

그리고 군주가 허락하면 장수는 하직하고 나아가 지휘권이 통일된 상태에서 군주의 지침을 받들면서 상황에 적합하게 군대를 재량껏 지휘하게 된다. 이는 군주는 능히 지휘관 직책을 성공적으로 수행할 수 있는 유능한 인재를 선발하여 그에게 임무를 수행할 수 있는 지침을 하달하고 필요한 권한을 위임해주어야 하며, 장수는 군주의 지침을 받들어서 군주가 장수에게 위임한 권한을 자의적으로 행사해서는 안 되며 모든 판단의 기준은 전쟁 수행과 관련된 도(道)에 따라서 전장에서의 임무를 성공적으로 완수해야 한다는 의미이다. 고대로부터 지휘관 임명, 권한 위임과 여건 보장이 전쟁의 승패에 영향을 미치고 있음을 잘 보여주고 있다.

『손자병법』에도 이 같은 맥락에서 "장수가 유능하고 군주가 간섭하지 않아야 승리"함을 강조하고, "군주의 명령이라도 장소에 따라서 받아들여서는 안 될 것도 있다."[13]라고 했다. 또한 이와 더불어 전장에 위치한 장수의 바람직한 임무수행 자세에 대하여 아래와 같이 강조하고 있다.

"전장에 위치한 장수는 전장의 실제 상황을 고려하여 군주가 싸우지 말라고 해도 전도(戰道)에 비추어 승리가 확실하면 반드시 전쟁을 수행하고, 군주가 싸우라고 해도 승리가 불확실하면 싸우지 말아야 한다. 임무수행과 관련하여 나아감에 있어서 자신의 명예와 부귀영화를 추구하지 않으며, 물러나야 할 상황에 처벌이 두려워 물러나기를 주저해서도 아니 된다. 나아가고 물러남을 판단하는 사고와 행동의 기준이 백성을 보호하고 그 결과가 군주에게도 이롭게 하는 사람이 진정한 국가의 보배이다."[14]

이는 군주로부터 군대 지휘에 관한 전권을 위임받았으니, 군주의 명령을 거역하고 장수 마음대로 하라는 의미가 아니다. 군주의 명령이나 지시사항에 대해 현장 상황과 전쟁의 원칙을 고려하여 승리를 최우선으로 할 수 있도록 스스로 판단하며 전쟁의 결과가 국가이익에 도움이 될 수 있도록 적극적으로 행동하라는 의미

13) 노병천(1990), 도해세계전사, p.90.(將能而君不御者勝, 君命有所不受)
14) 위의 책, pp.242-243.(上將之道, 故戰道必勝, 主曰無戰, 必戰可也, 戰道不勝, 主曰必戰, 無戰可也, 故進不求名, 退不避罪, 唯民是保, 而利於主, 國之寶也), '상장지도'라는 말은 전쟁을 수행하는 최고 지휘관이 따라야 할 원칙이란 뜻으로 서구에서 사용되었던 전략(Strategy)이라는 용어, '장수의 책략(art of the generals)'과 같은 의미이다.

이다. 이것은 곧 전장에서의 지휘관이 취해야 할 바람직한 행동을 언급한 것으로 볼 수 있다. 고대로부터 전장에서 지휘관이 취해야 할 바람직한 지휘 개념은 지휘권을 바탕으로 현장의 변화에 적극적으로 대처하면서 백성 전체를 이롭게 하고 군주의 지침도 구현하는 독자적 판단과 행동임을 강조한 것이다.

이와 같은 사례는 한국 역사상 임진왜란 시 선조와 이순신 장군, 원균 장군의 예에서도 잘 드러나고 있다. 임진왜란 시 일본은 육상에서의 일방적인 승리에도 불구하고 이순신 장군의 탁월한 능력으로 조선 수군에 연전연패하여 수륙병진 전략에 차질이 있자 이순신 장군을 제거하기 위해 이간책을 사용하였다. 일본은 조선에 대한 재침이 기정사실화된 1596년 가을, 요시라를 간첩으로 조선에 접근시켜 일본 장수 소서행장과 가등청정 간에 갈등이 있다는 것과 가등청정 군대의 해상이동 상황과 관련된 허위정보를 조선에 제공하였다. 조선 조정에서는 이를 믿고 이순신에게 함대를 출동시켜 가등청정 부대를 격멸할 것을 지시하였다. 그러나 이순신 장군은 현지상황과 정보의 신뢰성을 고려하여 함대를 출동시키지 않고 신중하게 대처했다. 이러한 행동으로 이순신 장군은 임금의 명령을 이행치 않았다는 항명죄가 적용되어 삼도수군통제사에서 해임되고 파직 당하게 된다. 그 후 원균이 이순신을 대신하여 삼도수군통제사에 임명[15]되었다. 수군의 최고 지휘관을 원균으로 교체한 선조는 군 지휘계통을 새롭게 하여 도체찰사 이원익, 도원수 권율, 통제사 원균으로 이어지도록 하고 수군에 대한 지휘통제권을 원균에게 위임하지 않고 도원수 권율이 행사하도록 하여 군 지휘계통을 이원화시켰다. 원균은 해상작전에 관한 지휘권을 위임받지 못한 상황에서 일본군과 싸워야 했고, 현장에서의 전투방법과 관련해서도 도원수 권율과 견해 차이가 발생하여 불화가 생기기 시작했다. 그 결과 칠천량 해전은 조선 수군의 주력이 섬멸당하는 대패로 나타났다.

이순신 장군은 부대출동과 관련하여 조선 조정의 명령을 고의적으로 거부한 것이 아니라, 현장 지휘관으로서 『손자병법』 에서 제시된 "전장에 위치한 장수의 바람직한 자세는 전장의 실제 상황을 고려하여 군주가 싸우지 말라고 해도 전쟁의 도에 비추어 승리가 확실하면 반드시 전쟁을 수행하고, 군주가 싸우라고 해도 승리가 불확실하면 싸우지 말아야 한다."는 원칙을 지키면서 신중히 대처했을 뿐이다. 그러나 조선 조정에서는 현장에 위치한 지휘관의 판단을 존중하기보다 적의

15) 이민웅(2002), 임진왜란 해전사, 서울대박사학위논문, p.116.

이간책에 속아서 결정적 시기에 능력이 검증되고 휘하 장병들과 단결되어 연전연승하던 지휘관을 교체하는 전략적 실책을 범하고 말았다.

이는 군사전문성을 구비한 유능한 지휘관이 임무와 관련하여 현장에서 상황에 적합하게 업무를 수행할 수 있도록 적절한 권한위임과 여건을 보장해야 하며, 군주나 다른 사람이 불필요한 간섭을 하면 전쟁에서 승리할 수 없다는『손자병법』에 제시된 '장능이군불어자승(將能而君不御者勝)' 원칙의 중요성을 잘 보여주고 있다. 바람직한 군 지휘와 관련된 이 같은 사상은『손자병법』을 비롯한 동양 고대 병법의 일관된 노리이다. 그러나 손자가 말한 장수가 유능하고 군주가 간섭하지 않아야 승리한다는 원칙이 지켜지기 위해서는 장수의 유능함이 전제되어야 한다. 이를 위해『육도삼략』에서는 용(勇), 지(智), 인(仁), 신(信), 충(忠)의 다섯 가지 재능을 구비해야 한다[16]고 했고, 손자는 지(智), 신(信), 인(仁), 용(勇), 엄(嚴) 등 다섯 가지 덕을 구비해야 한다[17]고 했다. 물론 군주도 장수를 포용할 수 있는 도량과 올바른 정치를 할 수 있는 리더십 역량을 갖추는 것이 중요하며, 이와 관련해『육도삼략』에 군주가 구비해야 하는 도리를 육수삼보(六守三寶)로 제시하고 있다. 육수란 인, 의, 충, 신, 용, 엄 등 여섯 가지를 말하며 삼보란 대농, 대공, 대상 등 세 가지를 말한다. 이를 잘 구비하고 실행하면 나라가 안정되고 번창한다[18]고 했다.

이는 정치지도자의 리더십과 군사지도자의 리더십이 조화와 균형을 이루어 하나가 되어야 전쟁에서 승리한다는『육도삼략』에서 제시된 내용과 맥락을 같이하며, 현대적으로 군대의 정치적 중립보장, 국민과 정부, 군대와 군 지휘관이 하나가 되어야 전쟁에서 승리할 수 있다는 클라우제비츠의 삼위일체사상과도 맥락을 같이 하는 것이다. 즉, 전쟁은 국민과 여론의 지지를 받고, 정부에서 추진하는 정책과 연계하여 명분과 목적이 타당하고, 군대가 정치적 중립이 보장된 가운데 군 지휘관과 장병들이 하나가 되어야 승리할 수 있다는 의미이다.

이와 같이 고대로부터 전해오는 적절한 지휘권 위임과 여건보장, 지휘관의 유능함과 상황변화에 따른 자율적 판단 및 행동 등 바람직한 지휘 개념은 현대에도 생명력을 발하고 있으며 미래에도 지속적으로 계승되고 발전되어야 할 내용이다.

---

16) 이상옥 역(2007), 앞의 책, p.236.
17) 노병천(1990), 앞의 책, p.26.
18) 이상옥 역(2007), 앞의 책, p.25.(六守長則君昌, 三寶全則國安)

3. 통제형 지휘와 임무형 지휘

인류의 문명이 농경사회, 산업사회를 거쳐 지식정보화 시대로 발전하면서 군대에서의 지휘 개념도 변화해왔다. 오늘날 군대에서 구분하는 지휘의 유형은 크게 임무형 지휘와 통제형 지휘로 구분[19]된다. 아래 표는 통제형 지휘와 임무형 지휘의 차이에 대해 전쟁양상에 대한 가정, 지휘경향, 의사소통, 조직구조, 리더십 유형 등 다양한 요소별로 비교하고 있다.

〈표 3-2〉 임무형 지휘와 통제형 지휘의 차이

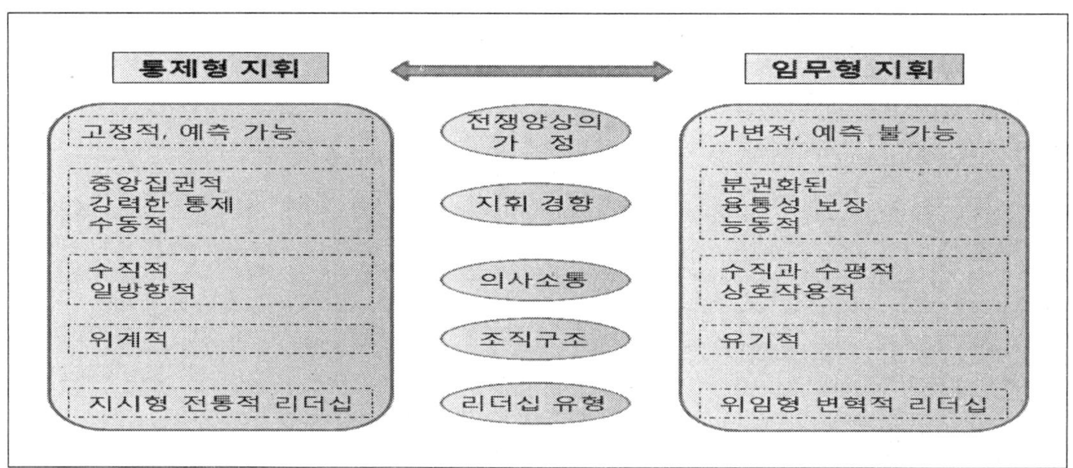

출처 : 육군본부, 『인간중심 리더십에 기반을 둔 임무형 지휘』 (대전 : 육군본부, 2006), p.3.

먼저 통제형 지휘는 계획과 결심수립에 대한 권한이 상급부대 지휘관에게 집권화되어 있으며 부하에게는 엄격한 복종을 요구하는 지휘 유형이다. 또한 통제형 지휘는 전쟁양상을 고정적이며 예측 가능하다는 가정에 바탕을 두고 있기 때문에 상급부대에 의한 중앙집권적이며 강력한 통제를 통해 부하들의 기계적, 수동적 복종을 중시한다. 통제형 지휘는 지휘관의 직접적인 통제력이 잘 발휘될수록 매우 효율적인 면은 있으나 통제형 지휘에만 익숙하게 되면 현장 지휘관이 급격한 상황변화에 직면해서 자율성과 적극성을 지니고 적시에 대처하는 능력이 감소될 수 있다.

19) 육군본부(2006), 앞의 책, pp.10-12.

이에 비해 임무형 지휘는 시시각각(時時刻刻)으로 변화하는 현장상황에 신속하고 능동적으로 대처하기 위해, 부하가 지휘관 의도에 기초하여 주도적으로 임무를 수행하는 지휘 유형이다. 또한 임무형 지휘는 전투가 이루어지는 현장상황은 전방에 있는 지휘관이 그 상황의 현장에 있지 않는 상급지휘관 보다 현장상황을 더 잘 알고 있다는 것을 전제로 하며, 최초의 계획이나 명령이 상황에 맞지 않을 경우 자신들이 처한 상황에 맞게 계획을 변경할 수 있는 최종적인 권한을 현장 지휘관이 갖는다는 것을 의미한다. 물론 계획의 변경이 자의적, 임의적으로 이루어지는 것이 아니라 임무와 지휘관의 의도를 더욱 잘 구현[20]하는 것이어야 한다. 이러한 임무형 지휘가 성공적으로 이루어지기 위해서는 지휘관은 부하에게 임무와 자신의 지휘 의도를 명확히 제시하고, 임무와 관련된 명령을 하달해야 하며, 임무수행에 필요한 자원과 수단을 제공하며, 부하는 임무를 수행하는 관점에서 임무와 지휘관 의도를 기초로 변화된 상황을 고려하여 임무를 완수해야 한다.

이처럼 군대에서는 지휘라는 개념이 고대로부터 현대까지 사용되고 있으며, 통제형 지휘, 임무형 지휘 등 두 가지의 지휘유형이 전쟁의 양상과 임무의 형태에 따라 상이하고 다양하게 적용되고 있음을 알 수 있다.

특히 오늘날 군대에서 바람직한 지휘 개념은 전쟁환경과 전쟁양상의 변화에 따라 부하의 자율성과 창의성을 중시하는 임무형 지휘유형이 중요시되고 있다. 또한 오늘날 임무형 지휘의 성공을 위해서 제시하고 있는 간부의 사명감 및 자질의 우수성, 통일된 전술관 배양과 전쟁에 관한 사고의 공유, 명확한 책임한계, 상황의 주도와 모험 감수, 상하 간 신뢰성 유지, 부하의 자발적 복종, 지휘통일의 원칙, 적절한 권한위임, 현장 지휘관의 창의성과 융통성 발휘여건 보장, 변화되는 상황에 적합한 전투수행 등 제반 개념은 고대 동양 병서에 제시된 '장수가 유능하고 군주가 간섭하지 않아야 승리 한다'는 개념과 '군 최고 통수권자의 명령은 상황에 따라서 반드시 지키지 못할 수도 있다. 군주의 명령을 임기응변적으로 취해야 한다.'는 개념과 맥락을 같이한다고 볼 수 있다. 따라서 고대의 지휘와 리더십에 대한 사상을 현대적으로 새롭게 온고지신하는 것이 필요하다.

---

20) 로버트 엘 베이트맨 3세 편서, 윤주학 역, 『디지털 전쟁』(대전 : 문경출판사, 2000), p.53.

제2절 국방조직의 구성신분별 특성과 군 리더십

1. 국방조직의 구성신분별 특성

한국의 공무원을 분류하면 경력직 공무원과 특수경력직 공무원으로 분류하는데 경력직 공무원은 실적과 자격에 의하여 임용되고 신분이 보장되며 평생토록 공무원으로 근무할 것이 예상되는 공무원을 말하고 그 종류는 일반직 공무원, 특정직 공무원, 기능직 공무원으로 구분한다. 군인과 군무원은 담당직무가 특수하여 직무에 필요한 자격·복무규율·정년·보수제도·신분보장 등에서 특수성을 인정할 필요가 있어 일반직 공무원과 별도로 구분한다(강성철 외, 2008).

우리나라의 경우 현재 국방조직에 근무하고 있는 국방인력은 통상 병력으로 불리어 지고 있는 군 인력(military personnel)과 국방부 및 그 산하기관에 근무하는 일반공무원과 군무원으로 대표되는 국방 민간인력(defence civilian personnel)으로 구성된다(정영식, 2004: 20).

〈표 3-3〉 국방 근무조직 및 인력 현황

구성 신분		근무 조직	규 모
국가 공무원	현 역	○ 정부조직법에 의한 국방행정조직 - 국방부 본부 및 소속기관, 방위사업청, 병무청 ○ 국군조직법에 의한 국방행정 조직 - 육/해/공군, 국방부 직할기관/부대	약 67만 명
	일반공무원 (일반, 기능, 별정, 계약)	○ 정부조직법에 의한 국방행정조직 - 국방부 본부 및 소속기관, 방위사업청, 병무청	약 2,600명
	군무원 (일반, 기능, 별정, 계약)	○ 국군조직법에 의한 국방행정 조직 - 육/해/공군, 국방부 직할기관/부대, 예비군 부대	약 27,000명
민간신분 (준공무원)	산하기관 임직원	○ 개별법에 의한 국방부 산하 법인체 - 국방과학연구소, 한국국방연구원, 국방품질관리소, 전쟁기념사업회, 군인공제회 등	약 3,400명

자료: 정영식(2004: 28), 국방부 내부자료(2009).

국방인력은 국방조직 관련 법령에 의하여 각 신분별로 상이하게 운용되고 있다. 즉 〈표 3-3〉에서와 같이 정부조직법에 의하여 국방부 본부와 방위사업청은 현역군인과 일반직공무원이 혼성 배치되어 근무하고 있으며, 국군조직법에 근거하여 국방부 산하 육군·해군·공군부대 및 기관은 현역군인과 군무원이 혼합 편성되어 근무하고 있다.

국방조직에는 〈그림 3-1〉와 같이 현역군인과 민간 인력이 공동 근무를 하고 있는데, 국방 민간 인력은 그 신분이 크게 3가지 유형으로 나누어져 있다. 그것은 일반공무원, 군무원, 산하기관 민간직원 등이다. 이들 국방 민간인력은 해당 신분유형에 따라 별도의 인사관계 법령에 의해 다르게 운영 관리되고 있다. 일반공무원은 '국가공무원법'에 의해 인사관리가 되고 있으며, 5급 이상은 대통령이, 6급 이하는 국방부장관이 임용하도록 하고 있다. 국방부에 두는 공무원의 정원은 대통령령인 '국방부와 그 소속기관 직제'와 '병무청과 그 소속기관 직제'에 의해 통제되고 있다.

〈그림 3-1〉 국방 조직유형별 근무인력 구성

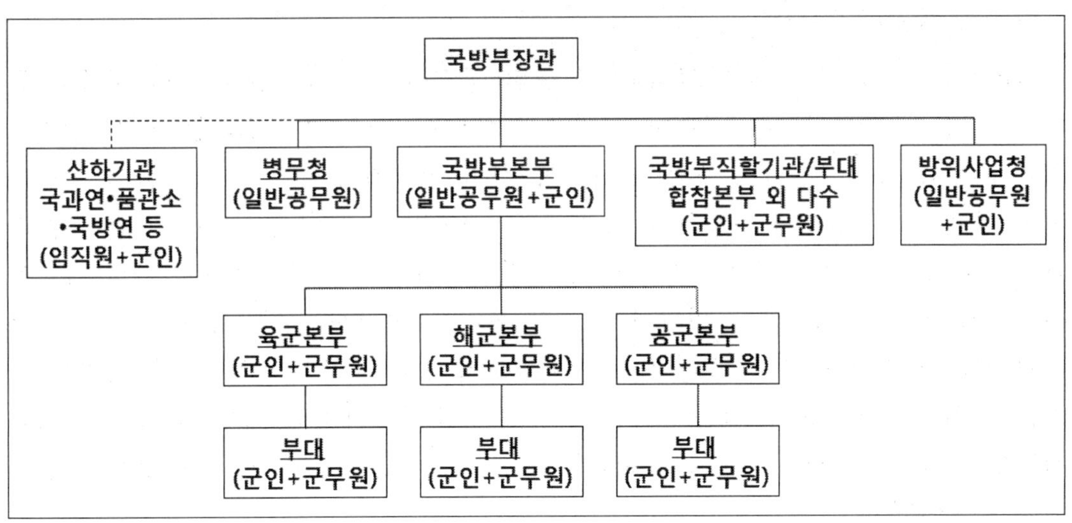

자료: 조영진 외(2004: 27), 국방부 내부자료(2009).

군인과 군무원은 신분이 보장되는 특정직 공무원이라는 점에서 동일하다고 볼 수 있지만, 군인은 군인신분의 특수성이 적용된다는 측면과 군무원은 군 조직에 근무하지만 일반직 공무원의 특성에 가까운 성향을 지니고 있다는 측면에서 분명한 신분적 특성의 차이가 존재한다.

군 조직의 특성을 살펴보면 Janowitz(1979)는 군 조직이란 계급과 직책 및 권한을 바탕으로 하는 위계적 전투 집단이라고 규정하고 있다. 여기서 위계적이란 개념은 절대적 권위 밑에 편성되어 있는 관료체제 규율 지휘체계를 의미하며, 전투 조직이란 조직구성원의 개인적 권리와 자유에 대하여 엄격히 규제할 수 있는 권한이 허용된 통제적 무장집단을 의미한다.

군 조직은 일반 사회조직보다 규정과 규칙이 구성원의 행동을 지배하는 통제된 조직으로서 관료제에서 볼 수 있는 경직성을 가지고 있다. 또한 군 조직은 온갖 고난과 위험이 연속되는 극한 상황 속에서 임무가 수행되고, 전쟁의 승패가 국가의 존망과 직결되기 때문에 조직과 국가가 개인보다 우선하게 된다. 따라서 군 조직의 구성원들로 하여금 일사불란한 지휘체계 하에서 유사시 생명을 조국에 기꺼이 바칠 수 있는 희생정신, 명령에 대한 복종심, 생사고락을 함께 하는 전우애와 단결심을 요구하며, 나아가 고도의 충성심과 애국심을 바탕으로 지휘관을 중심으로 결속되어 있다.

이러한 군 조직의 특성을 고려할 때 현역 군인신분의 특수성을 보면 다음과 같다. 군인은 국방의무라는 특수한 사명으로 인하여 다른 공무원과는 달리 생명의 위험을 무릅쓰고 작전과 훈련에 임하여야 하며 상명하복의 엄격한 규율에 복종하여야 함은 물론 규율에 복종하지 않을 경우 군형법에 의한 군사재판을 받아야 한다. 이와 같이 군인은 외부 적대세력의 직간접적인 침략행위로부터 국가의 독립을 유지하고 영토를 보존하기 위하여 전시와 평시를 막론하고 군 복무를 하는 신분이기 때문에 다른 공무원 보다 직무의 위험도가 높다고 할 수 있다. 즉 군인은 국방을 위한 다양한 군사작전을 수행하며 외부 적대세력의 침략이 있으면 적과의 전투를 수행하여 나라를 지켜야 한다는 점에서 다른 공무원과 달리 많은 책임과 의무가 부여되고 있다.

군무원은 '국가공무원법'의 특례법이라 할 수 있는 '군무원인사법'에 의거 인사관리 되고 있는데, 5급 이상의 군무원은 국방부장관이, 6급 이하 일반군무원과 기능군무원은 각군 참모총장과 국부직할부대·기관의 장 또는 장관급(將官級)장교인 부대·기관의 장이 임용한다. 군무원의 정원은 국부장관이 기획재정부장관과 협의하에 결정된다.

군무원의 신분적 특성을 보면 일반 공무원과 군무원은 모두가 국가공무원이기는 하나 군무원은 다소 특수한 성격의 신분으로 관리되고 있다. 국가공무원법 상으로 볼 때, 군무원은 경력직 국가공무원의 한 갈래인 특정직국가공무원으로 되어 있다. 특정직공무원은 법관, 검사, 경찰, 군인 등과 같이 담당업무가 특수하여 자격·신분보장·복무 등에서 국가공무원법보다 특별법이 우선 적용되는 공무원이다. 군무원은 별도의 인사법인 '군무원인사법'에 우선적으로 적용받으며, 인사관리제도는 일반 공무원과 군 인사제도의 부분적인 혼합 형태를 띠고 있다.

일반적으로 행정조직에서는 공식화가 강하여 규정과 절차가 복잡하고 구체적이며, 능력과 실적보다는 경력과 근무연한에 의해 보상이 결정되므로 구성원들 간의 경쟁이 심하지 않아 집단응집력이 강한 편이다. 또한 리더가 통제할 수 있는 보상이 미진하며 조직풍토는 적당주의와 무사안일이 만연되어 있어 낮은 생산성의 집단규범이 우세하다고 할 수 있다(김호정, 2001a: 96). 따라서 군무원도 행정조직에 근무하는 국가공무원이므로 행정조직의 특성상 관행과 선례에 집착하고 새로운 사고와 방식을 거부하며 변화를 기피하는 경향을 고려할 수 있다.

우리나라 국방에서는 현역군인 위주의 인력운영 정책으로 인하여 군무원의 운영은 상대적으로 침체되어 국방업무수행에 있어서 차지하는 비중과 역할이 낮은 실정이다. 이들은 군인에 비하여 대내외적 위상이 낮고[21], 능력 배양과 경력발전을 위한 양성체계가 미약하여 전문 국방인력으로서의 자긍심과 근무의욕이 부족한 상태로 운영되고 있다. 특히 군무원의 경우는 군인 운영에 따라 부수적으로 운영되는 종속적인 인사관리가 되고 있어 그 역할과 기능이 과거 '군속'개념을 완전히 탈피하지 못한 상태라 판단된다. 이에 따라 국방 민간 인력은 대내외적으로 위상이 저조하여 자긍심과 근무의욕이 저하되어 있으며, 우수한 인력의 확보와 유지에 어려움을 겪고 있는 실정이다(조영진 외, 2004).

또한「국방개혁」추진에 따른 군무원의 활용이 확대는 되고 있지만 군무원의 역할 및 임무의 불명확으로 비효율적인 인력운영이 되고 있으며, 잦은 정원변동으로

---

21) 군무원은 타 특정직 공무원 대비 상대적으로 위상이 저조(1~2단계)하여 하향평가 되는 것으로 나타났다(국방부 내부자료, 2009).

정상적인 인사관리가 곤란하며, 군무원에 대한 낮은 인지도[22]로 우수자원 지원기피 등의 문제점을 가지고 있다(정길호, 2008).

2. 국방운영의 문민기반 확대

가. 인적 · 제도적 시스템 개선

국가 안보목표를 달성하기 위해서는 군 고유의 영역을 보장하는 가운데 민주주의체제에 입각한 민 · 군 관계를 정립하는 것이 긴요하다. 우리의 경우 문민통제가 제도적으로 보장되어 있음에도 불구하고 국방운영을 위한 문민기반이 취약한 실정이다. 국방부는 문민중심의 국방정책 결정 및 집행을 보장함으로써 국가정책과 군사정책을 효과적으로 연결하는 동시에 각 군간 이해관계를 효율적으로 조정하여 3군 균형발전을 도모하고 군은 전투임무에 전념할 수 있는 여건을 조성하고자 한다고 국방부는 설명하고 있다(국방부 2005, 22).

첫째, 국방부의 공무원 직위를 확대한다. 2012년까지 국방부 공무원 정원을 현재 55%에서 75%로 조정해 나가며, 공무원의 전문성 향상을 위해 국방대학교에 전문교육과정을 신설하고 국내 장기교육훈련 인원을 확대해 나간다.

둘째, 국방 민간 인력을 확대한다. 국방업무의 전문성과 연속성을 제고하기 위해 군무원을 현재 현역대비 3.9%에서 6%까지 확대해 나가며, 교육 · 연구 · 행정 · 기술 분야 직위를 확대토록 인사제도를 개선하여 선진국형 군무원제도로 발전시켜 나간다.

셋째, 국방 주요 직위자는 인사청문회를 거쳐 임명한다. 국민의 대표인 국회가 능력과 도덕성을 검증한 인사를 국방 주요 직위자로 임명함으로써 군에 대한 국민의 신뢰를 제고하고 장교단의 올바른 리더십을 배양해 나간다. 지난 2007년부터 실시하고 있는 합참의장 청문회를 필요한 경우에 각 군 참모총장 및 방위사업청장까지 인사청문회[23]를 요청하도록 한다.

---

22) 군무원은 타 특정직 공무원 대비 낮은 인지도로 사회 우수자원의 군무원 지원기피 현상이 발생되고 있는데, 실제로 2008년 군무원 채용합격자 1,080명중 48명이 임용을 포기했다(국방부 내부자료, 2009),

23) 인사청문회 규정, 미국의 경우, 인사청문회 대상은 행정부 고위직 510명, 사법부 대법관 등 판사 60

첨단 정보과학군을 효율적으로 운용하기 위해서는 기본적으로 고기능·고지식의 국방인력을 확보하고 선진 정보체계를 구축하는 것이 필수적이다. 또한 무기·장비가 복잡화·고가화·지능화됨에 따라 이에 적합한 합리적인 군수지원체제를 확립하고 국방자원관리 전반의 투명성과 경쟁력을 재고해 나가야 한다고 국방부는 설명하고 있다(국방부 2005, 26). 이에 따른 개혁 방안으로는

첫째, 선진 국방에 부합되는 인력운용이다. 전투 효율성을 높이고 합동성을 강화할 수 있도록 군 구조 개편과 연계하여 인력구조 및 운영체제를 개선한다. 현재의 병 위주 병력구성은 간부 비율을 현재 25:75에서 2020년에는 40:60으로 조정한다. 또한 여군 장교와 부사관은 각각 7%, 5%까지 확대한다. 우수 숙련병을 확보하기 위해 병 모집분야를 확대하고 유급지원병제를 체계적으로 정착시킨다. 여기서 유급지원병제는 전차·헬기 등의 운용과 정밀장비 등의 정비·수리분야의 기술·숙련 인력을 확보할 목적으로 일정분야에서 의무복무를 마친 병사들이 지원할 경우 일정 급여를 조건으로 추가 복무토록 하는 것으로 많은 현역병사들이 관심을 갖도록 세부 조건을 지속 보완하여 홍보해야 하겠다. 또한 모병제는 남북한 군사적 긴장이 해소되어 평화체제가 정착되고 우리 국가의 경제력이 충분히 뒷받침할 수 있을 때 시행할 수 있으며, 2020년 이후에 검토·발전시킬 수 있을 것으로 본다.

둘째, 전투근무지원 분야의 과감한 아웃소싱이다. 양질의 전투근무지원을 제공하는 한편, 현역요원이 전투·작전 임무에 전념할 수 있도록 전투근무지원 분야의 아웃소싱을 과감히 확대한다. 각 군의 보급·정비·복지 등과 관련된 총 29개 부대를 책임운영기관으로 지정하여 경영혁신을 유도하고 그 성과에 따라 민간위탁을 시행한다. 또한 현역이 담당하던 총 39개 부대의 시설문 관리, 차량정비, 세탁, 복지시설 등의 업무를 민간인력 또는 민간 기업으로 전환한다.

셋째, 선진 국방정보환경 및 장병 중심의 군수지원체계를 구축한다. 분산된 전산실을 통합하여 메가센터를 설치하고, 광통신망을 조기에 구축하며, 정보체계 간 완벽한 상호운용성을 갖추어 국방정보환경을 선진화 한다. 또한 양질의 군수지원을 적시에 제공하기 위하여 조달 및 자원관리체제를 혁신한다. 이를 위해 웹 기반

및 군인 소장급 이상 430여 명으로 규정되어 있으며, 이 중 군인의 경우 통상 합참의장, 각 군 참모총장, 통합군 사령관 등 주요 직위자 24명에 대해 인사청문회를 거쳐 임명하고 있다(관련규정 : 미국연방헌법 제2조, 상원 의사규칙 제26조, 상원 의사규칙 제31조, 각 상임위원회 의사규칙).

군수종합정보체계를 구축하여 전군 군수자산 현황을 가시화하고 작전지원 능력을 제고하며, 정부정책과 연계하여 수의계약 비중을 단계적으로 줄여가며 경쟁계약을 확대해 나간다.

훈련장·사격장 소음, 환경문제 등으로 지역 주민의 민원이 반복되고 있다. 군 구조 개편 및 배치 조정 시 국토종합발전계획과 연계하여 근본적인 민원방지 대책의 수립이 요구되고 있다고 국방부는 밝히고 있다(국방부 2005, 28). 이에 따른 개혁방안으로는 군용비행장·사격장 등 군사시설로 인한 주민의 불편을 해소해야 한다. 비행장·사격장의 소음실태에 대한 면밀한 조사를 통하여 소음피해지역에 대한 보상기준 설정 및 소요예산을 평가하고, 나아가 「소음대책특별법(가칭)」[24]을 제정하여 장기적으로 시행한다. 이를 통해 소요제원 조달 및 관련조치 근거를 마련하고 주민 이주사업 및 방음시설 설치를 지원함으로써 국민의 불편을 해소한다.

나. 선진 병영문화 정착

군복무 기간을 잃어버린 시간 또는 인생의 정체기로 인식하여, 군 복무를 기피하려는 형상이 증가하고 있으며 군 복무기간 중 자기 계발 기회를 확대해야 한다는 사회적 요구가 증대되고 있다(국방부 2005, 30). 이에 따른 개혁방안으로는 첫째, 장병의 가치관을 확립한다. 병영생활의 핵심가치는 '인간 중심의 문화' 정착이라는 인식 아래 먼저 군 간부부터 의식을 전환하고 장병들은 군생활을 통해 건전한 가치관을 함양하도록 한다. 이를 위해 민간인성교육기관 위탁교육, 의식개혁교육 및 전문교수에 의한 교육기회를 확대하는 등 간부의 의식개혁 교육 및 전문교수에 의한 교육기회를 확대하는 등 간부의 의식전환을 위한 교육을 강화한다. 또한 자원봉사 등 다양한 "체험학습 프로그램"을 적용하여 장병들의 건전한 가치관 및 민주시민의식을 함양토록 한다. 여기에서 인간중심의 병영문화란 개인의 존엄과 가치가 보장되어 자율 속에서 부여된 임무를 자발적으로 실천하며 상·하 원활한 의사소통과 즐거움이 넘치는 병영문화를 말한다(국방부 2005, 30).

둘째, 자기 계발 여건을 조성한다. 군 복무 간 자기 계발 기회를 부여함으로써 목표가 있는 군 생활을 유도하고 군 복무기간이 '사회와의 단절'이라는 인식부터

24) 군비행장·사격장 주변의 소음피해를 최소화할 수 있도록 소음을 줄이고 피해를 적절히 보상할 수 있도록 주민 이주 및 방음시설 설치 등을 위한 각종 제원조달 및 관련 조치 근거를 제공하여, 소음으로 인한 대민 마찰 요인을 근본적으로 해결하기 위한 법률.

바꾼다. 이를 위해 각급 소부대까지 컴퓨터를 설치·보급하여 전 장병이 인터넷을 용이하게 사용할 수 있는 환경을 조성하고, 군 복무 중 중단 없는 학업이 가능하도록 사이버·방송 통신대 강좌도 수강할 수 있는 체제를 갖춘다.

셋째, 군 복무 인센티브 부여이다. 군 복무에 대해 국가 차원에서 적절히 보상함으로써 군 복무를 위한 동기를 부여하고 그 보람을 찾을 수 있도록 제도화한다. 이를 위해 전 사회 적응 교육을 강화하여 희망자에 대하여 지역 내 고용안정센터를 활용, 전역 후 진로 상담 여건을 보장하고 병 봉급 및 특수근무지역 근무수당 등을 점진적으로 인상할 계획이다.

군 생활 중 복무 부적응으로 문제를 일으킬 수 있는 병사에 대한 현역 복무 부적합 처리 절차가 복잡하여 각종 사고의 원인이 되고 있다. 또한 발전하는 사회시설과 비교하여 열악한 병영시설 환경이 신세대 장병들의 군에 대한 부정적 사고와 군 복무 기피현상을 초래하고 있는 실정이다(국방부 2005, 32). 이에 따른 개혁방안으로는 첫째, 복무 부적합자 관리제도를 개선한다. 장병 징병검사 체계를 과학화하여 현역 복무 부적합자의 군 입대를 차단하고 신병교육 훈련과 군복무 중 발견되는 복무 부적합자에 대해서도 즉각적으로 필요한 조치를 취할 수 있게 함으로써 복무 부적합자에 의한 각종 사고를 원천적으로 예방한다. 이를 위해 장병 인성검사를 위한 임상심리 전문가를 채용하고, 징병검사 전담의사 일부를 민간 의사로 대체하며, 첨단 정밀 신체검사 장비를 도입하는 등 징병검사 체계를 과학화한다.

둘째, 사고관리 시스템을 구축한다. 사고예방을 위해 유형별·계절별 자료를 체계적으로 활용할 수 있도록 사고종합관리 전산시스템을 구축하며, Vision Camp[25) 등 복무 부적응 병사에 대한 전문적인 관리 체계를 구축하고 민간 전문가에 의한 장병 상담관 제도를 신설하며 대형사고 발생 시에는 '사고종합대책본부'를 운영하여 조직적인 사고관리 및 처리가 가능하도록 제도화한다.

셋째, 병영시설 개선을 추진한다. 중·장기 계획에 따라 낙후된 병영시설을 현대화하고 침대형 내무생활관을 제공하며 대대단위 복지시설을 대폭 보완하는 등 내 집같이 편안한 생활 여건을 조성하기 위해 노력한다.

우리 군은 아직 군내 인권보장을 위한 제도적 기반이 취약하며, 권위주의적 사

---

25) 소그룹 단위의 심리치료를 통해 왜곡된 인식체계의 전환과 문제해결능력을 배양시켜 복무부적응을 계도하고 자살사고 예방에 기여하기 위한 군내 자체 심리교정 과정

고와 리더십은 상·하 의사소통을 저해하고 장병에 대한 불합리한 대우의 원인이 되어 군에 대한 부정적 인식을 초래함은 물론 각종사고의 원인이 되고 있다(국방부 2005, 34). 이에 따른 개혁방안으로는 첫째, 장병의 인권보장이다. 장병 인권보장을 위한 법적·제도적 장치를 통해 '국민의 군대', '국민의 사랑을 받는 군'으로 탈바꿈한다. 이를 위해 '제복을 입은 시민'으로서의 군인에 대한 법적 지위와 권리보장을 규정하는 「군인복무기본법」을 제정하고, 인권담당관 직위를 신설하며 민간 전문가가 참여하는 군 인권보장기구를 설치하는 방안을 검토한다.

둘째, 자율적 생활을 보장한다. 병영 내에서 자율성을 최대한 보장하여 자발적으로 부여된 임무를 실천하는 가운데 장병 스스로 보람을 느끼고 의욕적으로 생활할 수 있는 선진 병영문화를 정착시킨다. 이를 위해 입대 전 병영생활을 간접체험할 수 있는 다양한 기회를 제공하고, 현재 입대 100일 이후부터 적용하는 외출·외박제도를 신병교육 수료 후부터 외출·외박이 가능하도록 개선하는 등 외부의 통제를 최소화하고 개인의 의사와 자율성을 최대한 보장해 나간다.

셋째, 선진형 리더십 개발이다. 상·하 간의 원활한 의사소통이 지휘통솔의 핵심임을 인식하고, 부하를 '함께하는 인격체'로 대하는 리더십을 확산시켜 나간다. 이를 위해 '학교 기간의 리더십 교육체계를 정립하고 부사관의 책임과 권한을 강화하며 분대장 지휘활동비를 지급하는 등 리더십 교육과 초급간부의 지휘통솔을 위한 실질적인 지원을 병행할 계획'을 언급하고 있다.

3. 국방인력 구조변화

가. 과학기술 및 지원인력의 증대

과거보다는 현재, 현재보다는 미래에 더욱 더 군 인력에게 고도의 전문성이 요구될 것이며, 이 전문성은 전투, 전투지원, 전투근무지원 모든 분야에서 요구될 것이다. 또한 과거에 비해 점점 소요가 많을 것으로 예상되는 분야는 직접적인 전투분야보다는 정보작전 분야나 전투를 지원하는 분야, 이 중에서도 특히 첨단과학기술 분야, 정보기술 분야, 전략적 정책 수립 분야에 전문가 소요가 더 많을 것으로 예상된다.

여기서는 육군을 위주로 유형별 인력구조의 벌전 방향을 제시하고자 한다. 해공군의 경우도 같은 맥락에서 적용될 수 있을 것이다.

먼저, 병과별/특기별 인력구조에 대해 살펴보자. 병과별/특기별 수준까지의 세분화된 인력구조는 미래의 전력소요에 따라 산출되는 인력소요들에 의해 결정되어져야 한다. 따라서 현 시점에서 구체적인 병과별, 특기별 인력구조를 제시할 수 없으나, 현재의 병과별/특기별 정원구조가 미래의 전력수준에 부합되느냐에 대해서 살펴보고 개략적인 발전방향을 제시하고자 한다. 육군 장교의 76%(보병과 포병만 50% 상회), 부사관 71%, 병 61%가 전투병과에 속해 있어 전투병과의 비중이 매우 높고, 상대적으로 전투지원을 담당하고 있는 과학기술분야, 정책/관리분야의 전문가의 역할과 비중이 낮은 편이다. 영관급 장교 중에서 정책형(인사조직, 기획전략, 방위력 개선, 군수, 관리분석)과 특수형(교수, 연구개발) 장교의 비율은 4.5% 수준에 불과하다 전투병과 내에서 보병의 비율은 모든 신분에서 40% 수준에 달한 이와 같은 병과별 인력구조는 미래의 전력구조에 부적합하다고 볼 수 있다. 과거의 병력집약형 군에서 많은 소요가 있었던 보병병과 혹은 정보체계에 의해 업무가 대체되는 단순관리업무를 수행하는 행정병과/특기의 인원이나 비율은 줄이고, 반면 정보통신, 과학기술과 같은 기술병과나 특기의 인원이나 비율은 늘어나야 할 것이다.

미군의 병과체계나 특기체계가 우리 군과 상이한 점이 있어, 그 의미의 차이가 있을 수 있지만, 미 육군 장교의 경우 전투분야의 비중이 1989년에는 60%이었으나, 2002년에는 54% 수준으로 떨어졌고 지원 분야는 39%에서 46%로 증가하였다. 세부 분야별로 살펴보면, 순수한 전투분야(여기서는 Tactical Operational으로 표현되고 정보와 공병을 제외한 대부분의 전투병과를 말하고 있음)는 44%에서 36%로 감소했고, 지원 분야 중 과학기술분야가 3.7%에서 7.0%로 증가했고, 획득관련분야, 의료관련분야도 증가했다. 미 육군의 부사관과 병을 합친 병사(enlisted)의 업무분야별 인력분포를 보면 전투관련분야(보병, 포병, 기갑, 특전, 병참 등)와 통신/정보를 합친 비율이 37% 수준으로서, 한국 육군의 부사관과 병의 전투병과 비율 60-70%에 비해 상당히 낮고 상대적으로 지원병과의 비율이 높다.[26]

---

26) 미군의 업무분야별 인력구성 자료는 "Population Representation in the Military Service", DOD(2002)에 수록된 자료를 정리한 것임.

지금까지 분석한 내용을 종합해보면, 한국 육군의 경우 전투병과의 비율이 미군에 비해 매우 높고, 미군의 경우 그 동안 전투병과 분야의 비율은 줄이고 지원 분야, 특히 과학기술 혹은 획득분야의 비율이 증가하여 왔다는 점이다.

미래의 우리 군의 병과별 인력구조의 조정방향은 보병과 같은 전투병과의 비율을 낮추고 과학기술과 전문지원 분야 병과인력의 비율을 높여야 할 것으로 판단된다. 앞서 지적한 바와 같이, 병과별 적정 비율은 전력구조 변화와 연계된 인력소요 등에 의해 산출되어야 할 것이다. 그러나 군에서 새로이 생성하거나 세분화시켜야 할 병과나 특기는 컴퓨터, 네트워크, 우주항공, 센서, 무인 / 로봇기술, 정보수집 / 분석, 모의분석, 생명공학, 환경공학 등 정보작전이나 첨단과학 분야와 관련된 분야일 것이다.

영관급 장교는 미래의 정보과학군 건설에 있어 가장 핵심적인 간부집단이 될 것이다. 왜냐하면, 과학기술 개발, 정보전력, 전략적인 정책개발의 핵심은 대부분 영관급 장교에 의해 수행되기 때문이다. 따라서 미래에는 영관급 장교의 인력관리와 인사관리가 지금보다 훨씬 더 중요해질 것이다.

그동안 영관급 장교에 대해서는 인재유형을 일반형 / 정책형 / 특수형으로 분류하여 경력분야별로 인사관리를 하고 있다. 정책형 혹은 특수형 장교의 비율은 5% 미만이고 대부분이 일반형 장교로 분류되어 경력관리를 하고 있다. 즉 일부를 제외한 대부분의 장교에 대해 병과 내에서 진급과 인사관리가 이루어지고 있다. 미래전에 대한 공통적인 시각은 정보전에 기반을 둔 첨단과학전이라는 점이다. 미래의 전투는 일반적인 야전에서의 전투와 정보전의 복합적인 형태로 이루어지고, 정보전의 비중이 점점 높아질 것으로 예상되고 있다. 여기서의 정보전은 우주항공, C4I, 네트워크전, 사이버전 등을 총괄하여 표현하고 있다. 특히 유비쿼터스 시대의 도래는 정보전의 중요성을 더욱 부각시킬 것이다. 정보전의 범위 역시 우주항공 분야로 더욱 넓혀 나아갈 것으로 예상되는 만큼, 이 분야는 군 전력의 핵심요소가 될 것이다. 이러한 미래의 정보작전의 중요성을 고려하여, 기존의 경력유형 이외에 정보·작전형을 별도의 경력유형으로 분류하여 관리하는 것이 필요하다고 판단된다.

기존의 인재유형 관리체계와 새로운 유형인 정보·작전형을 포함하여, 영관급 장교의 경력유형을 작전형, 정보·작전형, 운영지원형 세 가지로 분류하는 것을 제안하고자 한다. 여기서, 작전형은 다음에서 설명될 정보·작전형이나 운영지원형이 제외된 다수의 장교 그룹이고, 정보·작전형은 주로 정보전, 우주작전, 네트워크, C4I 등 정보과학전과 관련된 전문적인 경험과 지식을 가진 그룹이며, 운영지원형은 기존의 정책형과 특수형을 합한 형태로 군사력 건설, 과학기술분야, 정책개발, 획득분야 등의 전문지식과 경험을 가진 그룹이다. 경력유형별 전문가를 양성하고 관리하기 위해서는 각 유형 내에서 별도의 진급관리가 이루어질 수 있도록 인력구조를 구축하고, 각 유형 성격에 적합한 인사관리체계를 개발하는 것이 필요하다. 미래의 정보·작전형이나 운영지원형의 중요성을 감안하면 이들 경력유형의 구성비율을 현재 수준보다 대폭 증가시킬 필요가 있다고 판단된다. 이 비율에 대해서는 추가적인 연구가 필요한 부분이다.

나. 전문성·직업성 강화

신분별 인력구조는 장교, 부사관, 병의 구성 비율을 나타낸다. 우선 현재 우리 군의 신분별 구성비와 그 변화를 살펴보면, 장교, 부사관(준사관 포함), 병의 비율이 각각 10%, 15%, 75% 정도로서 전체 인력 중에서 병이 3/4정도를 차지하고 있어 간부보다는 병사 중심의 인력구조를 가지고 있다. 이러한 병사의 비율이 높은 인력구조를 개선하기 위해 부사관의 비율을 높여가야 할 것이다. 또한 병사들의 전문성을 향상시키기 위해 도입한 유급지원병제의 발전적인 정착이 국방개혁의 첫걸음이라 생각된다. 이러한 인력구조는 1980년대에 비해 병의 비율은 증가하고 간부, 특히 부사관의 비율은 감소한 것이다. 즉, 최근 20여 년 동안 사병중심 현상이 심화되는 방향으로 인력구조가 변화하여 왔으며, 이는 국방개혁 방향과는 반대방향으로 볼 수 있다. 이러한 변화는 육군, 해군, 공군 모두에서 나타난 현상이다. 군별, 신분별 비율은 〈표 3-4〉에 제시되어 있는데 육군의 간부 비율은 20% 정도이고, 기술군인 해군과 공군의 간부비율은 45% 정도 수준이다. 선진 외국군이 지원제 형태로 모집을 하고 경제력, 문화, 계급체제 등의 차이가 있기 때문에, 절대적인 비교는 어렵지만, 우리보다 앞선 국가와 인력구조를 비교하는 것은 우리 군의 인력구조 발전 방향을 정립하는데 큰 도움이 될 것이다.

〈표 3-4〉 선진 외국군과의 장교, 부사관, 병의 구성비율 비교[27)]

장교:부사관:병	전체	육군	해군	공군
한국	10:15:75	9:11:80	11:32:57	14:31:55
미국	15:41:44	14:40:46	13:40:47	20:43:37
영국	17:40:43	14:36:50	19:45:36	21:44:35
독일	11:51:38	10:47:43	15:59:26	12:58:28
일본	15:51:34	13:48:38	20:55:26	19:56:25
프랑스	11:47:42	12:36:52	11:66:23	11:59:30

우선 공통적으로 볼 수 있는 사항은, 전체적으로 보았을 때, 외국군의 간부 비율이 55~65% 수준이며 군별로 차이가 있다는 점이다. 육군의 간부 비율은 50~60%, 해공군은 60~75% 정도이다. 우리 군의 장교비율이 10%로서 외국군의 11~17%에 비해 적지만, 장교보다는 부사관의 비율이 외국군과 차이가 크다. 이 중에서도 육군 부사관의 비율이 11%로서 외국군의 40~50% 수준에 비해 매우 낮음을 알 수 있다.

미군의 신분별 인력구조의 연도별 변화를 살펴보면, 1980년대 간부 비율은 47%에서 최근 2000년대에는 56%까지 증가하였다. 이러한 변화는 독일군에서도 찾아볼 수 있는데, 독일군의 1997년 간부 비율은 55%인데 비해 2010년의 간부 비율은 63%이다. 즉 외국군의 경우, 간부의 구성 비율을 높이는 방향으로 인력구조가 계속 변화하고 있다고 볼 수 있다. 우리 군의 인력구조와 외국군의 인력구조를 비교해 보았을 때, 우리 군의 인력구조는 장교와 부사관 모두의 구성 비율을 증가시키되, 장교보다는 부사관의 구성비율을 더욱 높이는 방향으로 개선되어야 할 것이다.

육군을 예시고, 2020년 목표 신분별 인력구조의 검토 범위를 제시해 보면 다음

27) 부사관에는 준위를 포함하고 있음. 각 국가별 자료의 출처는 다음과 같음. 미군은 "Selected Manpower Statics 2004", 영국군은 DASA(Defense Analytical Services Agency, 2005) 발간자료, 독일군은 2005년 조관호씨 해외출장 시 획득자료로써 2010년 목표 인력구조. 일본 자료는 1996년 방위백서. 프랑스 자료는 "세계국방인력편람" KIDA(2004) 연구보고서에 수록된 자료임. 프랑스 헌병군은 신분별 구성비 계산 시 제외되었음. 미군 계급 중 E1-E4 계급에 해당되는 인력을 병으로 분류하였음. 영국 계급 중 OR1-OR3 계급에 해당되는 인력을 병으로 분류하였음.

과 같다. 병력규모 축소(37만)와 부대구조 조정, 간부 중심의 인력구조전환, 외국군 사례, 인력획득 및 인력운영 여건 등을 종합적으로 고려해 볼 때, 육군의 신변별 인력구조를 장교 10~12%, 부사관 25~30% 수준 범위에서 우선 검토해 볼 수 있을 것이다.[28] 위와 같이 조정된다면 장교 정원은 일정 규모가 줄지만 구성비율은 증가하게 되고 부사관의 확대 수준에 대해서는 부대편제, 국방예산, 인력획득 및 인사관리 측면에서의 심층적인 검토가 필요한 부분이다. 2020년 이후의 인력구조는 단계적으로 간부의 비율을 더욱 증가시키는 방향으로 변화시켜야 할 것이며, 그 변화 정도는 병 모집형태와 병력규모에 크게 좌우될 것이다.

해공군의 신분별 인력구조도 장교와 부사관의 비율을 늘려가는 방향으로 조정되어야 할 것이다.

인력관리 측면에서 보면, 계급별 인력구조, 즉 계급별 정원 구조는 상위 계급으로의 진출관리와 획득규모를 결정하는 중요한 요소이다. 진출률은 전문 인력을 유지시켜는 주요한 요인일 뿐만 아니라 인력활용의 효과성과 인력획득의 질 등에 매우 중대한 영향을 미친다.

우리 군의 영관 대비 위관급 장교의 인원비를 보면, 영관 30%, 위관 70% 정도이다. 이는 선진 외국군의 영관급 장교 비율이 40~50%인 점을 감안해 보면, 영관급 비율은 낮고 위관급 비율은 높다. 우리 군의 계급별 인력구조는 미국이나 일본과 유사한 피라미드 형태를 취하고 있고 유럽 대륙에 있는 국가와는 다른 형태의 계급별 인력구조를 가지고 있다. 미국이나 일본에 비해서 위관급이 상대적으로 많고 대령 대비 장군의 비가 높은 편이다. 이러한 사실은 미래의 기술 집약형의 정보과학군에서는 고급 간부 집단인 영관급 장교의 중요성이 더욱 커진다는 점과 같은 맥락에서 이해될 수 있을 것이다.

우리 군이 선진형의 지식집약형 인력구조로 전환하고 위관급 장교에서의 대량획득-단기활용-대량 유출의 문제점을 근본적으로 개선하기 위해서는 위관급 장교의 인원을 줄이는 과감한 노력이 요구된다. 국방개혁 2020에서 제시된 대로 육군의 부대구조 조정이 이루어진다면, 육군 위관급 장교의 소요가 줄어들 것이고, 또한 위관급 직위의 일부를 부사관 혹은 영관급의 직위로 전환한다면 위관급의 정

28) 여기서 제시된 신분별 인력구조는 병력규모 감축과 부대구조 조정, 병 3명 감축에 대한 부사관 1명 대체 비율 적용, 전체 병력 규모 37망 수준 유지, 간부 획득 규모의 적정성 판단, 외국군 사례 등을 고려하여 판단한 것임.

원을 충분히 줄일 수 있을 것으로 판단된다.

한국 육군 부사관의 계급별 인력구조 형태는 중사 계급 정원이 가장 많은 다이아몬드 형태이고, 한국 해군이나 공군은 외국군과 유사한 피라미드 형태의 인력구조를 가지고 있다. 특히 육군의 상사 인원 대비 중사 인원 비율이 1:2.7로서 미군이나 영국군의 1:1.7 미만 비율에 비해 높은 편이다.[29) 이로 인해 중사에서 상사로의 진출이 어렵고 진급정체기간이 법정기간보다 훨씬 길어지고 있다. 또한 하사에서 중사로의 진급최소 복무기간이 2년으로 짧아 부사관 획득 소요가 많고, 해공군의 경우 하사에서 중사로의 진급도 진급최소기간 2년보다 4년 정도 길어져 진급관리가 곤란한 실정이다. 현재와 같은 정원구조와 진출구조는 부사관의 전문성과 직업성 확보에 부정적인 측면이 많다.

앞에서 지적한 바와 같이, 병력규모를 감축하더라도 부사관 규모는 상당수 증가할 것으로 예상되어 부사관 인력운영에 큰 변화가 예상된다. 부사관의 규모를 증가시킬 때, 하위 계급 위주로 증가시킨다면 현재와 같은 인사관리와 정원구조틀하에서는 군사력 증강에 부정적인 영향을 미칠 수 있다. 병력이 감축되면서 군사력이 강화되기 위해서는 부사관의 양적 증가와 함께 질적인 변화가 요구된다. 즉, 숙련성과 전문성을 보유한 부사관의 양성과 유지를 보장해줄 수 있는 부사관 계급별 정원구조와 인사관리체계가 필요하다. 근본적인 차원에서 계급별 적정 복무기간과 적정 진출률을 재설정하여 양질의 적정 인원을 획득하고 적정 진출률을 보장해줄 수 있는 계급별 인력구조를 재구축하여야 할 것이다. 육군을 예시로 인력구조 조정방향을 제시한다면, 중사의 구성비율은 감소시키고 하사와 상사의 구성 비율을 증가시키되, 각 계급에서의 정체기간을 조정해 줌으로써, 계급별 적정 진출률을 보장할 수 있는 방향으로 계급별 인력구조를 구축하는 것이 바람직할 것으로 판단된다. 부사관 정예화와 양적 규모 확대를 고려하여, 근본적인 차원에서 계급별 적정 복무기간과 진출률 등을 재설정하고, 양질의 적정 인력 획득과 진출률 보장에 적합한 계급별 정원구조를 재구축하여야 할 것이다.

---

29) "세계국방인력편람" KIDA(2004) 연구보고서에 수록된 자료 중에서 미군과 영국군의 자료를 재정리한 것임.

4. 軍에서 요구되는 리더십

1) 군과 일반 리더십의 차이

군 리더십과 일반 리더십은 본질적으로 다르지 않다고 할 수 있다. 군 리더십과 일반 리더십이 다르다면 그것은 본질의 차이가 아니라 정도의 차이이고, 하위수준의 리더십 스킬의 차이일 따름이다(최병순, 2010: 105). 군 조직에 적용될 수 있는 리더십의 개념 정의도 사회학, 경영학, 행정학 등 여러 사회과학에서의 정의방식을 크게 벗어날 수는 없을 것이다. 그러나 군 조직이 갖는 특성을 고려한 정의는 보다 적실성 있는 개념정의가 될 수 있을 것이다.

군에서의 리더십에 대한 정의들은 공통적으로 어떤 목표를 달성하기 위하여 둘 또는 그 이상의 구성원들 사이의 상호작용을 포함하는 집단현상을 의미하고 있다. 또한 리더에 의해서 의도적인 영향력이 구성원에게 행사되어진다는 전제를 하고 있기 때문에 리더십은 목표, 구성원, 영향력의 세 가지 요소를 포함하고 있다(최병순, 2003: 7).

군 조직은 일반사회의 조직과 비교해 볼 때 조직의 목표, 기능, 상황 조건 등에서 일반사회의 조직과 구분되는 다양한 특성들을 갖고 있다. 따라서 군 조직에서의 리더십은 일반사회에서의 리더십과 차별성을 가져야 한다는 주장이 제기될 수 있다. 그렇다고 하여 군대 리더십이 불변성을 보장받는 것이 아니다. 리더십을 구성하는 목표, 구성원, 영향력 등과 같은 요소들이 시대에 따라 변화되어 가고 있기 때문에 군대 리더십 자체도 끊임없이 변화되어야 한다(임채상, 2009: 27-28).

한국의 군에서는 조직의 특성상 오랫동안 여러 단계의 교육훈련 과정에서 리더십에 관한 교육을 해왔다. 군 교범에서 나타나 있는 리더십의 개념들을 살펴보면, 육군은 리더가 구성원에게 목적, 방향, 동기를 부여하여 육군의 임무와 목표를 달성하고 조직과 구성원이 지속적으로 발전하도록 상호작용하는 과정이라고 했다. 해군에서 리더십이란 어떤 주어진 상황 속에서도 목표를 달성하기 위해 개인 또는 집단의 활동에 영향을 미치는 과정으로 보고 있다. 공군에서 리더십이란 공군 고유의 문화적 가치관에 바탕을 두고, 미래의 항공우주군 건설 및 운용을 위해 전 공군인들이 자발적이고, 지속적으로 몰입할 수 있도록 이끌어 가는 영향력 행사 과정이라고 했다.

〈표 3-5〉 군 리더십에 대한 정의

구 분	리더십의 정의
육 군	리더가 육군이 지향하는 가치를 바탕으로 구성원에게 목적, 방향, 동기를 부여하여 육군의 임무와 목표를 달성하고 조직과 구성원이 지속적으로 발전하도록 상호작용하는 과정(육군본부, 2009)
해 군	어떤 주어진 상황 속에서도 목표를 달성하기 위해 개인 또는 집단의 활동에 영향을 미치는 과정(해군대학, 1996)
공 군	공군 고유의 문화적 가치관에 바탕을 두고, 미래의 항공우주군 건설 및 운용을 위해 전 공군인들이 자발적이고, 지속적으로 몰입할 수 있도록 이끌어 가는 영향력 행사 과정(공군본부, 2002)
국방부	한국의 전통적 가치와 자유민주주의 이념을 바탕으로 개인과 조직에 비전을 제시하고 동기를 부여하여 기꺼이 임무를 완수하도록 영향력을 행사하는 제반 활동(국방부, 2004)
미)육군	부여된 임무를 완수하고, 조직을 발전시키기 위해 목표와 방향을 제시하고, 동기부여시킴으로써 조직구성원들에게 영향력을 행사하는 것(육군성, 1999)

자료: 유일준(2006: 53), 이춘식 외(2008: 14), 육군본부(2009).

이러한 군에서의 리더십에 대한 정의와 일반학자들의 정의들은 공통적으로 리더십은 조직의 목표를 달성하기 위하여 둘 또는 그 이상의 구성원들 사이의 상호작용을 포함하는 집단현상을 의미하고 있고, 리더에 의해서 의도적인 영향력이 구성원에게 행사되어진다는 전제를 하고 있다. 한국군의 리더십 교범에서는 리더십을 조직목표 달성을 위해 다른 사람에게 영향을 주는 과정으로 보고 부하를 감화시키거나 신뢰감, 복종심, 협종심 등을 불러일으키게 하는 것으로 간주하여 심리적인 측면을 강조하고 있다(문채봉, 2001: 83).

미군 육군 리더십 교범에서 리더십을 "임무 완수를 위해 목적과 방향을 제시하고 동기를 부여함으로써 부하에게 영향력을 발휘하는 과정"으로 규정하고 있다 또한 미국 공군사관학교 리더십 교재(1996)에서는 "조직체의 목표를 달성하기 위하여 그 조직체에 대하여 영향력을 발휘하는 과정"이라고 정의하고 있다(신응섭 외, 2005).

또한 군 조직에서의 리더십은 리더가 자기에게 부여된 권한과 책임을 바탕으로

부대 발전 및 조직의 목표를 효과적으로 달성하기 위하여 구성원에게 목적 및 방향제시와 동기부여를 통한 영향력을 행사하여 구성원의 모든 노력을 부대목표에 집중시키는 활동 및 과정을 말한다.

이러한 여러 논의를 바탕으로 하여, 한국군에 적용할 수 있는 리더십의 개념 정의를 하자면 "군 리더십이란 한국사회의 전통적 가치를 바탕으로 하여 공동의 목표를 달성하기 위하여 개인과 조직에 비전을 제시하고 동기를 부여하여 부하들이 기꺼이 임무를 완수하도록 집단 구성원들에게 영향력을 미치는 과정이다."라고 정의할 수 있다.

2) 군 리더십의 본질

리더십의 본질이란 사전적 의미로 "리더십이 지니고 있는 가장 중요한 근본적인 성질이나 요소"를 의미한다. 리더십 본질에 있어서도 일반 리더십과 달리 군대 리더십의 특성이 담겨 있음을 알 수 있는데, 이를테면 일반 리더십의 본질은 사랑, 영향력, 동기, 신뢰, 책임 등이지만 군대 리더십의 본질은 다음과 같은 여덟 가지를 들 수 있다(국방부, 2004; 유일준, 2006).

첫째, 군 리더십은 지휘관이 부하를 능가함에서 성립된다. 행군을 하는 리더가 자신은 낙오하면서 "나를 따르라!"고 소리칠 수 없다. 남을 이끌고자하는 자는 남보다 우월해야 한다. 따라서 상위 부대로 갈수록 업무 영역이 넓기 때문에 인간적 한계를 고려하여 참모가 있는 것이다. 마샬 장군도 "계급이 어떠하든, 어떤 사람도 뒤떨어져서 통솔하는 것은 불가능하다"고 강조하였듯이 아무리 지휘관이란 직책을 가진 자라도 부하보다 능력이나 정신력 등에서 뒤떨어져 부하를 능가하지 못하면 이미 리더십을 발휘될 수 없는 것이다.

둘째, 군 리더십은 행동(action)으로 이루어진다. 리더십은 본질적으로 정(靜)적인 것이 아니고 동(動)적인 것이며 행동에 의하여 그 능률이 100% 발휘되는 성질의 것이다. 지휘관이 아무리 특출한 아이디어와 능력을 가지고 있어도, 가만히 앉아 있어서는 발휘되지도 않거니와 실현시킬 수도 없다. 군 리더십은 곧 행동으로 구성되어 있다고 하여도 과언이 아니다.

셋째, 여러 종류의 일을 동시에 처리해 나가야 하는 것이 군대 리더십의 기본 속성이다. 언제나 유동적이고 변화되는 가운데 리더십이 발휘된다. 즉 리더 자신의 전문지식 습득에 따른 리더십의 변화와 부하집단과 상황 등 리더십을 성립시키는 요소들이 끊임없이 변화하고 상호작용하므로 '다양성을 조정 통제할 수 있는 리더십'이 필요한 것이다.

넷째, 군 리더십은 견고하고 강인함이 전제되어야 한다. 군대는 무력행사를 그 기본 특성으로 하기 때문에 육체와 정신력으로 강하여 어떤 충격이나 압력도 견뎌내야 한다.

다섯째, 군 리더십은 결과 위주이다. 일반 리더십에 비해 군 리더십에서 부각되고 있는 특징은, 곧 결과 위주(성과위주 또는 업적위주)라는 점이다. 전투에서의 승패결과가 그 지휘관, 그 리더십의 궁극적인 척도가 되고 있다.

여섯째, 군 리더십은 도(道)이자 예술이다. 관리기능과 같이 과학적인 면을 가짐과 동시에 부하를 심복하게 한다든가, 단호한 결단을 내린다든가, 극과 극의 상용할 수 없을 것 같은 속성을 모두 구사하는 등 심오한 도(예술)의 경지가 있다.

일곱째, 군 리더십은 강(剛)과 유(柔) 두 가지가 공존한다. 부하를 통솔함에 있어 부하의 복지를 도모하거나 형제와 같은 정으로 대하는 반면, 전장에 절대적 승리를 위해 강하게 독려해야 한다.

여덟째, 군 리더는 일반 리더와 달리 부하의 마음을 사로잡아야 한다. 리더십의 주요소는 인간의 마음이다. 따라서 리더십이란 인간의 마음을 움직이는 능력을 가리킨다고 할 수 있다. 그러기에 몽고메리도 "리더십의 출발점은 사람의 마음을 움직이는데 있다. 그리고 그것이 모든 문제의 핵심임을 확신하는데 있다."라고 하였다.

3) 군 리더십의 원칙

리더십 원칙은 성공적인 임무수행을 위한 군 리더십의 보편적 행동의 기준으로서 리더십 발휘의 지배적인 원리로서 계급 또는 책임에 관계없이 모든 리더에게 적용되는 리더가 갖추어야 할 품성과 자질을 바탕으로 부여된 권한과 책임에 따라 영향력을 행사하는 지침이 된다. 이러한 리더십의 원칙은 절대적인 것이 아니라 그 시대의 환경과 조건, 문화에 따라 변화될 수 있으며, 독립적으로 존재하는 것이 아니라 상호 밀접한 관계를 가지고 있다. 그러므로 리더는 리더십의 본질과 그 개념을 깊이 이해함으로써 각자 당면하고 있는 상황과 환경에 따라 각 원칙을 창의적이고 융통성 있게 적용해야 효과를 거둘 수 있는 것이다.

따라서 한국인의 의식구조와 지식 및 정보화 시대의 환경 및 군의 특성을 고려한 군 리더십의 원칙과 지휘통솔 원칙에 대하여 알아보면 다음의 표와 같다.

〈표 3-6〉 군 리더십의 원칙[30)]

제1원칙 : 자기를 인식하고 지속적으로 자기 계발을 추구하라
제2원칙 : 적시 적절한 결심을 하고 창의적으로 문제를 해결하라
제3원칙 : 목표와 의도를 분명하게 제시하고 동기를 부여하라
제4원칙 : 구성원을 배려하고 복지를 도모하라
제5원칙 : 구성원의 창의적 시행착오를 관용하고 역량을 개발시켜라
제6원칙 : 지식, 정보, 경험을 공유하고 확장하라
제7원칙 : 팀워과 공동체 의식을 함양하고 협동체로 육성하라
제8원칙 : 행동으로 실천하고 솔선수범하라
제9원칙 : 다양성을 인정하고 존중하라
제10원칙 : 개인과 팀을 실전적으로 훈련시키고 기술적, 전술적으로 숙달시켜라

〈표 3-7〉 군 지휘통솔의 원칙[31)]

제1원칙 : 올바른 가치관과 도덕성을 견지하라
제2원칙 : 변화를 주도하고 창의력을 발휘하라
제3원칙 : 비전과 목표를 제시하라
제4원칙 : 건전하고 적시 적절한 결심을 하라
제5원칙 : 부하에게 알려주고 참여시켜라
제6원칙 : 조직을 활용하고 권한을 부여하며 책임을 물어라
제7원칙 : 열정을 발휘하고 솔선수범하라
제8원칙 : 정과 신뢰로 부하를 지도하라
제9원칙 : 자기 자신과 부하의 능력을 계발하라
제10원칙 : 부하의 복지향상을 위해 노력하라

30) 육군본부, '육군 리더십', 대전 : 육군본부, 2008. pp.4~31.
31) 육군본부, '지휘통솔', 대전 : 육군본부, 2004. pp.1~13.

앞의 표에서 알 수 있듯이 육군 리더십과 지휘통솔 교범에서 제시한 내용은 실제 대동소이하나 발간연도를 볼 때 육군에서도 새로운 환경변화에 따라 신세대 장병의 특성을 고려하여 팀웍 향상과 인간 존중 및 배려에 대한 내용을 부각시킨 결과라고 볼 수 있겠다. 본 책자에서는 리더십의 원칙에 대하여 육군 리더십 교범을 토대로 그 원칙을 분석하였다.

제 1원칙, 자기를 인식하고 지속적으로 자기 계발을 추구하라는 자기를 인식(self-awareness)한다는 것은 자신만의 특성과 성향, 행동을 포함한 자기 자신의 장점과 단점을 잘 아는 것을 의미하는 것으로 지금 현재 내가 어느정도 수준의 능력을 가지고 있는지를 알기 전에는 자기 자신을 개선시키거나 새로운 능력을 계발할 수 없기 때문에 자신을 먼저 바르게 인식하는 것이 자신을 통제하고 관리하며 다스리는 유일한 방법이며, 자신을 통제할 수 있어야 목표를 선정하고 시간을 관리하여 자기 계발할 수 있기 때문이다.

제 2원칙, 적시 적절한 결심을 하고 창의적으로 문제를 해결하라는 리더는 풍부한 지식과 경험, 훈련, 전사연구 등을 통해 판단력과 직관력을 함양하고 필요한 시기에 자신의 결심을 실천할 수 있는 능력을 배양해야 한다. 리더는 미래에 나타나게 될 현상을 예측할 수 있는 통찰력을 갖추어야만 올바른 판단을 신속히 할 수 있다. 통찰력은 순간적인 직관만을 의미하는 것이 아니라 많은 자료를 파악하고 자료간의 상관관계를 분석하는 과학적인 분석력과 종합적 사고력, 그리고 창의적 문제 해결 능력을 향상시켜야 한다.

제 3원칙, 목표와 의도를 분명하게 지시하고 동기를 부여하라는 개념적이고 추상적인 목표와 의도는 구성원들의 동기를 유발시키는데 제한사항이 있으며, 이를 달성하는데 있어 혼란을 가중시키게 되므로 리더는 조직의 목표와 자신의 의도를 부하들에게 명확하게 지시하고 전달 할 수 있어야 하며, 이의 실현을 위해서는 자기 자신부터 행동으로 솔선수범하여 실천해야 한다.

제 4원칙, 리더는 구성원들이 불필요한 임무로 고통 받지 않도록 보이기 위한 전시 위주 업무를 과감하게 척결하고 명확한 지침과 자상한 지도로 노력이 낭비되지 않도록 해야하며 구성원들이 자신들의 복지향상을 위하여 노력하고 있다는 것을 알게 될 때 마음에서 우러나오는 진정한 충성심과 열정을 갖게 된다.

제 5원칙, 구성원의 창의적 시행착오를 관용하고 역량을 개발시키라는 리더는 자신만의 경험에 기초한 고정관념에 집착하지 말고 다양한 변화를 예측하여 변화에 능동적으로 주도해야 하며, 상황에 따라 새로운 방식을 적용할 수 있는 창의력을 발휘해야 한다. 이렇게 창의력을 발휘하기 위해서 절대적으로 필요한 것은 새로운 것을 시도하다 발생할 수 밖에 없는 시행착오에 대한 관용이다. 만약 시행착오를 리더가 용납하지 않는다면 그 조직의 구성원들은 그 누구도 창의적 시행착오를 리더가 용납하지 않는다면 그 조직의 구성원들은 그 누구도 창의적인 시도를 하지 않게 될 것이고 결국 그 조직은 현실에 안주하고 복지부동하는 조직이 되어 타성에 젖어 발전이 없는 조직으로 전락하게 될 것이기 때문이다.

제 6원칙, 지식, 정보, 경험을 공유하고 확장하라는 21세기 지식과 정보가 전쟁의 성패를 좌우한다고 해도 과언이 아니다. 그렇기 때문에 군 조직의 모든 구성원은 지식과 정보, 경험을 적극적으로 공유하고 이를 더욱 확장해야만 한다. 가능한 한 리더는 구성원들에게 과업이 수행되어야만 하는 배경과 이유를 상세하게 설명해주고 필요한 지식과 정보를 전달하여야만 구성원들이 리더의 의도에 맞는 명확한 목적의식 하에 업무를 수행할 수 있다.

제 7원칙, 팀웍과 공동체 의식을 함양하고 협동체로 육성해야 팀웍과 공동체를 의식한 단순한 리더가 구성원들에게 잘 대해 준다고 형성되는 것이 아니라, 강한 훈련을 함께 하고 위험한 상황을 함께 극복하며, 함께 열심히 임무를 수행할 때 조직은 더욱 강화되고 팀웍과 공동체 의식이 형성됨을 알아야 한다. 리더가 구성원의 의견을 존중하고 경청함으로써 의사소통이 활성화 되고 상호 신뢰의 분위기가 형성되어 구성원들의 자발적인 참여의식을 고취시킬 수 있다. 인간은 누구나 집단의 구성원으로서 소속감을 가지고 있기 때문에 조직의 의사결정에 참여하기를 원하며, 의사결정 과정에 참여한 구성원은 동기가 유발되어 목표 달성에 기여할 수 있는 공동체 의식을 갖게 되기 때문이다.

제 8원칙, 행동으로 실천하고 솔선수범하라, 솔선수범은 어렵고 위험하여 남들이 하기 싫어하는 것을 내가 먼저 행동으로 실천하는 것으로 리더로서 가져야 할 가장 우선적인 마음가짐이며 태도이다. 리더는 구성원들과 달리 특별한 대우를 받기 바라거나 요구해서는 안 된다. 스스로 자진해서 법규를 지키고 부하에게 행동으로 보여주어 신뢰와 존경을 받을 수 있을 때 구성원들은 리더에 대해 인간적인 매력을 느끼게 되고 진정으로 신뢰하게 된다.

제 9원칙, 다양성을 인정하고 존중하라는 21세기는 지식과 정보화시대이며 글로벌 시대이다. 이에 걸맞게 사고방식과 태도, 행동의 혁신적 변화가 요구되며 또한 구성원인 신세대 장병의 의식성향도 변화하였고 또 변화하고 있다. 따라서 리더는 다양성을 인정하고 구성원의 인격과 개성, 특성을 존중해 주어야 한다.

제 10원칙, 개인과 팀을 실전적으로 훈련시키고 기술적, 전술적으로 숙달시켜라. 구성원을 이끌기 위해서는 리더 자신이 할 수 있어야 한다. 개인과 팀을 훈련시키기 위해서는 리더 자신이 자기가 가르쳐야 할 내용을 완전히 이해하고 숙달되어 있어야 한다. 또한 불확실한 전장상황에 생존하고 승리하기 위해서는 개인뿐만 아니라 팀을 평소에 실천적인 상황 가운데에서 훈련을 시킴으로써 정상적인 상황에서 뿐만 아니라 최악의 상황에서도 임무를 달성할 수 있는 역량을 배양해야 한다.

이와 같은 리더십의 원칙은 리더의 개성과 구성원의 특성 그리고 상황과 여건에 맞도록 융통성 있게 발전적으로 적용하여야 할 것이다.

4) 지휘통솔과 리더십의 비교

지휘통솔과 리더십에 대한 개념과 유형은 다음과 같다.[32]

몽트고메리(B. L. Montgomery)는 군(軍) 리더십은 '사람의 마음을 움직이는 것'이라고 하였으며, 미 육군에서는 임무완수를 위하여 업무를 하고, 조직을 향상시키면서 목적, 방향, 동기부여 등을 통하여 부하들에게 영향을 주는 것으로 정의하고 핵심능력으로써 ① 다른 사람을 이끈다.(Leader others) ② 지휘계통 너머까지 영향력을 확장한다.(Extends influence beyond the chain of command) ③ 의사소통에 능하다(Communicates) ④ 긍정적인 조직 분위기를 만든다.(Creates a positive organizational climate) ⑤ 자신을 준비한다.(Prepares self) ⑥ 타인을 계발한다.(Develops others) ⑦ 결과를 성취한다.(Gets results)로 제시하고 있다.[33] 반면 우리 육군에서는 리더십과 관련된 용어를 아래의 〈표 3-8〉와 같이 제시하고 있으며, 이를 볼 때 통솔과 리더십을 같은 개념으로 표현하고 있다.

32) 육군본부. '야교 6-0-1 지휘통솔', 2003.
33) 미 육군, '육군규정 600-100, 미 육군, 2007.

〈표 3-8〉 군 리더십 관련 용어의 정의

용어	정의
지 휘 (Command)	지휘권에 입각하여 부대를 이끌어 가는 일체의 행위로서 임무 완수를 위하여 부대활동을 계획, 지시, 협조하는 기능
통 솔 (Leadership)	개인의 인격 또는 능력에 의해 구성원에게 직·간접적으로 영향력을 미쳐 자발적이며, 적극적으로 임무를 완수하게 하는 과정
관 리 (Management)	부대의 임무 또는 과업을 능률적으로 완수하기 위하여 인원, 시설, 물자, 예산, 시간 등 모든 가용자원을 효율적으로 활용하는 과정 및 활동

* 출처 : 육군본부, '지휘통솔', 대전 : 육군본부, 2004. pp.1-4 ~ 1-6

위에서 보듯이 관련 용어의 정의가 아직도 상호 중복되고 현대사회의 환경변화와 군 장병의 의식구조 변화를 반영하지 못한 점을 고려하여 '육군 리더십'에 의하면 리더란 부여된 권한과 책임을 바탕으로 육군의 사명과 임무를 달성하기 위하여 구성원들과 상호작용하면서 영향력을 미치는 모든 사람이다라고 정의하고 리더십이란 리더가 조직의 목표를 달성하기 위하여 구성원들과 함께 상호작용하면서 영향력을 미치는 과정이라고 정의[34]하고 있다. 특히 육군은 조직의 규모, 계급, 직책에 상관없이 임무를 부여받고 권한과 책임이 주어진 자는 모두 리더이며 육군의 전 구성원이 리더가 될 수 있음을 의미하고 있다 따라서 육군의 모든 구성원은 상관이 리더인 조직의 목표를 달성하는데 공동 책임을 지고 있는 부하이자, 자신의 부하에 대한 리더이며, 인접 리더의 동료이기도 하다.

가. 지휘통솔

지휘란 '지휘권에 입각하여 부대를 이끌어 가는 일체의 행위로서 임무완수를 위하여 부대활동을 계획, 지시, 협조하는 기능'이며 지휘권이란 '지휘통솔자가 계급과 직책에 의해서 예하부대에 합법적으로 행사하는 권한'을 말한다. 한편, 통솔이란 지휘통솔자의 솔선수범을 통하여 부하에게 믿음과 감동을 주어 동기를 유발함으로써 부하들이 스스로 따라오도록 만드는 것이다. 이와 관련하여 지휘통솔은 지휘통솔자가 자기에게 부여된 권한과 책임을 바탕으로 부대발전 및 조직의 목표를

34) 육군본부, '육군 리더십', 대전 : 육군본부, 2008. pp.1-50.

효과적으로 달성하기 위하여 구성원에게 목적 및 방향제시, 동기부여를 통한 영향력을 행사하여 구성원의 모든 노력을 부대목표에 집중시키는 활동 및 과정을 의미한다. 이러한 지휘통솔의 개념도는 〈그림 3-2〉과 같다.

〈그림 3-2〉 지휘통솔의 개념

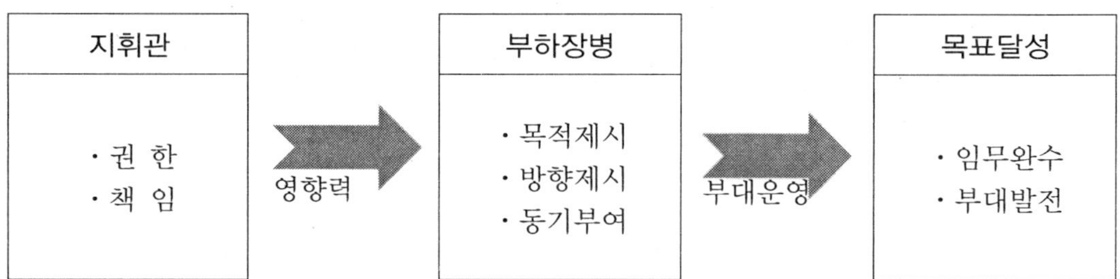

출처 : 「교육회장 06-6-7」 pp.1~11.

상기 내용을 종합해 볼 때, 지금까지 교범상의 지휘통솔은 지휘(Command)와 통솔(Leadership)의 합성어로 지휘권이라는 합법적 권한과 직책을 바탕으로 하는 지휘(指揮)와 부하를 감동시키는 통솔이라는 용어가 결합되어 사용되고 있다. 특히 리더십을 통솔로 번역하여 부하에게 믿음과 감동을 주어 동기를 유발하는 하나의 기술로 보고 있으며 오직 부하에 대해서만 영향력을 행사하는 것으로 한정하고 있다.

나. 리더와 리더십

리더란 “부여된 권한과 책임을 바탕으로 조직을 이끌어 나가는 역할을 맡은 자”이다. 이러한 리더는 자신이 리더인 조직의 목표달성 뿐만 아니라 상관인 리더가 조직의 목표도 달성되도록 해야 한다. 다시 말해 리더는 상관인 리더가 조직의 목표를 달성하는데 공동 책임을 지고 있는 부하이자, 자신의 부하를 대상으로 한 리더이며 인접 리더의 동료이기도 한 것이다. 이와 같은 리더의 정의 및 역할과 연계하여 육군은 리더십을 “리더가 조직의 목표를 달성하기 위하여 구성원들과 함께 상호작용하면서 영향력을 미치는 과정”으로 정의하고 있으며 이중 구성원은 조직을 구성하고 있는 리더(나)를 포함한 상관, 부하, 동료를 말하며, 상호작용이란 구성원들이 조직의 목표를 달성하기 위하여 서로 영향을 주고받는 것이고, 영향력이란 구성원의 행동과 사고, 태도, 가치관, 신념 등에 효과적인 변화를 가져오는 힘과 행동을 말한다.

한편, 리더가 조직의 목표를 효과적으로 달성하기 위해서는 부하뿐만 아니라 구성원인 상관과 동료들에게도 리더십을 발휘하여야 한다. 내가 상관에게 바라는 대로 부하에게 정성을 다해야 하고, 부하가 나에게 해주기를 바라는 대로 상관에게 행동해야 한다. 동료들이 경쟁대상이라는 인식에서 벗어나 임무 수행상의 협동과 협조를 위해 나에게 도움을 주는 사람들이라는 인식의 전환이 필요하며, 조직 내 상관의 역할도 구성원들이 일을 스스로 찾아서 할 수 있도록 도와주는 것이라는 사고의 전환을 해야 한다.

따라서 육군은 리더십을 리더가 조직 목표를 달성하기 위하여 구성원인 상관, 부하, 동료와 상호작용하면서 일방향이 아닌 다방향으로 영향력을 미치는 과정으로 정의하였고 리더의 역할도 일방향적이고 편향적인 역할이 아닌 다방향적인 역할로 정립한 바 있다.

다. 지휘통솔과 리더십의 차이점 비교

앞서 언급한 것처럼 지휘통솔을 상관이 부하에게 일방향적으로 발휘하는 상관의 리더십이라고 한다면, 리더십은 리더가 부하에게 발휘하는 지휘통솔뿐만아니라 상관에 대한 팔로워십(Followership), 동료를 향한 파트너십(Partnership) 등 모두를 포함하고 있다. 따라서 공식적인 권한과 책임에 기반한 부하에 대한 상관의 리더십 발휘를 기존의 지휘통솔 개념으로 수용하되, 조직과 인간관계 속에서 지휘관과 부하, 리더와 구성원 상호의 리더십 발휘가 강조되는 새로운 리더십 개념을 정립하여 제시하였다.

즉, 기존의 지휘통솔이 부하를 대상으로 일방향 위주로 영향력을 행사하는 활동이었다면 리더십은 상관, 부하, 동료를 대상으로 다방향으로 영향력을 미치는 것이다.

조직은 사람들로 구성되어 있고, 조직의 성패는 그들을 이끄는 리더와 구성원들의 가치와 행동에 따라 좌우된다. 따라서 리더와 구성원(상관, 부하, 동료)들은 공동체의 동반자로서 조직 발전과 목표달성을 위한 구성원 상호간의 상호작용적 영향력에 초점을 둔다고 제시하였다.

〈그림 3-3〉 지휘통솔과 리더십

지휘 통솔	리 더 십
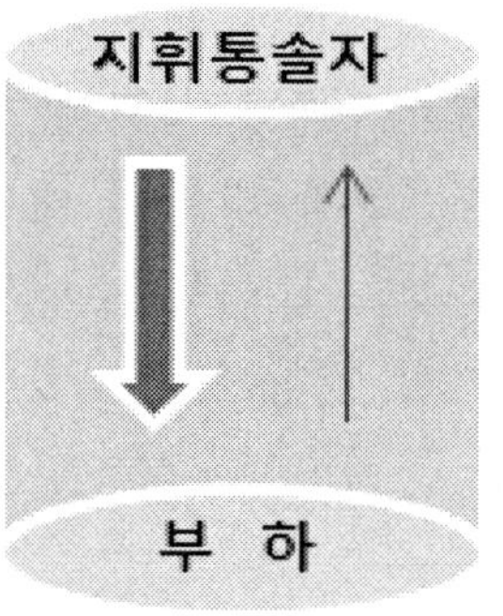 지휘통솔자 ↓ ↑ 부 하	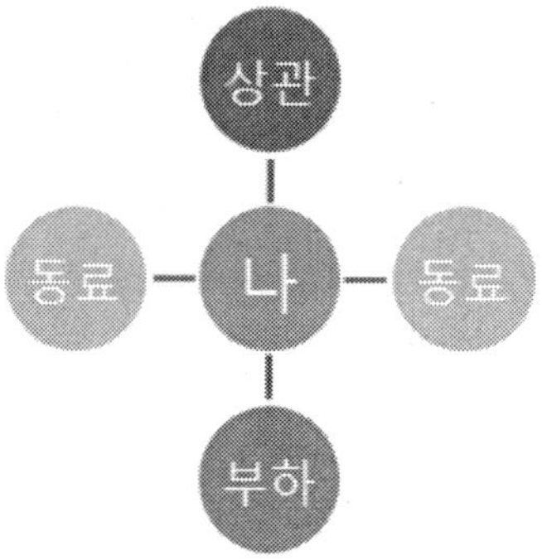 상관 / 동료 - 나 - 동료 / 부하
부하에게 일방향 위주 영향력	조직 구성원 모두에게 영향력

출처 : 「교육회장 06-6-7」 pp.1~6.

5) 군(軍) 리더십의 구성요소

가. 군 리더십의 구성요소와 기능

어느 집단이나 조직체에서도 리더십은 의사결정과 수행관계 즉, 명령하달과 명령수령의 관계가 요구되는데 이때 주체적 역할과 객체적 역할 그리고 당면한 환경과 상황이 존재하게 되는데 군의 '지휘통솔에서는 주도적 역할을 하는 것이 지휘통솔자(Leader)이며, 객체인 부하(집단)와 지휘통솔자와 부하의 당면한 환경으로서 상황 즉, 이 3가지 요소를 지휘통솔의 구성요소라고 하며, 육군 리더십에는 리더의 구성요소로서 리더, 구성원, 상황이라고 표현하고 있는 데 그림으로 도식하면 그림〈3-4〉 및 그림〈3-5〉와 같다.

〈그림 3-4〉 지휘통솔 구성요소 **〈그림 3-5〉 리더십 구성요소**

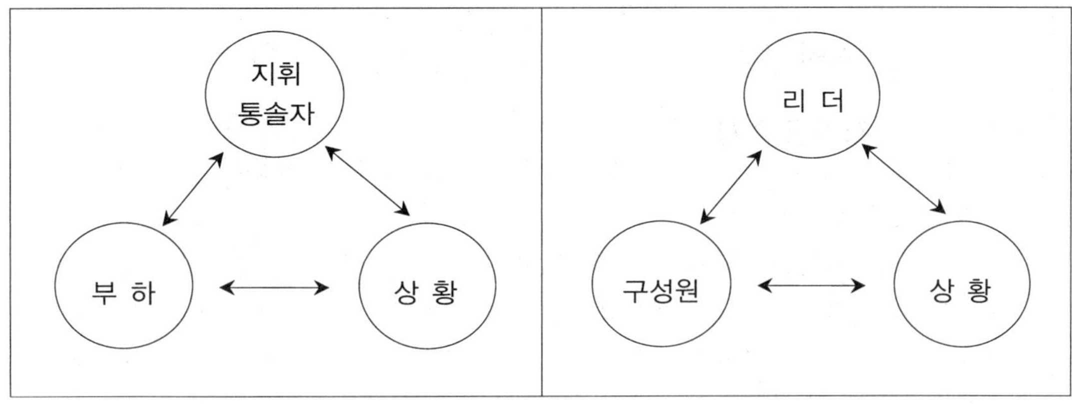

앞의 그림에서 보았듯이 육군의 지휘통솔이나 리더십에서 말하는 구성요소는 용어만 다소 상이하나 그 개념은 동일함을 알 수 있다. 이들 요소 중 군 리더(지휘통솔자)는 리더십을 수행하는 책임자이며 주체이다. 리더는 자기에게 부여된 권한과 책임을 바탕으로 구성원이 부하에게 영향력을 발휘하여 그 조직체를 이끌어 나가는 역할을 맡은 자로서 모든 리더는 부서별 책임자인 참모, 또는 임무와 관련된 모든 구성원이 포함된다.

그런 관점에서 클라우제비츠는 자신의 저서인 전쟁론에서 "전투의 승패를 결정하는 것은 단 한사람 즉, 지휘관에게 달려 있다. 지휘관의 성격 및 능력이 전체에 미치는 영향이 얼마나 심대한가!"라고 말하면서 지휘자의 중요성을 강조하고 있다.

한편 구성요소의 객체인 구성원(부하)은 개개인의 구성원이 모여 이루어지지만 단순한 성원의 총화만이 아니라, 집단성원 간의 상호작용과 밀접한 관계를 갖는다. 이러한 구성 집단은 2가지 측면에서 영향을 미치는데 그 하나는 그 집단의 사기, 군기, 단결 및 훈련 상태 등의 집단 자체가 미치는 영향을 말하고, 또 하나는 부하의 개성이나 교육정도, 생활배경 및 예하 리더의 능력 등이 집단을 구성하고 있는 각 개인으로서 미치는 영향을 말한다. 이는 리더십 효과에 중대하게 작용하므로 유능한 리더라면 부대목표를 설정하고 그 수단을 결정함에 있어 집단의 욕구가 최대한 반영될 수 있도록 해야 한다. 특히, 군 조직의 구성원은 상급조직의 리더(지휘자)의 부하이면서 하급조직의 리더이기도 하다. 훌륭한 부하는 명령에 복종하고 상관이 결심한 사항을 적극적으로 이행해야 한다. 상관의 결심을 충실하게 수행하지 않는 리더는 부하들에게 충실한 이행을 기대할 수 없으므로 훌륭한 부하가 되는 것이 훌륭한 리더가 되는 근본임을 명심해야 한다.

그리고 상황은 임무수행에 영향을 미치는 여건과 환경을 말하는 것으로 리더는 주어진 상황은 다양하고 유동적이므로 상황이 변동될 때마다 도출되는 문제점을 지속적으로 분석 평가하여 당면하는 적합한 리더십의 기법을 발휘해야 한다.

이러한 구성요소를 바탕으로 한 군 리더십의 기능은 목표설정 및 달성기능, 집단유지기능, 대표기능으로 구분 할 수 있다.

목표설정 및 달성기능은 집단의 목표설정과 구성원들이 목표를 달성하도록 돌보아주고 촉진하는 가장 중요한 기능이다. 즉, 집단의 목표설정은 집단 구성이념, 부하들의 욕구 그리고 리더 자신의 신념 및 이념을 고려하여 신중히 결정하여야 하는데 적절하고 건전한 목표는 구성원이 전반적인 활동에 영향을 미치는 바람직한 태도나 사고방식을 유발하게 한다.

집단유지 기능은 리더가 집단을 유지하기 위하여 집단에 지시, 통제하고 그들의 건의를 수용하는 한편, 구성원간의 조화를 유지하고 와해를 방지하게 하는 기능으로서, 이 집단유지 기능에는 지시기능, 반응기능, 중재기능, 상벌 부여 기능이 포함된다.

이 가운데 지시 및 통제기능은 집단을 유지하기 위한 리더의 기본기능으로서 집단목표나 방향을 제시하는 상의하달의 하향식 기능으로서 집단이 침체에 빠지는 것을 방지하고 활기를 제공하지만 이 기능에 치우치게 되면 구성원의 창의성과 사기를 저하시킬 우려가 있다.

반응기능은 통상 리더들이 소홀히 취급하기 쉬운 기능으로서 부하의 욕구, 건의를 받아들이고, 부하들의 헌신적인 참여를 유발케 하여 부대 임무수행의 질적 보장을 기하는 하의상달의 상향식 기능이다. 이 반응기능은 부대의 규모가 커질수록 리더의 범위가 넓어지고 리더십이 미치는 효과 역시 커진다는 점을 고려해볼 때 지시기능 못지않게 중요한 의미를 지니고 있다.

중재기능은 구성원들의 개성, 성장환경, 교육수준 등이 상이한 관계로 인한 분쟁 및 경쟁발생의 소지가 많아 적절한 조정을 통하여 조직의 목표에 집중시키는 기능이다. 상벌부여기능은 사기와 군기의 긴밀한 관련을 갖는 중요한 기능으로서 근무의욕을 증진시키고 일벌백계의 단호함을 보임으로써 조직의 피해를 방지하는 기능이다.

리더십 기능 중 대표기능은 책임기능과 모범기능을 동시에 갖고 있다. 특히 리더는 부대의 얼굴로서 인원, 물자 및 부대내외의 제반문제에 대하여 부대를 대표하며 그 승패에 대하여 책임을 지는 책임기능과 함께 언행, 태도, 외모는 그 부대의 기준이고 구성원의 태도와 행동의 기준이 되는 모범기능을 가진다. 한편 부대의 상징기능으로서 리더가 차지하는 비중은 그가 부하로부터 받는 존경과 신뢰에 비례하며, 그 비중은 부대의 정신적 분위기를 가늠하는 중요한 요소이다.

나. 일반 리더십의 구성요소

리더십의 구성요소는 리더, 부하, 상황, 의사소통이며, 이들은 서로 밀접한 상호관련성을 가지고 있다. 따라서 어느 한 요소의 변화는 리더십의 형태변화를 가져오는 것으로 리더십의 구성요소는 〈그림 3-6〉과 같다.

〈그림 3-6〉 리더십의 구성요소

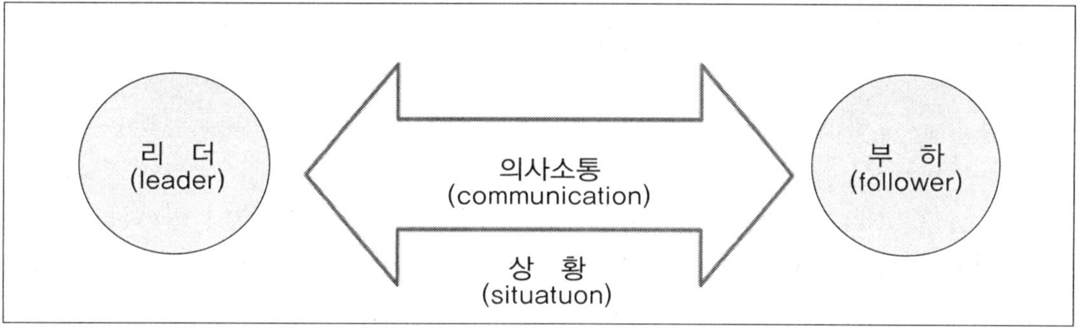

a. 리더(leader)

리더의 네 가지 구성요소 중 리더는 리더십의 기능을 수행하는 일차적인 책임자이며, 리더십 수행상의 주체라 할 수 있다. 리더십의 성패 여부는 리더의 성격, 가치관, 신념, 욕구, 동기, 지각능력, 판단력, 창의력, 과거의 경험 등 자질에 크게 의존하게 된다.

b. 부하(follower)

집단이나 조직은 개개인의 구성원이 모여 성립된다. 그러나 집단이나 조직은 단순히 개인의 집합으로서 조직의 특성을 나타내는 것이 아니라, 개인의 각개 특성이 조직자체의 상황과 조직구성원간의 상호교환 작용으로 별도의 집단정신으로 나타나게 되는 것이다.

따라서 리더가 리더십의 효과성을 높이기 위해서는 집단을 집단적 측면과 개인적 측면에서의 관계를 정확히 파악하여 조직의 목표를 설정하고 부하를 통솔해야 한다.

c. 상황(situation)

상황은 리더나 집단에게 주어진 임무와 환경, 그리고 리더와 집단이외의 것으로 임무수행에 영향을 주는 제 요소를 말한다. 리더는 상황이 변동되면 새로운 문제가 발생되므로 리더는 상황이 변동될 때마다 이에 따르는 문제점을 계속적으로 분석 평가하여 이에 대한 적합한 관리기술을 발휘해야 리더십의 효과성을 높일 수 있다.

d. 의사소통(communication)

의사소통은 의사전달이라고도 하는데 이에 대한 개념은 2명 이상의 사람사이에 있어서 지식, 정보, 의견, 신념, 감정 등을 교환함으로써 공통적인 이해와 공감대를 형성하게 하고, 나아가서는 의식이나 태도 그리고 행동 등에 변화를 일으키는 과정을 의미한다.

이러한 의사소통은 리더십의 핵심개념으로서 조직이나 집단내에서 원활한 의사소통이 잘 이루어지느냐 그렇지 않느냐의 여부에 따라 리더십의 효과가 좌우되게 된다.

6) 군 리더십 변화의 필요성

가. 군 리더십의 환경 변화

동서고금을 막론하고 리더십이 추구하는 궁극적 목표는 조직의 목표달성이다. 그러나 다양한 리더십 이론과 시행 방법이 계속해서 제기되는 것은 시대에 따른 환경변화 때문이다.

<그림 3-7>에서 보듯이 오늘날의 첨단화된 무기 체계 및 정보·통신기술의 발달은 광범위한 지역에서의 분권화작전 실시를 가능하게 하고 있다. 또한 전장상황도 시시각각으로 급변하여, 실시간 상황조치의 중요성이 점점 증가하고 있다. 그러나 임무를 부여한 상관과 이를 실행하는 부하는 과거보다 공간적으로 더 이격된 곳에 위치하게 되어 부하에 대한 상관의 적시 적절한 지시 및 조치가 어렵게 되었고 현장 지휘관이 스스로 판단하여 주도적으로 대처하는 자율적이고 창의적인 임무수행이 요구되고 있다.

<그림 3-7> 인류문명 발전과 전쟁 양상 변화

구 분	농경 사회	산업 사회	지식정보화 사회
변화 시기	BC 7000년 경	1760년대	1990년대
변화 동인	농협혁명 도구 발명	산업혁명 : 증기기관차발명	인터넷 혁명 : 디지털 기술 혁명
핵심 요소	노동력, 토지	기술력, 경제력	지식, 정보
전쟁 양상	병력에 의한 집단 백병전	기계, 조직에 의한 대규모 기동 화력전	지식, 정보네트워크에 의한 통합지식정보전
전력 구조	병력 집약형	기계, 자본집약형	정보집약형
지휘 구조	장수중심 구조	수직적 다층적 구조	수평적 네트워크 구조
파괴, 피해	노획, 포로	대량파괴, 대량살상	정밀파괴, 소량피해
전장 공간	1차원(지상)	3차원(지, 해, 공)	5차원 (지, 해, 공, 우주, 사이버)
전투 형태	선 형	선형, 비선형 (대부대, 집중)	비선형 (소부대, 분산)

출처 : 「교육회장 06-6-7」 pp.1~6.

나. 군 리더십 변화의 방향

군에서 지휘관의 리더십은 전쟁의 승패를 좌우하고 따라서 부하들의 존귀한 생명과 직결되는 가장 결정적인 요소이다. "나쁜 군대는 없고 오직 지휘관이 나쁘기 때문이다"라는 말과 "최후의 승리는 장수에게 달려있다"는 말이 의미하는 바와 같이 평시 전투를 준비하는 때나 실제 전투현장에서나 지휘관의 역할은 지대하다.

이는 전투의 주체가 인간이고, 인간과 부하에 대한 이해는 전투지휘의 기본이며, 이를 바탕으로 리더십이 제대로 발휘 될 때 승리가 보장되는 것이기 때문이다.

따라서 군 리더십은 군의 존재목적인 전쟁을 억제하고 전쟁이 발발하면 싸워 이길 수 있는 부대를 만들 수 있도록 발휘되어야 하므로 강도 높은 훈련과 전장에서의 극한상황 등 다양한 환경에 대처할 수 있는 정신적, 육체적으로 강인한 부하 장병 육성이 필수적인 것이다.

한편 지난 수십년간 리더십 연구의 발달은 조직을 둘러싼 환경이 달라지면 변화된 환경에 적합한 새로운 유형의 리더십이 요구된다는 것을 보여주었다. 새로운 환경에서 성공적으로 부대를 지휘하여 전쟁에서의 승리를 얻기 위해서는 환경의 변화에 맞는 새로운 리더십이 요구된다. 종전에는 획일화되고 일방적인 지시만으로도 조직을 통솔할 수 있었다면, 달라진 환경에서는 한층 유연하고 다 방향적인 조정능력이 요구되고 있다.

이러한 시점에서 다양한 리더십 이론이나 원칙보다 이를 넘어서는 실질적인 접근이 필요하다. 그러한 생각을 공유해 나갈 때 군 조직 특성상의 본질도 고수하면서 시대적 환경변화에 합당한 진정한 의미의 군 리더십이 자리매김하리라 생각된다.

7) 계층별 리더의 역할 및 핵심요건

모든 조직은 계층별로 관리자를 임명하고, 적절한 권한과 책임을 부여함으로써 조직이 효과적으로 목표를 달성하도록 하고 있다. 이와 마찬가지로 국방조직도 효과적으로 관리하기 위해 조직을 여러 계층으로 구분하고, 각 제대에는 권한과 책임을 부여받은 지휘관을 임명하여 부대를 지휘하도록 하고 있다.

모든 계층의 관리자들이 공통적으로 수행하는 기본기능은 계획, 조직화, 지휘 및 통제이지만 각 계층별로 업무의 성격, 그리고 수행하는 역할과 기능이 상이하기 때문에 관리자들에게 요구되는 기술 또는 능력도 계층에 따라 달라지게 된다. 즉 하층 관리자에게는 직접 업무를 수행하는데 필요한 실무적 능력(technical skill)이 보다 많이 요구되는 반면, 상층 관리자들에게는 조직의 모든 이해관계와 활동을 조정하고 통합하는 개념적 능력(conceptual skill)이 보다 더 요구되는 것이다(Katz, 1974).

군대조직의 경우에도 민간조직과 마찬가지로 요구되는 리더십 능력이 조직계층에 따라 달라지게 되는데, 그것은 중대급 이하의 하급부대에서는 주로 부대원들과의 상호작용을 통해 이루어지는 지휘행동에 의해서 과업이 수행되지만 대대급 이상의 대부대에서는 대면적 의사소통 또는 직접관찰과 같은 지휘행동이 이루어지기 어렵고, 주로 정책 및 계획수립, 자원의 분배 등과 같은 관리행동을 통하여 과업을 수행하게 되기 때문이다(오점록 외, 1999).

〈그림 3-8〉 관리자의 계층별 리더십 능력

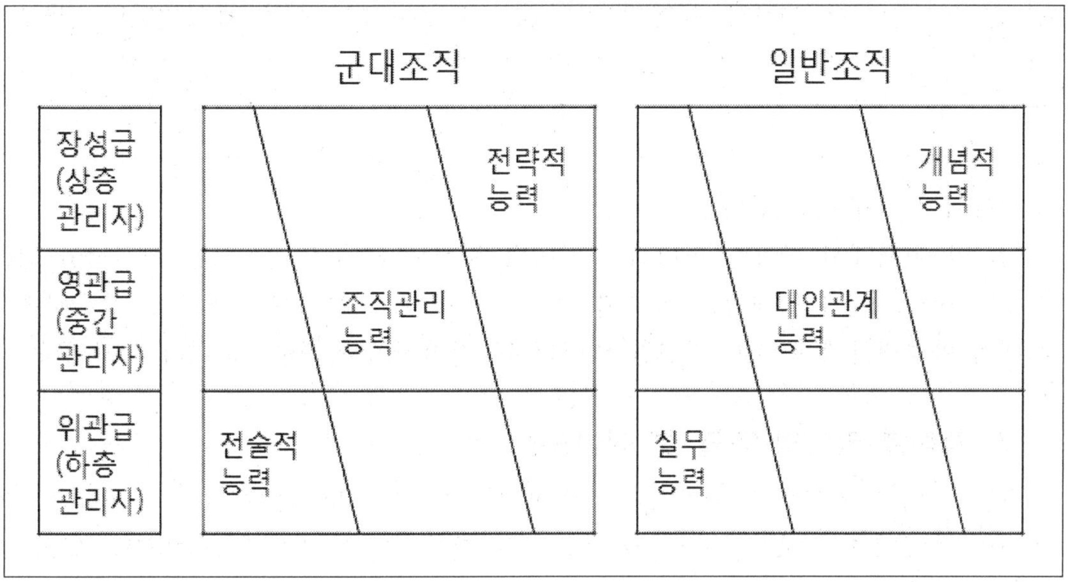

	군대조직	일반조직
장성급(상층 관리자)	전략적 능력	개념적 능력
영관급(중간 관리자)	조직관리 능력	대인관계 능력
위관급(하층 관리자)	전술적 능력	실무 능력

자료: 이춘식 외(2008: 82).

〈그림 3-8〉의 '일반조직'의 도식은 모든 조직의 리더십 수준을 3가지 계층으로 구분하고 그들에게 공통적으로 요구되는 리더십 능력의 3가지 범주를 연계시킨 모형이다. 이 모형의 의미는 모든 관리자는 개념적 능력, 대인관계 능력 그리고 실무 능력을 가지고 있어야 할 뿐만 아니라 계층에 따라 리더십에 필요한 능력의 우선순위가 다르다는 것을 보여주고 있다. 군 리더십 연구자들은 이 모델에 준거하여 '군대조직'에 적용할 수 있는 도식으로 수정하여 군 리더십 수준과 그 역량의 분석에 적용하고 있다. 연구자들에 따라 개념의 용어 차이가 있지만 군 리더십 모형의 기본 골격은 장성급·영관급·위관급으로 구분한 군 리더십 수준과, 전략적 능력, 부대

관리 능력, 전술적 능력으로 범주화한 군 리더십 역량을 구조화한 것이다.

국방부에서 발간(2004)한 「한국군 리더십 진단과 강화방안」에 의하면 군 리더십 수준은 고급제대·중급제대·초급제대로 규정하고 있다. 고급제대는 장성급 장교가 지휘하는 부대를 말하고, 중급제대는 영관장교가 지휘하는 부대를 말하며, 초급제대는 위관장교가 지휘하는 부대를 지칭한다.

〈표 3-9〉 제대 및 계층별 리더십 수준

리더십 수준	지휘계급	요구되는 능력	제대의 리더십 특징
고급제대	장 성	개념적 능력 실무적 능력 대인관계 능력	간접, 전략적 리더십
중급제대	영 관		직·간접, 관리적 리더십
초급제대	위 관		직접, 대면적 리더십

자료: 국방부(2004: 99).

군 리더십을 다룸에 있어 무엇보다도 선행되어야 할 부분은 각 제대별·계층별로 요구되는 리더십의 핵심요건을 분명히 하고, 이를 적용할 대상과 양성책임 소재를 체계화하는 것이다. 제대별 리더십은 직접적, 대면적 리더십을 위주로 하는 초급제대 리더십, 직·간접적이면서 조직관리적 리더십을 위주로 하는 중급제대 리더십, 간접·전략적 리더십을 위주로 하는 고급제대 리더십으로 구분할 수 있다(국방부, 2004).

본 연구에서는 대면접촉을 통한 직접적 리더십과 참모 및 예하 지휘관을 통한 간접적 리더십을 병용하고, 조직관리적 리더십이 가장 많이 요구되고 있는 중급제대의 리더십에 대해 관심을 두고자 한다.

모든 조직의 리더들이 조직을 효과적으로 지휘하기 위해서는 부여된 임무를 효과적으로 수행할 수 있는 자질 또는 능력을 구비하여야 한다. 모든 계층의 리더들이 공통적으로 수행하는 기본기능은 계획, 조직화, 지휘 및 통신이지만, 각 계층별로 업무의 성격, 그리고 수행하는 역할과 기능이 상이하기 때문에 리더들에게 요구되는 기술 또는 능력은 상위계층일수록 조정 또는 통합 기술이 더 요구된다.

군에서는 리더가 가져야 할 가치관으로서 충성, 용기, 존중, 책임, 명예, 도덕성

등을 제시하고 있고, 리더의 자질은 정신적 자질, 신체적 자질, 정서적 자질로 구분하고 있는데 이러한 가치관과 자질을 모든 계층의 리더들이 공통적으로 구비할 것을 요구하고 있다. 군에서 고급제대, 중급제대, 초급제대에서 요구되어지는 제대별 리더의 핵심요건은 다음과 같다.

〈표 3-10〉 제대별 리더의 핵심요건

구 분	요구제대	적용 계층	핵심 요건
고급 제대	사(여)단급 이상 제대	장 성	○ 높은 도덕성과 전문성에 바탕을 둔 리더십 표상 ○ 업무추진에 대한 뚜렷한 소신 및 전체적 책임 감수 ○ 비전과 조직목표를 제시하고 바람직한 조직환경 조성 ○ 정치적 목표를 군사적 목표로 전환 및 의사결정 능력 ○ 업무의 핵심 파악·조정·통합·협조·관리능력 ○ 장기적 전략환경 변화 예측·위기관리 능력
중급 제대	대대 및 연대급	영 관	○ 통합적 사고의 중기적 비전 제시 ○ 업무수행을 위한 자질 ○ 잠재역량 계발을 위한 역할 ○ 조직 구성원의 관리 및 운용을 위한 전문기술 ○ 실천적 행동의 윤리 도덕성
초급 제대	중대급 이하	위 관, 부사관	○ 강인한 체력을 바탕으로 한 용기와 충성 ○ 체계적·합리적 사고능력 ○ 일심동체의 팀워크 창출 ○ 효율적 업무수행 능력 ○ 부하의 능력 개발 및 자기개발을 통한 부대발전 도모 ○ 솔선수범 / 동고동락의 현장 리더십

자료: 「한국군 리더십 진단과 강화방안」(국방부, 2004).

제3절 세계 각국 리더십과 한국군의 리더십 모델

1. 군사전략 구성요소와 리더십과의 관계

지휘라는 개념과 리더십이라는 개념은 모두 군 임무수행을 위해 중요한 개념이다. 이처럼 지휘와 리더십이라는 개념이 군대에서 왜 필요하고 또 중요시되고 있을까. 인류의 역사는 전쟁의 역사라고 해도 과언이 아닐 정도로 전쟁은 인류역사에 많은 영향을 미쳐왔다. 전쟁에서 이기기 위해 인류는 전장을 지배하는 여러 요소를 연구하고 군사전략을 발전시켜왔다.

전략(Strategy)이라는 용어는 그리스어의 Strategos 혹은 Strategus에서 유래했으며, 그 뜻은 장수의 직위 혹은 장수의 책략을 뜻[35)]한다. 이처럼 전략이라는 용어 속에는 장군의 능력 또는 술이라는 인간적 요소, 인간의 정신적 능력과 관련된 의미가 내재[36)]되어 있다. 전쟁과 관련하여 군사목표를 달성할 수 있도록 하는 물리적, 정신적 힘의 구성인자를 군사전략의 요소라고 한다. 군사전략의 구성요소는 전략사상가, 학자들에 따라 상이하지만 공통적으로 인적, 정신적 요소와 물적, 물리적 요소로 구분하는 데는 큰 차이가 없다.

먼저, 손자는 정치가의 능력, 군 지휘관의 지휘, 통솔력, 시간과 지리의 이점, 조직과 병참, 군대의 질, 장병의 훈련도, 군율 및 사기 등 일곱 가지로 제시했다. 『오자병법』에서는 위나라의 무후가 오기에게 "군대는 무엇으로 승리를 거두는 것입니까?"라고 질문하자 "장수가 군대를 잘 다스림으로써 승리를 얻게 됩니다."라고 했다. 무후가 다시 "병력의 수에 달려 있는 것이 아닙니까?"라고 묻자 "병력에 달려 있는 것이 아닙니다. 만약에 군령이 분명하지 않고 상벌에 신의가 없다면 징을 울려도 멈추지 아니하고 북을 울려도 전진하지 않을 것이니 비록 백만의 군대가 있어도 무슨 소용이 있겠습니까?"[37)]라고 하여 지휘관의 능력과 리더십의 중요

35) 이종학·길병옥(2009), 전략이론이란 무엇인가?, p.39.

36) 고대 로마에서는 전쟁이 발발하면 집정관(strategos)을 최고 지휘관으로 임명하여 전쟁을 지휘하게 했다. 집정관이 전쟁터에서 적을 상대로 어떻게 해야 승리할 수 있을까라는 역사적 배경에서 전략(strategy)이라는 용어가 태동했다.

37) 김학주 역, 『손자·오자』(서울 : 명문당, 1999), p.317.

성을 이야기하고 있다.

클라우제비츠는 정신적 요소, 물리적 요소, 수학적 요소, 지리적 요소, 통계적 요소 등 다섯 가지 요소를 제시하고 있다. 군사전략을 구성하는 요소에 리더십과 관련된 지휘관의 자질과 능력이 공통적으로 포함되어 있음을 알 수 있다. 또한 나폴레옹은 전쟁에서 정신적 요소와 물질적 요소가 차지하는 비중을 3:1로 제시했으며, 이러한 리더십의 중요성은 군사과학기술이 발달하고 첨단 무기체계가 전장을 지배하는 현대에도 계속되고 있다.

미국이 베트남 전쟁에 참전한 이후 전쟁이 조기에 목적을 달성하지 못하자 닉슨 대통령 집권 후 1969년 1월 미 국방부에서는 컴퓨터를 이용한 모의전투를 통해 베트남전 전망을 분석했다. 미군과 월맹군의 모든 전투력 관련 자료를 컴퓨터에 입력한 후 미국의 승리를 분석한 결과, 컴퓨터의 대답은 미국은 이미 1964년에 승리했다는 결과를 제시[38]했다. 베트남 전쟁에서 미군의 문제는 물질적 요소가 아니라 정신적 요소였다는 것을 보여주는 좋은 예이다.

베트남 전쟁의 교훈을 거울삼아 21세기 최초 첨단무기체계에 의한 지식정보전쟁으로 알려져 있는 1990년대 걸프전쟁에서 승리한 후 미군은 "전쟁에서의 인적 차원의 중요성은 미래에도 계속될 것이다. 걸프전쟁에서 비록 첨단무기들이 놀라운 역할을 수행했지만 위험한 전투상황 하에서 장병들의 헌신적이고 용감한 행동이 없으면 첨단무기도 쓸모없는 쓰레기에 불과하다."[39]라고 했다. 또한, Robert L. Bateman 3세는 미국이 21세기 디지털 전쟁을 준비하면서 무엇을 간과하고 있는지를 자문해 보아야 한다면서, "전쟁양상이 아무리 디지털화 되어도 변하지 않는 게 있는데 그것은 전장에서의 공포와 리더십이다."라고 했다. 그리고 "인간은 누구나 생명에 위협을 느끼게 되면 생물학적 반응을 보이며, 공포에 대한 반응은 그 시대의 사회적, 문화적 관습에 따라 변화될 수 있지만 인간의 신체구조를 근본적으로 변화시키지 못하는 한 이러한 공포를 완전히 제거하는 것은 불가능하다. 이와 관련해 군대에서는 공포를 감소시키기 위해 전장에서 훈련과 리더십 군기에 대한 사상을 발전시켜 왔으며 앞으로도 그 중요성은 계속될 것이다."[40]라고 했다. 첨단과학과 무기체계로 편성된 군대이지만 전쟁에서 인적차원의 중요성을 간과하

---

38) Harry G. Summer(1992), op. cit., p.56.
39) Ibid., p.159.
40) 로버트 엘 베이트맨 3세 편저, 윤주학 역(2000), 앞의 책, pp.35-36.

지 않기 위해 지속적으로 강조하고 있음을 알 수 있다.

이와 같은 맥락에서 미군은 군사전략의 제 요소와 리더십과의 관계를 군사작전의 기본교리서 역할을 수행하는 야전교범에 아래 그림과 같이 제시하고 있다. 리더십을 전투력을 구성하는 여러 요소, 즉, 기동(Maneuver), 화력(Fire), 정보(Intelligence), 지휘통제(Command and Control), 방호(Protection), 지속성(Sustainment) 등 모든 전투력 요소를 통합하여 전투력을 극대화시키는 핵심적 요소로 선정[41]하고 있다.

〈그림 3-9〉 미 육군의 전투력 요소와 리더십과 관계

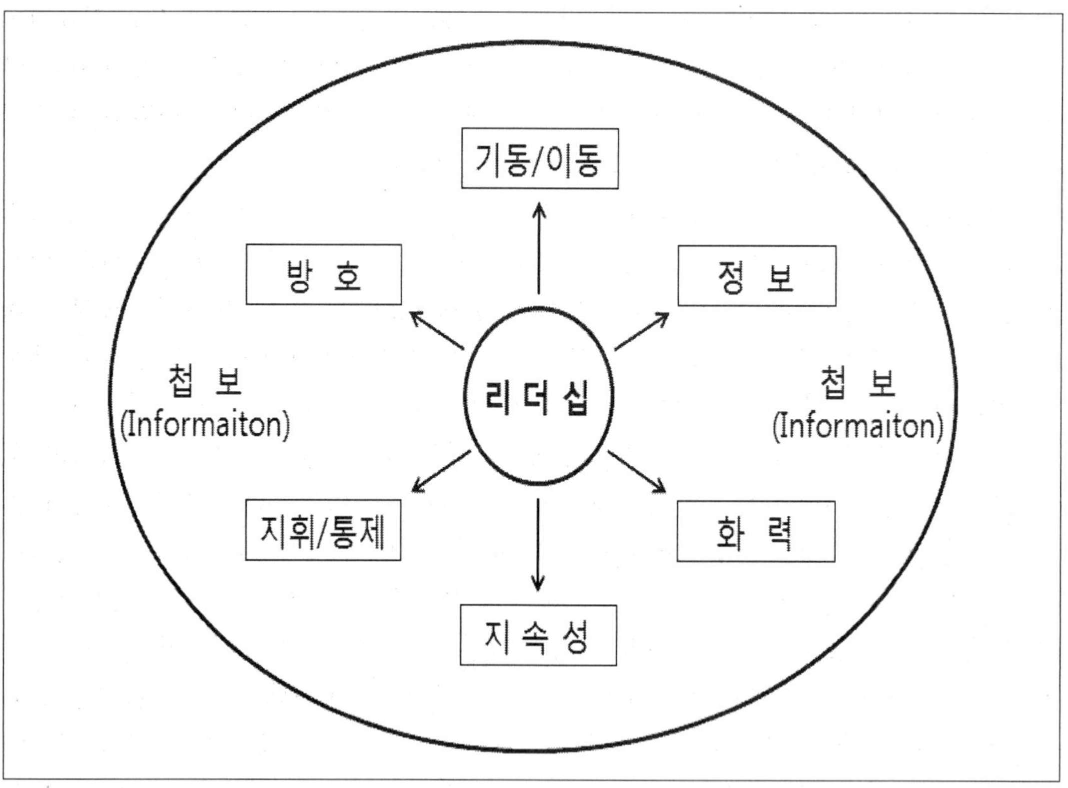

출처 : US Department of the Army, Operations, Washington D.C. : US Department of the Army, 2008, p.4.

41) US Drpartment of the Army, Operations, Washington D.C. : US Department of the Army, 2008, p.4.

미군은 군대에서 리더십의 기능을 마치 유기체가 효과적으로 살아 움직이기 위해서는 산소와 필요물질을 공급해주는 필수적인 기능을 하는 것과 같은 맥락에서 바라보고 있다. 또한 '구슬이 서 말이라도 꿰어야 보배'라는 속담이 말해주듯 군대에서의 리더십은 구슬을 꿰는 역할로 규정하고 전투력을 형성하는 여러 가지 요소를 통합하여 전투승수효과를 발생시키는 통합기능으로 정립하고 있음을 알 수 있다.

한국군에서도 첨단 무기체계와 장비를 갖추었다 하더라도 전투는 결국 사람이 수행한다는 것을 중시하여 기동, 화력, 정보, 방호, 전투근무지원, 지휘통제 등 제 전장기능을 상호 유기적으로 보완하고 통합하는 기능으로서 리더십의 중요성을 강조[42]하고 있다. 미국의 군사사상가였던 John Boyd는 미군이 물질과 기계적 사고, 경영과학이론에 치우쳐 전쟁에서의 인적차원이 경시되는 현상에 대해 "전쟁은 인간이 하는 것이며, 인간은 두뇌를 사용한다."[43]라고 지속적으로 역설했다.

이처럼 아무리 과학기술이 발달하여 기계가 사람의 일을 대신한다 하더라도 기계는 새로운 상황을 판단하고 창의성을 발휘할 수 없으며, 슈퍼컴퓨터나 인공지능 로봇도 사람의 도구에 지나지 않는다. 산업사회의 복잡성은 거대한 기계나 톱니바퀴 같은 기계적 복잡성인 반면 정보사회의 복잡성과 역동성은 쉴 새 없이 움직이는 지식과 정보체계 및 다변화한 환경 속에서 긴밀하게 대응해야 하는 기술과 인간의 협력에 관한 것이다. 따라서 산업시대의 복잡성과는 그 성격이 근본적으로 다르며, 각 부문들의 유기적 연결과 새로운 상황에 대한 창의적 대응은 인간만이 할 수 있는 것이다. 이는 21세기 과학기술과 첨단무기 시대에도 물적 요소(物的要素)를 통합하고 새로운 상황에 대한 창의적 대응을 하는 기능으로서 군대에서도 새로운 리더십이 중요시되고 있음을 말해준다.

앞에서 논의된 바와 같이 동양과 서양을 막론하고 21세기 군대에서 효과적인 리더십은 인격과 역량, 도덕적 원칙과 법적 정당성, 행동과 실천과 관련된 요소를 중시하고 있음을 알 수 있다.

이는 고대 동양사상에서 제시한 지, 인, 용 세 가지 덕을 온전히 구비하고, 다양한 사회적 인간관계에서 이를 구현해가야 한다는 개념과 맥락을 같이하는 것으

42) 육군본부(2009), 앞의 책, p.12.
43) 로버트 엘 베이트맨 3세 편저, 윤주학 역(2000), 앞의 책, p.279.

로서, 21세기 군대에서 효과적인 리더십 패러다임 정립과 관련하여 시사하는 바[44]가 크다.

2. 인간의 집단생활과 리더십 현상

리더와 리더십이라는 용어는 서구에서 온 외래어로서, 리더의 사전적 의미는 먼저 국립국어연구원에서 발간한 표준국어대사전에 따르면 조직이나 단체에서 전체를 이끌어가는 위치에 있는 사람으로 설명되어 있고, 리더십이란 "무리를 다스리거나 이끌어가는 지도자로서의 능력"이라고 설명되고 있다. 또 다른 국어대사전에서는 리더란 "지도자, 지휘자"를 뜻하며, 리더십이란 지휘자로서의 지위 또는 임무, 지도, 지휘, 통솔, 통솔력이라고 설명하고 있다. 서구에서 리더라는 용어가 나타나기 시작한 것은 1300년경이며 그 어원은 라틴어 "Ladan"에서 유래했다고 한다. 뜻은 "to level", "show the way"로서 사람이 여행을 하거나 이동 시 안내의 의미를 지니고 있다. 즉, 이끌다, 안내하다를 의미하는 "Lead"에서 이끄는 사람, 안내하는 사람을 의미하는 "Leader"로 발전했음을 의미한다. Websters 사전에는 리더에 대해 "Leader: a person or thing that leads, a guiding or directing head, as of an army, movement, or political group."으로 기술되어 있다. 사전의 설명을 보면, 리더란 사람으로 구성된 무리, 집단, 조직을 이끌어가는 사람을 의미하며, 리더십이란 이끌어가는 능력을 의미함을 알 수 있다.

동양에서는 리더십 현상을 설명하는 용어로 지휘, 통솔이 사용되었다. 먼저 지휘란 지(指 : 똑바로 뻗어서 물건을 가리키는 손가락을 의미)와 휘(揮 : 손으로 빙글빙글 원을 그리면서 휘두르는 모양)가 합쳐진 의미로서 표준국어대사전에는 "목적을 효과적으로 이루기 위하여 단체의 행동을 통솔함"으로 기술되어 있고 사용 예로 "대장의 지휘에 따라 행동하다, 중대원들은 중대장의 지휘 아래 일사불란하게 적을 에워쌌다."[45]라고 제시하고 있다. 또 다른 국어대사전에는 지시하여 일

44) 유교의 군신유의, 부자유친, 부부유별, 장유유서, 붕우유신 등 오상(五常)과 화랑도의 사군이충, 사친이효, 교우이신, 임전무퇴, 살생유택 등 세속오계 그리고 지행합일(知行合一)사상은 이와 같은 예가 역사적으로 잘 나타난 것으로 볼 수 있다.

45) 국립국어연구원(2010), 국어연감, p.5789.

을 하도록 시킴으로 기술되어 있다. 이처럼 지휘라는 의미는 일을 시킨다, 무엇을 하게 한다는 의미가 있다. 특히 한자어 휘(揮 : 手+軍)는 손과 군이 합쳐진 말로 어원상 군대와 관련된 의미를 내포하고 있음을 알 수 있다.

통솔은 통(統 : 명주실을 여러 개 모아 튼튼한 한 가닥의 실로 꼬는 것을 의미)과 솔(率 : 쓸데없는 실보무라지를 없애고 남을 실을 하나로 단단히 묶어 종합함을 의미)을 합한 의미로 "무리를 거느려 다스림, 온통 몰아서 거느림."[46]이라는 뜻이다. 특히 한자어 솔(率)은 "거느리다, 이끌다, 따르다, 복종하다" 등 다양한 의미가 있다.

언급된 리더, 리더십, 지휘, 통솔이라는 용어는 각각 외래어이면서 한자 배경을 가진 말이 우리말로 순화된 것으로 인간의 집단 및 조직생활에서 나타나는 리더십 현상을 설명하는 용어라는 공통점은 있으나 의미는 다소 차이가 있다. 먼저 지휘란 "지시하여 일을 시킨다"는 의미가 강하며 군과 관련이 많다. 통솔이란 '이끌고 다스리다, 이끌고 따르다'의 뜻이 포함되어 있으며, 리더십이란 무리를 다스리거나 이끌어가는 지도자로서의 능력, 지도력, 통솔력을 의미한다고 볼 수 있다. 왜 리더와 리더십이라는 용어가 필요했으며, 어떤 현상을 설명해주는 것일까? 동양 유가사상의 시조 공자는 세 사람이 길을 가면 반드시 스승이 있다고 했고 Bales와 Bass는 사람이 집단을 이루면 리더와 팔로워 관계가 자연스럽게 형성되며 이끌고 따르는 관계는 동시에 출현하는 현상이라고 하였다. 또한 진화론적 관점에서 인간의 리더십 현상을 바라보는 학자들은 리더십을 인간의 생존과 진화와 관련된 사회적 협력 전략의 결과로 설명하기도 한다.

상기 동서양의 여러 지식인들이 언급한 것처럼 인간은 사회적 동물로서 혼자서는 생존할 수 없으며 집단생활을 통해 생존을 영위하고 사회를 형성해서 성장, 발전, 진화해왔다. 인류가 공동체를 이루어 생활하면서 먹을 것을 구하기 위해 수렵, 채집활동을 하는 데에는 협동이 필수적으로 요구되었으며 이 과정에서 자연스럽게 이끌고 따르는 관계가 형성되었을 것이다. 이처럼 리더십 현상은 인간이 집단을 형성하고 사회생활을 하면서 나타난 자연스러운 현상이며, 리더와 리더십이라는 용어가 이러한 현상을 설명해주는 용어이다. 이와 관련하여 아래와 같이 요약할 수 있다.

46) 국립국어연구원(2010), 국어연감, p.6428.

리더십은 집단상황에서 일어나는 현상이며, 목표달성을 위한 과정이며, 영향을 미치는 과정[47]이라고 할 수 있다. 먼저 리더십이 인간의 집단생활에서 일어나는 현상이라는 것은 인간이 공동체를 유지하고 집단의 일원으로 생존하기 위해서는 이끌고 따르는 관계가 기초가 되며, 집단상황에서 이끌고 따르는 관계는 역동적으로 발생한다. 이 경우 집단은 소집단일 수도 있고 공동체집단일 수도 있으며 집단 전체를 포괄하는 대규모 조직일 수도 있다.

다음으로 리더십이 목표달성의 과정이라는 것은, 구성원들로 이루어진 집단에서 구성원 상호 간 이끌고 따르는 관계가 발생하는 것은 이들이 공동목표를 지향하고 추구하는 바가 동일하기 때문에 집합적 행동이 나타난다는 의미이며, 지향하는 목표와 추구하는 바가 동일하지 않으면 집합적 행동을 추구하지 않는다. 마지막으로 영향을 미치는 과정이란, 집단생활에는 질서유지와 협력을 위해 반드시 이끄는 사람(Leader)과 따르는 사람(Follower)의 관계가 형성되는데, 이끌고 따르게 하는 힘의 근원으로서의 영향력이 집단에서 리더와 구성원 간에 상호교환되는 것을 의미한다.

3. 세계 각국의 군 리더십 모델

1) 미국군

가. 미국 군의 리더십 개념

미 육군은 리더십을 '임무를 완수하도록 운영을 하고 편제를 개선하며 목적과 방향, 그리고 동기를 부여함으로 사람들에게 영향을 끼치는 것'으로 정의하고 있으며, 전장 환경의 변화와 과학기술의 발전이 리더에게 더 많은 능력과 기술을 겸비하도록 요구함에 따라 리더로 하여금 인격적, 신체적, 기술적, 전술적으로 부하보다 탁월한 능력을 갖추어야 할 뿐만아니라 도덕적, 윤리적, 직업적으로 투철한 가치관을 소유하도록 강조하고 있다.[48]

---

47) 김남현 역, 『리더십』(서울 : 경문사, 2005), P.4.
48) FM 22-100 Army leadership, June 1999, p.7.

〈그림 3-10〉 미 육군의 리더십구조

The Leader
of Character and Competence Acts
VALUES ATTRIBUTES SKILLS ACTIONS
"Be" "Know" "Do"
To Achieve Excellence
Loyalty
Duty
Respect
Selfless Service
Honor
Integrity
Personal Courage
Mental
Physical
Emotional
Interpersonal
Conceptual
Technical
Tactical
Influencing
- Communication
- Decision Making
- Motivating
Operating
- Plan / Prep
- Executing
- Assessing
Improving
- Developing
- Building
- Learning

* 자료출처 FM 22-100 Army leadership, June 1999, p.7.

최근 전장에서 나타난 가공할 파괴력과 소부대 단위의 전투양상은 세계의 군사기획가들로 하여금 전투 준비에 있어서 심리적이고 인간적인 차원을 강조하고 관심을 갖게 하였다. 수직적, 수평적인 응집성과 장기적으로 독립적인 기능을 수행할 수 있는 소부대 전투 능력이 전투 효과의 결정적인 요소로 거론되고 있다. 심리학자들은 군대 조직에 있어 개인 및 집단효과의 발전을 제고할 수 있도록 도와주는 역할을 수행할 수 있을 것이다. 여기서는 응집적이고 효과적인 소부대 발전을 가져올 수 있는 사회 심리학적인 절차에 관해 제시하고자 한다. 이 연구는 이스라엘, 독일 그리고 미국의 군대 연구로부터 발췌한 것이다. 기본적인 핵심은 이들 절차에서 가장 효과적인 것으로 나타난 소부대 리더들의 행동에 관한 요소들에 있다.

미국의 독립전쟁과 양차 세계대전을 수행하면서 미군은 고강도 전쟁에서는 적을 능가할 수 있는 기술적 그리고 병참의 우월성에 주로 의존하는 전쟁을 하였다. 2차 대전을 수행하면서 이러한 우월성에 의한 전쟁은 무기와 장비의 기술적 정교성을 강조하는 쪽으로 양상이 바뀐다. 기타 여러 나라의 군사력도 비슷한 양상을 따르고 있다. 더욱 정교하고 파괴적인 무기는 전자전으로 통신의 기능을 감소시키고, 전산화된 감시체계는 연막과 안개 그리고 어둠이라는 장애를 극복하면서 광범위하게 활용되고 있다. 승리와 생존을 위해 군대는 소규모로 광범위하게 산개된 부대 단위로 작전을 수행하여야 하며 결과적으로 병사들이 기술적으로 더 유능하고, 스스로 사고할 수 있고, 소부대 지휘관이 장기간 상급부대의 지침 없이도 전쟁을 수행 할 수 있어야 할 것이다.(Jacobs, 1985; Marlowe, 1986c; 1989).

또 다른 경향은 비재래식 혹은 저강도 전투의 빈도가 증가하고 있다는 것이다(Sarkesian, 1986). 베트남전쟁에서 미군은 게릴라전에서 소부대 작전의 우월성에 대한 교훈을 배웠다. 그러한 전쟁 시나리오에서 효과적으로 작전을 수행하기 위해서 군은 소규모의 산개된 전투부대로서 효과적이고 자율적으로 기능를 발휘할 수 있는 지상 병력을 필요로 한다. 라틴 아메리카에서 최근의 몇몇 사태 진전들은 이 점을 다시 한번 강조해주고 있다.

이들 경향들과 미래의 방어 요구를 고려하여 미군은 소단위 부대의 효과성과 초급장교들 및 부사관(NCO)들의 리더십 행동을 강조하는 새로운 작전 행동원리를 발전시켰다. 이 원리는 미 육군의 Operation(FM100-5, 1986), Military leadership (FM22-100, 1983) 등에 잘 나타나 있다. 이들 문서들은 전쟁 준비와 수행에 있어 인간적인 차원의 중요성을 강조하고 있다. 이들 내용들은 소단위 부대의 리더십, 응집성 그리고 팀웍의 중요성을 두고 있다. 예를 들면 FM100-5는 다음과 같이 기술하고 있다.

> 전쟁은 기계가 아니라 인간에 의해서 치루처 지며 승리가 쟁취된다. 전쟁에 있어 인적 자원은 미래의 군사 행동과 전투에서 결정적인 요소가 될 것이다. ··· 전쟁의 유동성과 구획적인 성질은 건전한 리더십, 유능하고 용기 있는 병사들, 응집성이 있고 잘 훈련된 부대에 절대 유리하며··· 리더의 우수한 기술, 상상력과 융통성을 요구할 것이다(p5).
>
> ···훌륭한 리더십 밑에 잘 훈련되고 단결된 부대는 높은 효과성을 유지할 것이며 ···현대의 전투가 부대의 광범위한 산개를 요구하기 때문에 초급 지휘자들의 리더십과 실전성은 상대적으로 큰 영향을 갖고 있다(p26).

1991년 3월 1일 미국 대통령 George W. Bush는 걸프전 승리 이후 "오늘은 미국이 비로소 베트남 신드롬에서 완전히 벗어난 자랑스러운 날이다."[49]라고 했다. 미국이 수치스럽고 악몽의 기간으로 여겼던 베트남 전쟁시기로부터 벗어났다는

49) Harry G. Summer, *A Critical Analysis of the Gulf War*, New York : Dell, 1992, p.7.

상징적인 연설이면서 새로운 미국으로 탈바꿈했다는 자신감의 표현이기도 하다.

미국 군대에도 리더십의 위기가 있었다. 미군은 전략보다는 과학기술, 전술보다는 과학적 관리기법, 군사 전문 직업의식보다는 관료제, 기타 분석적 비교 계량화 방법에 대한 선호문화가 군대를 지배[50]했다. 이러한 사고방식은 장병들은 거대한 관료주의적 기계의 한 부속품에 지나지 않으며 기계가 전장에서 싸우고 사람은 부차적으로 중요하다는 리더십의 비인격성과 유물론적 가치체계를 형성하였으며, 효율성을 중시하는 경영 과학적 부대관리와 권위주의적 하향식 리더십 전통을 중시하게 하였다. 상급지휘관은 권한과 정보를 독점하고 부하들에게는 적자생존식 경쟁체제를 유도하여 맹목적이고 무조건적 복종을 강요했다. 이러한 풍토 속에서 부하들은 상급자를 불편하게 만드는 정직한 보고나 용기 있는 건의 대신 허위 보고를 해서라도 경쟁에서 살아남고자 하는 도덕적 해이 현상까지 보였다. 미군은 군대가 정치화, 관료화되고 도덕적 용기가 상실된 가운데 의무(Duty), 명예(Honor), 조국(Country)이라는 숭고한 가치보다 군 지휘관들의 출세를 위한 경력관리, 사적 이익추구를 위한 심각한 도덕적 타락의 위기가 초래되었다. 또 실전적이고 강한 훈련보다는 지휘, 물자관리, 사열을 중시하는 부대 운용 분위기가 베트남 전쟁에서 나타났으며, 이는 군의 효과적인 전투력 발휘와 임무완수에 부정적 영향을 미치고 전쟁 실패의 한 요인으로 분석[51]되었다.

베트남 전쟁에서의 실패 이후 미군은 모든 것을 처음부터 다시 시작한다[52]는 자세로 교육훈련과 리더십을 혁신하기 시작했다. 기존의 경영 과학문화 중시 패러다임에서 전투수행에 중점을 둔 패러다임으로 개혁했다. 특히, 리더십과 관련해서는 도덕적 용기와 진실과 공정성, 정직성과 성실성과 관련하여 "타락하지 않고 흠이 없는 완벽한 상태 추구"[53] 등 군이 지향하는 가치와 원칙에서 순일성(純一性)을 회복하기 위해 우선적으로 노력했다.

그리고 전쟁에서 인적차원의 중요성을 재인식하고 군대에서의 바람직한 인간관계와 도덕적 원칙 준수, 인간의 전인적 능력개발에 관심을 갖게 되었다. 이와 같은 역사적 교훈과 배경에서 리더와 리더십 개념을 계속 발전시켜 왔으며 그 결과

---

50) 로버트 엘 베이트맨 3세 편서, 윤주학 역(2000), 앞의 책, pp.308-309

51) Harry G. Summer(1992), op. cit., pp.54-144.

52) Ibid, p.55.

53) Edgar F. Puyear저, 권영근 역, 『공군 지휘관의 인격과 리더십』(대전 : 공군본부, 2006), p.15.

1990년대 걸프전쟁에서 효과성이 입증되었다. 이와 같은 역사적 배경과 맥락에서 미국 육군에서도 21세기 지식정보기반 사회의 변화된 환경을 고려하여 2006년 10월 리더십 교범을 재발간 하였고 리더와 리더십에 대하여 아래와 같이 정의하고 있다. 먼저 육군의 리더란 계급이나 직책에 관계없이 부여된 역할이나 책임에 따라 조직의 목표달성을 위해 조직 지휘계통 내부 및 외부의 사람들에게 동기를 부여하고 영향을 미치는 사람으로 규정[54]하였다. 이는 공식적으로 임명된 리더뿐만 아니라 군 구성원 모두 리더가 될 수 있다는 의미이며, 또 리더가 되어야 한다는 의미이기도 하다.

다음으로 리더십(Leadership)을 '리더가 조직의 목표를 달성하고 임무를 완수하고 조직을 향상시키기 위해 구성원들에게 동기부여, 목적 및 방향제시 등을 통해 영향력을 미치는 과정'[55]으로 정의하고 있다. 여기서 구성원들이란 지휘계통상 부하, 동료를 포함하여 지휘계통 외부의 기타 임무수행과 관련되는 인원을 포함하는 개념으로서 영향력 관계가 상관과 부하 사이에만 제한되지 않고 전 방향적 인간관계임을 의미[56]한다. 또한 리더란 항상 부하에 대해 이끄는 입장만이 아니라 팀의 일원이자 어떤 면에서는 리더의 리더라는 관점[57]을 취하고 있다. 부하의 역할 역시 리더의 비전을 이해하고 책임을 공유하며 임무와 관련하여 자부심과 적극성을 가질 것으로 중시하고 있다. 이는 리더십을 이끌고(Lead) 따르는(Follow) 면을 동시에 반증하고 있으며, 부하라는 용어의 의미도 단순히 리더의 명령에 복종하는 것에서 나아가 팀의 일원으로서 책임을 공유하고 적극적인 역할을 강조하는 팔로워십의 중요성도 언급하고 있는 것이다.

미군은 이와 같은 리더와 리더십 개념을 바탕으로 모든 군 구성원들이 인격을 갖춘 유능한 리더가 되도록 하기 위해 어떤 군 리더가 되어야 하는가, 어떤 역량을 구비해야 하는가, 어떻게 행동하고 실천해야 하는지와 관련하여 이른바 인격(Be), 지식(Know), 실천(Do) 리더십 모형을 정립하여 적용하고 있다. 리더로서 전인적

---

54) US Department of the Army(2006), op. cit., p.1.

55) Ibid., pp.1-2.(Leadership is the process of influencing people by providing purpose, direction, and motivation while operating to accomplish the mission and improving the organization.)

56) Ibid., pp.1-2.(Influencing is getting people, Soldiers, Army civilians and multinational partners to do what is necessary.)

57) Ibid., pp.1-3.(Every leader in the Army is a member of a team a subordinate, and at some point, a leader of leaders.)

역량을 구비하고 다른 사람을 이끄는 것이 중요하다는 개념과 베트남 전쟁 이후 기본으로 돌아가서 새롭게 시작하자는 리더십 개념은 동양 전통사상에 제시된 지(智), 인(仁), 용(勇) 사상과 수기치인(修己治人) 개념과 유사한 면이 있다. 동양 전통사상에서 제시된 지(智), 인(仁), 용(勇) 세 가지 요소는 인간이 자기완성과 사회적 인간관계에서 구현해야 하는 가장 중요한 덕목으로서 자신부터 이를 구비하고 사회적 인간관계에서 이를 실천해야 자기완성, 가정의 화목과 질서유지, 국가의 질서유지와 올바른 다스림, 나아가 온 세상의 조화와 평화가 실현될 수 있다는 사상이다.[58)]

미군의 새로운 리더십 개념은 베트남 전쟁 이후 계속 발전시켜온 개념으로 21세기 변화된 안보환경과 전쟁양상의 변화와 관련하여 이를 더욱 강조하고 확대시키고 있다. 미군은 21세기 변화된 환경에 따라 발생 가능한 모든 형태의 작전에 효과적으로 대응하기 위해서는 기존의 계급과 직책에만 의존하는 리더십 개념으로는 한계가 있다고 판단하고 계급과 직책 위주의 위계적 상하관계에서 진일보하여 보다 더 총체적이고 광범위하게 리더십을 인식[59)]하고 있다. 군 구성원 모두가 리더(Leader)이면서 팔로워(Follower)로서 전인적 역량을 구비하고 도덕적, 윤리적 올바름과 군사적 전문성을 겸비하고 상황에 따라 적극적으로 리더십을 발휘할 수 있어야 임무수행이 효과적으로 이루어질 수 있다는 것[60)]이 미군이 지향하는 새로운 리더십 개념이다.

나. 미 육군의 리더십 효과성 모델

미 육군에서 추구하는 효과적인 리더십은 육군 가치관과 전사정신으로 내면화된 다재다능한 리더를 육성하여 모든 형태의 전쟁양상에서 임무를 성공적으로 수행하도록 하는 것이다. 이와 관련해 미 육군은 21세기 변화된 전쟁양상과 군 임무수행 여건을 고려하여 어떠한 리더가 되어야 하는지, 무엇을 할 수 있어야 하는지, 어떻게 행동할 것인지로 구분하여 효과적인 리더가 되기 위한 요소를 아래 그림과 같이 세부적으로 제시[61)]하고 있다.

---

58) 수기치인(修己治人)으로 요약되는 동양의 리더십 사상은 격물, 치지, 성의, 정심, 수신, 제가, 치국, 평천하 등 8조목을 자기완성과 사회적 실현의 이상적 단계로 제시하고 있다.

59) Christopher R. Paparone, "Deconstruction Army Leadership", *US Military Review*, 2004, p.5.

60) US Department of the Army(2006), op. cit., pp.71-71

미 육군이 제시하는 모델은 리더의 속성과 리더십 핵심역량으로 구분하여 이끌기(Leads), 개발(Develops), 성취(Achieves)로 대별하여 12가지 요소로 제시하고 있다. 먼저, 이끌기에는 구성원 이끌기, 지휘계통 외의 관련 인원에 대한 영향력 확대, 솔선수범을 통한 이끌기, 의사소통을 제시하고 있다. 다음으로 리더계발과 관련하여 자기계발, 구성원 계발, 긍정적 계발환경 조성을 제시하고 이를 통해 성과를 달성할 것을 제시하고 있다.

〈표 3-11〉 미 육군 리더십 효과성 모델

	타인 이끌기	지휘계통을 넘어선 영향력 발휘	솔선수범	의사소통
이끌기	• 목적, 동기, 영감을 제공 • 표준절차 이행 • 임무와 병사의 • 복지간의 균형	• 권한 외부에서 신뢰를 구축 • 영향력의 범위, 수단 및 제한 사항을 이해 • 협상, 공감대형성, 갈등을 해결	• 인격을 표출 • 불리한 조건하에서도 자신감에 의거한 지휘 • 역량을 발휘	• 능동적으로 청취 • 행동을 위한 목표기술 • 공감대 형성 보증

	적극적인 환경조성	자기 자신을 준비	리더 계발
계발	• 적극적인 풍토를 위한 여건 조성 • 팀워크 및 응집력 • 진취성 고취 • 병사의 보호에 관심	• 예상/돌발 상황에 대한 준비 • 지식을 확장 • 자아인식을 유지	• 계발요구를 평가하고 업무내용을 개선 • 전문적이며 개인적인 발전을 지원 • 학습을 지원 • 상담, 코치 및 멘토 역할 • 팀 기술 및 절차를 구축

	목표 달성
성취	• 방향제시, 지침 및 우선순위 제공 • 계획 발전 및 실시 • 지속적으로 과업을 달성

출처 : US Department of the Army, Army Leadership, Washington D.C. " US Department of the Army HQs, 2006, p.2.

61) US Department of the Army(2006), op. cit., pp.2-4

이와 연계하여 21세기 군대 리더십 효과성과 관련하여 미 육군 규정에 다음과 같은 의무조항을 명시하고 있다.

첫째, 리더는 반드시, 애매하고, 역동적이며, 정치적으로 민감한 전장 환경에서도 독자적으로 작전을 할 수 있어야 한다. 둘째, 리더는 반드시, 야전에서 부여된 임무를 완수할 수 있는 전술적, 기술적 유능함을 구비해야 한다. 셋째, 리더는 반드시, 모든 형태의 군사임무를 수행할 수 있는 전문성과 유능함을 구비해야 하며, 각자의 행동이 군과 국가에 미치는 전략적 의미까지 헤아릴 수 있어야 한다. 이와 더불어 이와 같은 고도의 역량을 구비하는 것과 병행하여 높은 수준의 삶의 질도 보장되어야 한다는 것을 강조하고 있다. 미군이 추구하는 효과적인 리더십은 군 구성원으로서 전인적 역량을 구비하고 모든 형태의 전투임무를 효과적으로 수행하면서 아울러 삶의 질도 보장하는 것이라고 할 수 있다. 미 육군도 캐나다 군과 유사하게 리더십 효과성을 종전의 부분적, 단순한 관점에서 탈피하고 보다 통합적 관점에서 바라보려는 노력의 산물로 보인다.

이와 같이 군 리더십 효과성 패러다임이 유물론적 사고, 무기체계와 기계적 효율성 중시, 모든 희생을 감수하더라도 임무완수만 우선시하는 미시적 부분적 관점에서 전쟁에서의 인적차원의 중요성을 재조명하고, 군 본연의 임무완수를 중요시하되 임무완수와 관련되는 제 요소를 고려하고, 전체적 차원에서 제 상호연관 요소도 고려해야 진정한 효과성을 달성할 수 있다는 거시적 통합적 관점으로 변화하고 있다고 볼 수 있다.

또한 미 육군에서는 각급 제대 리더들이 부하의 인성을 개발할 책임이 있으며, 리더를 위한 인성개발 단계는 미 야교 22-100 군 리더십에 〈그림 3-11〉과 같이 3단계로 이루어지는 것으로 반영하였다.

〈그림 3-11〉 미 육군의 인성개발 3단계[62)]

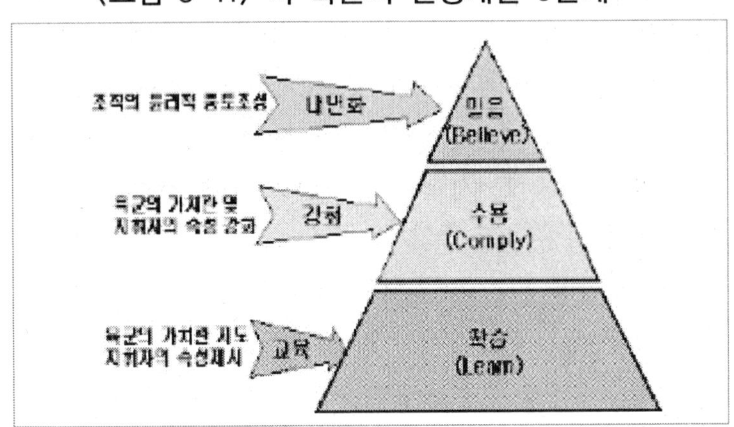

첫째는 군의 가치관과 모범적인 속성들을 교육시키는 것이다. 둘째는 교육한 가치관과 속성들에 맞도록 부하들로 하여금 따르게 하는 것이다. 셋째는 개인적으로 형성된 이러한 군의 가치관들을 조직풍토에 연결시켜 조직의 윤리적 풍토를 건전하게 조성하고 이를 내면화하는 것이다.

미군의 '인성계발 21' 계획의 추진은 다음과 같은 의의를 지니고 있다. 첫째는 군의 목표달성을 위한 근본적인 노력을 추구하고 있다. 부대의 목표를 보다 효과적으로 달성하기 위하여 예하부대 및 부하에게 목적 및 방향제시, 동기부여를 통하여 모든 노력을 부대목표에 집중시키는 활동 및 과정은 리더에게 지속적인 의사결정의 과정이라고 볼 수 있다. 의사결정은 결정자의 가치관에 결정적으로 영향을 받게 되므로 리더에게 올바른 가치관을 형성시킴으로써 조직의 목표달성을 보장할 수 있다.

둘째는 군의 문제 해결을 위한 노력을 조직적으로 실시한다는 것이다. 마약, 강간 등 윤리적 문제를 해결하기 위해 군의 목표달성을 위한 가치관을 결정하고, 그것을 교리에 반영하고 홍보활동을 병행하며, 행동화 과제를 실천함으로써 내면화하고 있다.

셋째는 가치관의 공유는 리더와 구성원을 결속시켜 주는 역할을 수행한다. 리더와 구성원이 동질의 가치관을 공유함으로써 상호 신뢰를 구축할 수 있으며, 이는 효율적인 리더십 발휘를 위한 토대를 제공한다.

---

62) 노병천, 『세계최강의 미 육군 어디로 가고 있나』, (미 야교 22-100), p.302.

이와 같은 인성계발의 결과는 평시 부대관리와 전시 전투력 운용시 각종 부정한 유혹과 전장의 불확실성・모호함・위험・육체적 고통 속에서 오로지 조직의 목표 달성을 위한 건전한 의사결정을 하도록 이끌 것이다.

2) 캐나다 군

가. 캐나다 군의 리더십 개념

캐나다 군에서도 미군이 베트남 전쟁 시기 실패한 경험과 유사한 사례가 있다. 캐나다 군에서는 1990년대 해외파병부대에서 군대의 윤리와 도덕성과 관련된 소위 소말리아 사건[63]이 발생하자 이를 위기로 인식하고 전화위복의 기회로 삼기 위해 군 리더십을 혁신하고 리더십 교리를 발전시켜왔다. 캐나다 군에서는 리더십을 아래와 같이 정의하고 있다. 캐나다 군에서는 리더십을 가치중립적 정의와 캐나다 군이 지향하는 효과적인 리더십으로 구분하여 정의하고 있다.

먼저 일반적, 가치중립적 리더십 정의로는 공식적 권위 또는 개인적 특성에 의거해 공유된 목표를 달성하기 위해 직·간접적으로 사람들에게 영향을 주는 것[64]으로 정의하고 있다. 이는 리더십을 목표달성을 위한 영향력 과정이라는 측면에서 앞에서 언급된 내용과 대동소이하다. 이를 기초로 하여 캐나다 군이 지향하는 효과적인 리더십에 대하여 아래와 같이 별도로 정의하고 있다. 먼저 효과적인 리더란 캐나다 군의 전사정신을 기반으로 하여 임무를 완수하고 구성원들을 돌보며 상위 조직과 팀의 입장에서 생각하고 행동하며 변화를 수용하는 사람[65]으로 정의하고 있다. 즉, 캐나다 군이 추구하는 가치에 기반을 두고 이를 모범적으로 실천하며 솔선수범, 임무완수, 구성원 복지, 조직 전체의 입장에서 사고하고 행동하고 이를 통해 변화에 대응하고 참여하는 사람을 캐나다 군이 필요로 하는 효과적인 리더의 모습으로 선정하고 있는 것이다. 이를 바탕으로 효과적인 리더십이란 리더가 구성원들이 전문적, 윤리적으로 임무를 완수하는 데 기여할 수 있도록 방향을 제시하거나 동기부여 하는 것[66]으로 정의하고 있다.

---

63) 1990년대 캐나다 군이 소말리아에 파병되어 군 작전수행과 관련된 윤리, 도덕적 문제와 리더십에 관한 부정적 사건을 말함.

64) Canadian National Defence, Leadership in the Canadian Forces, Ottawa : Canadian National Defence HQs, 2007, p.7.

65) Ibid., p.30.

캐나다 군의 리더십 정의는 가치중립적 정의와 가치지향적 정의로 구분하는 것이 특이하며, 캐나다 군에서 추구하는 효과적인 리더십이란 군대의 임무수행과 관련하여 전문성과 윤리성이 특별히 강조되고 있음을 알 수 있다. 캐나다 군도 이 같은 리더와 리더십 개념을 바탕으로 윤리성과 전문성이 기초가 된 임무완수, 구성원들을 중시하고 큰 조직의 일원으로서 사고하고 행동하고, 변화에 대한 적응과 미래지향적 역량계발 및 성장을 중시하는 군 리더십 모형을 정립하여 이를 구현해 나가고 있다.[67] 캐나다 군에서 소말리아 사건 이후 리더십을 혁신해서 정립한 개념이 도덕적 가치와 윤리의식 중시, 법적 정당성, 전인적 역량계발과 완전성을 제시하고 있는 점은 앞에서 언급한 미군의 예와 맥락을 같이한다.

지금까지 논의된 것을 요약하면 군대에서 사용되고 있는 리더십 관련 용어인 지휘와 리더십은 발휘 주체, 대상, 힘의 원천, 발휘 방향과 관련하여 차이가 있다. 지휘란 앞에서 언급한 바와 같이 고대로부터 현대에 이르기까지 군대 조직 특유의 조직운영 개념으로서 지휘관, 지휘권, 지휘라는 개념에서 논의 되었듯이 지휘관 또는 지휘권을 위임받은 자가 지휘 계선상 상명하복의 명령 체계에 있는 부하, 예하 부대를 대상으로 하향식으로 행사한다. 이에 반해 리더십은 리더가 임무수행과 관련된 모든 인원을 대상으로 공식적 권한뿐만 아니라 비공식적, 개인적 영향력을 전 방으로 발휘한다. 리더십이란 구성원 모두와의 인간관계에서 전 방향 영향력 관계를 설명하는 것으로 볼 수 있다.

나. 캐나다 군의 리더십 효과성 모델(Canadian Forces Model)

아래 모델은 캐나다 군에서 정립하여 적용하고 통합적 관점의 리더십 효과성 모델이다. 이는 리더의 자질과 역량, 리더십이 발휘되는 상황, 리더의 의도, 리더의 개인적 영향력과 직책에 의한 영향력이 상호연계 되어 직간접적으로 영향을 미쳐서 개인 및 집단의 행동과 능력향상에 영향을 주고 나아가 조직의 임무를 달성하고 구성원의 삶의 질 향상과 외부환경에도 효과적으로 적응해야 하는 과정을 종합적 모형으로 제시하고 있다.

---

66) Ibid., p.30.
67) Ibid., p.60.

〈그림 3-12〉 캐나다 군 리더십 효과성 모델

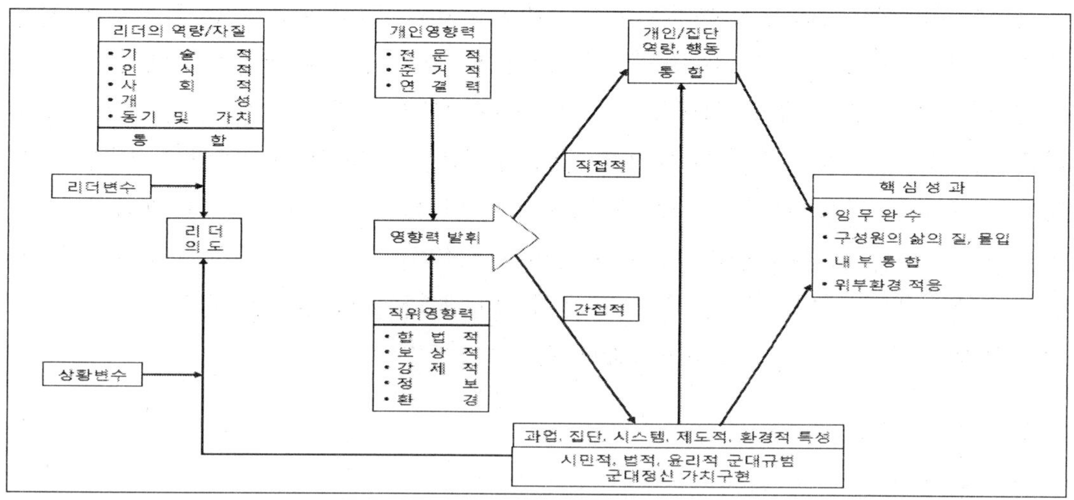

출처 : Canadian National Defence, Leadership in the Canadian Forces, Ottawa : Canadian National Defence HQs, 2007, p.62.

특히 리더의 인격과 역량과 관련하여 기술적, 사회적, 개인적, 전인적 역량의 통합과 완전무결을 강조하고 법적, 윤리적, 규범적 가치에 기준을 둔 리더십 발휘를 강조하고 있다. 상기 그림에서 강조하여 제시된 통합의 의미는 도덕적 원칙의 완벽함, 진실과 공정성, 정직성과 성실성과 관련하여 타락하지 않고 흠이 없는 완벽한 상태를 의미하며, 또한 법적, 도덕적으로 올바름을 뜻하는 것으로서 군이 지향하는 가치와 원칙과 관련하여 완벽함을 의미한다.

캐나다 군의 리더십 효과성 모델은 상기 언급된 통합적 관점에서, 리더십의 발휘결과가 임무완수(Mission Success), 내부적 통합(Internal Integration), 구성원의 삶의 질과 몰입(Member Well Being & Commitment), 외부환경의 적응성(External Adaptability)을 동시에 달성해야 한다는 것을 핵심성과 요소로 제시하고 있다. 이 모델의 특이한 관점은 바로 군 구성원들의 복지와 심리적 몰입을 군이 추구해야 하는 다섯 가지 핵심가치 중 하나로 지목하고 있는 데 있다.

즉, 군의 효과성이란 군이 전투임무라는 위험하고 극한상황 속의 제반 어려움을 극복하면서 때로는 인적, 물적 희생도 감수해야 하는 군 임무의 특수성을 우선시하지만, 내적 통합, 외부환경 변화에 대한 유연한 적응, 그리고 구성원 각 개인의 삶의 질과 성장 등 임무수행과 연관된 기타 요소를 경시해서는 진정한 효과성이 달성되지 않는다는 의미로 볼 수 있다. 이것은 군의 임무완수가 모든 수단과 방법을 가리지 않고 오직 전투에서 승리하고 전쟁에서 이기는 것만이 아님을 나타내는 것으로서 매우 중요한 의미를 시사한다. 군에 부여된 임무를 성공적으로 완수하되 상기요소를 동시에 추구하면서 임무와 성과를 달성해야 군대가 사회로부터 명성과 신뢰를 얻을 수 있고 지지도 얻을 수 있다는 거시적 통합적 관점이다. 캐나다 군 효과성 모델은 군의 사명이 전투력 극대화, 전투에서의 승리라는 지고한 임무 외에 다른 사명들도 동시에 충족시켜야 한다는 것을 암시하는 것[68]이어서 주목할 만하다.

3) 독일군

가. 독일군의 리더십 개념

독일군에 있어서 임무형 지휘(F hren mit Auftrag)의 역사는 1807년으로 거슬러 올라간다. 이 해는 독일의 전신인 프러시아가 나폴레옹이 이끄는 프랑스 혁명군과의 전쟁에서 대패하고 굴욕적인 '틸지트 강화조약(Treaties of Tilsit)'을 체결하여 당시 20만 이었던 병력을 42,000명으로 감축하고 프랑스에 1억 프랑의 전쟁 배상금을 물 수 밖에 없었다. 또한 영토의 절반을 프랑스와 동맹국들에게 할양할 수 밖에 없는, 국가적인 난국에 처하게 된 프러시아 국왕 프리드리히 3세는 샤른호르스트(GEhard von Scharnhorst) 장군에게 프러시아 육군의 재건을 명하게 된다. 그리하여 '군 재조직위원회'가 결성이 되었고 여기서는 국왕의 적극적인 후원 하에 패전의 멍에를 벗고 프러시아 군이 환골탈태할 수 있는 방안이 모색되었다.

첫째, 단기 간부 양성시스템입니다. 승전국 프랑스의 요구로 42,000명으로 제한된 병력규모 하에서도 전투력을 증진시키기 위한 대응조치로 2개월 단기 군 간부과정을 신설하여 집중적인 군사훈련을 실시하고 수료와 동시에 예편조치하고 다음 기수들이 계속해서 훈련을 받을 수 있도록 하는 단기간부 양성과정을 도입하여 단시일 내에 정예 간부를 양성하는 한편, 예편된 간부들은 예비군으로 보유함으로써 전쟁에 투입될 수 있는 군의 간부들을 양성하는데 힘썼다. 통계에 의하

68) 백기복(2007), 리더십의 이해, 창민사, p.21.

면 이 제도가 시행되고 난 후 1813년 까지 6년동안 단기 간부 양성과정을 통해 양성된 군 간부급 병력만 65,000명에 달했다고 한다. 이들 초급지휘관들의 역량 발휘로 프러시아는 프랑스군에 대승을 거둘 수 있었다.

둘째, 장교집단의 평가와 개혁입니다. 당시 특권으로 인정되던 귀족신분의 장교 임용을 더 이상 인정하지 않았으며 평민이라 할지라도 능력을 갖춘 자는 장교로 임관될 수 있는 길을 열었다. 또한 연공서열에 따른 자동 승진제도를 폐지하고 철저하게 능력에 따른 진급을 실시함으로써 프러시아는 귀족과 용병의 군대가 아닌, 국민의 군대로 거듭 태어나게 되었다. 그리고 사관후보생을 선발할 때 역사상 처음으로 전공시험과 적성고사를 도입하였으며 참모장교가 되기 위해서 전문성과 능력을 갖추도록 하였다.

셋째, 전쟁성(Kriegsministerium)의 신설입니다. 각 부처에 분산되어 있던 국방관련 행정기능을 1808년 신설된 정쟁성에 통합하고, 전쟁성이 유사시에 합동참모본부와 긴밀한 협력을 통해 신속하게 전쟁을 수행할 수 있도록 시스템을 확립하였다.

넷째, 군법회의의 개혁입니다. 사병에 대한 체벌을 금지시키고 체벌대신 구금으로 대체하였으며, 군인으로서의 명예를 존중하는 풍토를 확립하였다.

다섯째, 군사 신기술의 개발입니다. 산개부대와 저격부대, 여단의 편성을 통해 군의 기동성을 증대시키고 전투력을 향상시켰다.

여섯째, 국민개병제의 시행입니다. 용병제와 모병제를 폐지하고 1813년에 처음으로 '국민개병제'를 시행함으로써 프러시아군을 국민의 군대로 태어날 수 있도록 하였고 전쟁도 왕과 귀족들의 전쟁이 아닌, '국민의 전쟁'으로 개념을 바꾸었다. 1807년에 시작하여 1814년에 종료된 프러시아 군 개혁에서 가장 혁신적인 내용은 무엇보다 장교집단에 대한 대대적인 개혁이었다. 프러시아는 군 전투력을 결정하는 것은 우수한 장교들의 전문성발휘에 있다는 것을 패전을 통해 뼈저리게 느끼고 장교들의 자질향상과 우수한 지휘관과 참모장교 양성에 역점을 두고 군을 개혁하였다. 군 개혁조치 이후 무능한 장교들은 군문에서 퇴출되었고 우수한 자질을 갖춘 장교들이 널리 등용되었고 새로운 군사기술을 습득하는 한편, 신무기로 무장되기 시작하였다. 프러시아는 과거와는 달리 '국민개병제'에 의해 국민의 군대가 전국에서 징집되었고 단기 간부양성시스템에 의해 잘 훈련된 예비군과 리더십 교육을 받은 장교들은 병사들을 잘 지휘하여 이들을 단기간에 강군으로 만들었다. 전쟁의 결과는 프러시아의 대승으로 끝났고, 6년전에 빼앗겼던 국토의 대부분을 되찾을 수 있었다. 라이프치히 대회전에서 패배한 나폴레옹은 엘바 섬에 유배되었다.

이상의 독일군의 임무형 지휘는 프러시아 군 개혁으로 군의 핵심으로 등장한 엘리트 장교집단에 위임된 독특한 지휘방식에 그 뿌리를 둔다. 프러시아 군 지휘관은 임무형 지휘에 따라 명령과 목표를 수행하는 데 있어서 언제, 어디서, 어떻게 할지에 대해 근본적으로 자율권을 지니고 있었다. 각급 지휘관에게는 달성해야 할 기본적인 사명이 주어진다. 그러나 그 미션을 달성하는 방법과 수단의 선택은 각 지휘관에게 위임되어 있다는 것이 독일군 임무형 지휘의 골자이다. 지금까지 독일군의 임무형 지휘의 전제조건과 기본정신 등을 통하여 임무형 지휘의 본질적 의미를 폭넓게 이해할 수 있었다면, 이제부터는 임무형 지휘의 개념에 기초하여 네 가지의 교훈을 도출해 보고자 한다.

첫째, 독일군은 지휘책임의 한계를 명확하게 설정하고 있다. 지휘관에게 무한책임이 부가되면, 지휘관은 무한책임을 면하기 위하여 불합리한 통제를 구사하게 된다. 무한책임의 부가는 참모들의 책임분야와 예하 지휘관들의 책임분야를 간섭하고 침해하게 만든다. 지휘관이 부하의 개인적인 과오까지 책임져야 하는 여건속에서는 합리적인 지휘권 행사를 기대하기 어렵다. 지휘관은 무한책임으로부터 자신을 보호하기 위하여 단 한치의 실수도 허용하지 않을 완벽한 통제조치를 선택하게 되며, 이러한 선택의 결과는 곧 부하들의 희생으로 이어지게 된다.

둘째, 모든 지휘관은 자신이 책임지고 있는 부하들의 리더십을 개발시켜야 한다. 지휘관에게는 스스로 합리적인 리더십을 발휘하는 것과 더불어 부하들을 리더로 성장시키는 역할이 부가된다. 임무형 지휘에서는 예하 부대 지휘관들이 전시에 주도적이며 창의적으로 전술활동을 구사할 수 있도록 평상시 전술훈련 및 교육 그리고 부대관리에서 재량권을 행사하도록 유도한다. 상급부대에서는 하급제대 지휘관들에게 일정한 범위내에서 재량권을 행사할 수 있도록 여건을 제공하되, 재량권의 범위는 부여되는 임무의 특성에 따라 그 정도가 조절되어야 한다. 이러한 맥락에서 임무형지휘는 임파워먼트 리더십의 활성화를 요구한다. 임파워먼트 리더십은 상급자와 하급자가 비전과 정보를 공유하고 하급자에게 권한을 이양하여 의욕을 고취시키는 한편 하급자의 자주성을 중시하고 창의력을 발휘할 수 있는 여건을 보장함으로써 임무수행의 성과를 극대화한다. 즉 임파워먼트 리더십은 자신을 성과지향적인 사람으로 키우는 자기리더십과 부하를 자기 리더로 키우는 수퍼리더십을 합친 것이다.

셋째, 독일군의 임무형 지휘는 소통의 문화정착을 중요시하고 있다. 임무형 지휘에서 강조되는 상하급 지휘관 간의 자유로운 의사소통은 신뢰형성을 위해 절대적으로 요구되는 필수조건이며, 신뢰는 리더십에서 빼놓을 수 없는 중요한 요인이다. 소통의 중요성을 인식하고 있으면서도 실제 현장에서는 소통이 잘 이루어지지 않는 원인은 대부분 지휘관 혹은 상급자들의 소통에 대한 소극적인 태도에 기인하는 경우가 많으며, 소통을 위한 시스템이 구축되지 않은 데에 있다. 단순한 정보수집 차원에서 하급자의 의견개진 이후 문책성 질책이 뒤따르는 경우, 혹은 토의를 한다고 표현되었으나 형식적인 제스처로 인식된 경우 진정한 의사소통이 이루어지기 어렵다. 따라서 지휘관들은 주기적인 상향식 의견 개진을 제도화하여 1, 2차 하급자들이 자신들의 의사를 자유롭게 개진할 수 있도록 보장해 주어야 하며, 토의과정에서 건의된 사항들에 대해 성의껏 조치해 주는 모습을 보여주어야 한다.

넷째, 독일군 임무형 지휘에서 공통의 전술관과 군사지식 공유가 전제되어야 하듯이 군 구성원 전체가 공통된 리더십 철학 내지는 가치를 공유하고 내면화해야 한다. 이를 위해 군대는 가능한 사회와 연결되어야 하며, 불가피한 경우가 아니라면 민주시민으로서 헌법에 보장된 기본권들이 가급적 침해되지 않고 보장되어야 한다는 의식이 말단 병사로부터 최상위 지휘관에 이르기까지 동일하게 인식될 정도로 교육되어야 한다. 또한 상급부대의 부가적인 명령이나 지시가 없더라도 모든 부대활동이 일정한 범위내에서 원활하게 이루어질 수 있을 때에 예하부대의 창의적인 임무수행이 가능하다. 즉. 지휘관의 독단에 의하여 즉흥적으로 계획이 수정되거나 변경되는 지휘풍토에서는 예하부대의 주도적인 임무수행을 기대할 수 없다. 이러한 경우 예하 부대 지휘관들은 상급부대 지휘관의 지시에 의해서만 움직이는 피동적인 행태를 보이게 될 것이므로 법과 규정에 의해 부대가 지휘되어야 할 것이다. 그러므로 상급지휘관의 의도범위 내에서 자발적이며 창의적으로 그리고 주도적으로 대응하기 위해서는 임무형 지휘는 불가피하다고 본다. 특히. 우리나라와 같이 고도의 경제성장과 사회의 민주화 분위기 속에서 성장한 신세대들의 자유분방한 사고와 행동. 빠른 두뇌와 창의력 그리고 미래지향적 사고를 최대한으로 활용하여 주어진 임무를 효과적으로 달성하기 위해서는 과거의 무조건적인 충성과 강요에 의한 복종 그리고 권위주의적인 지휘문화에서 탈피하여야 하는데, 여기에 임무형 지휘가 요구된다. 임무형 지휘는 역사와 전통이 다른 독일에서 태동된 개념으로 한국적 상황에서는 효과가 없다는 일부 의견도 있을 수 있으나 한반도의 전장환경, 북한군의 전략전술, 평시 임무수행 실태 등을 고려해 볼 때 오히려 한국적 상황에 임무형 지휘가 더 요구된다고 볼 수 있다.

4) 일본군

가. 戰史를 통해서 본 인적구조적 측면의 리더십

일본군은 제2차 세계대전 이전까지 외형적으로는 고도의 관료제를 채택한 합리적인 모습을 갖추고 있었으나, 그 실체는 관료제 안에 지극히 정서적인 면이 혼재하여 합리성이 결여된 인적 네트워크가 강력하게 작용하였던 특이한 조직이었다는 것을 알 수 있다. 그 실체는 일본의 일반참모장교를 양성한 육군대학교 제도를 통해 더 자세히 알 수 있다.

1883년 일반 참모장교를 양성하기 위하여 프러시아의 모델을 도입하여 신설된 육군대학교는 1885년 제 1기를 배출한 이래 1945년 일본육군이 패망할 때까지 3천 7백여 명의 졸업생을 배출하였다. 청년장교들 중에서 가장 우수하고 장래성이 있는 장교들이 입학하는 육대는 일단 졸업만 하면 중앙 부서와 부대의 참모 및 지휘관으로서 근무하였다. 시간이 흐를수록 육대출신이 요직을 맡게 되고 집단의 폐쇄성이 증가하였다. 육군대학은 장교에게 고등의 용병을 교육하고, 군사연구에 필요한 학식을 배양하며, 고등용병에 대한 연구활동을 하는 기관으로서 고급 막료를 양상하는 기관으로서 존재하였다. 육군대학은 참모총장이 통괄하고, 육군대학 졸업자의 인사는 육군대신이 담당하지 않고 참모총장이 장악하고 있었다. 졸업자는 육군의 최고 엘리트로 대부분이 참모로 임명되어, 이후 장군으로 승진하게 되었다. 명치시대 육군대학 16기의 경우를 보면 육군대학을 졸업하고 장군이 되지못했던 인원이 약 7% 정도였다. 육군대학 출신자를 중심으로 한 최고 엘리트 집단은 참모라는 직무를 통하여 지휘권에 강력하게 개입하여 매우 강력하고 밀접한 인적 네트워크를 형성하였다. 때문에 조직 내부에서의 리더십은 종종 지휘계통이나 지휘관으로부터 발휘되지 않고, 참모로부터 발휘되는 경우가 많았다. 육군대학에서는 자신의 주장을 굽히지 않고 끝까지 자신의 의사를 관철하는 기질을 매우 장려하여, 육군대학 출신의 참모는 관동군 '쯔지' 참모와 같이 지휘관을 보좌하기보다는 오히려 지휘관을 리드하거나, 때로는 제일선 지휘관을 지휘하는 행동도 적지 않았다.

군사조직으로서 매우 명확한 관료제적 조직계층이 존재하면서, 강력한 정서적 결합과 개인의 하극상의 돌출행동을 허용하는 시스템이 공존하였다는 점이 과거 일본군 조직상에서의 특이성이라고 할 수 있다. 본래 관료제는 수직적 계층분화를 통한 공식권한을 행사하는 것이 특징이다. 그러나 과거 일본군은 관료제의 기능이 작용해야 하는 순간까지도 조직의 위계질서에 의한 의사결정 시스템은 전혀 가동되지 못하였다는 점을 알 수 있다. 이러한 현상은 과거 한국군의 모습에서도 쉽게 찾아볼 수 있었다. 이는 과거 일본 식민지 지배하 일본 행정부서의 하급 관료 경험자들과 일본군 육군대학교 졸업자들이 한국군 초기 창설인원에 일부분 포함되었던 것에 기인한다고 볼 수 있다.

이상에서 보듯이 일본군의 조직구조상의 특성은 집단주의라고도 할 수 있다. 집단주의라고 하는 것은 개인의 존재를 인정하지 않고 집단에 봉사와 몰입을 최고의 가치기준으로 한다는 의미가 아니다. 개인인가 조직인가를 선택하는 문제가 아니고, 조직의 공생을 위하여 인간과 인간의 관계, 그 자체가 가장 중요한 가치로 인정된다고 하는 '일본적 집단주의'에 입각하고 있다고 생각할 수 있다. 여기에서 중시되는 것은 조직목표와 목표달성 수단의 합리성, 체계성 등의 선택보다는 조직 간의 인간관계에 대한 배려이다. 노먼한 사건에서 중앙의 통수부와 관동군 수뇌부와의 관계, 과달카날에서 철수결정이 늦어지게 된 육군과 해군과의 관계, 임팔에서 方面軍 사령관과 15軍 사령관과의 관계 등에서 보듯이 인간관계를 중심으로 해서 조직의 의사결정이 이루어지는 과정을 보여주고 있다. 이러한 일본군의 집단주의적 원리는 2차 세계대전에서 작전 진행과 종결의 의사결정을 결정적으로 지연시켜 돌이킬 수 없는 패전으로 이어졌던 것이다.

나. 戰史를 통해서 본 조직구조적 측면의 리더십

군대의 전력은 무엇인가? 라고 하는 기본 인식에서도 미군은 종합전력이라고 하는 시각을 중시하였다. 니미츠 제독은 “해군력은 모든 무기, 모든 기술의 종합이다. 전함, 항공기, 상륙부대를 막론하고 항구, 철도, 농가의 가축등도 해군에 포함된다” 라고 술회하였다.

이에 비하여 일본군에는 육·해·공의 삼위일체 작전에 대해서는 육·해·공의 공동연구 비슷한 것도 전혀 없었다. 본래 명치시대의 제국 국방방침 이래 40년 가까이 육군은 소련을, 해군은 미국을 가상적국으로 보고, 이에 대비하여 전력, 전술을 준비하여 왔다. 따라서 가장 기본적인 부분에서 이미 통합작전에는 장애요소가 있었던 것이다. 평시는 군령(통수) 기관이 육군은 참모본부에, 해군은 군령부에 각각 독립하여 설치되어 있었지만, 전시 또는 사변의 경우에는 전쟁지도 기관으로서 大本營이 설치되었다. 이때에는 육해군 각각의 통수기관도 大本營 육군부, 大本營 해군부로서 각각 구분되어 운영되었다. 大本營은 본래 전쟁지도 기관으로서 육해군을 통합시키는 책임이 있었다.

육·해군의 통합작전을 실현한다고 하는 大本營의 목적이 충분히 달성되지 못하였던 것은 조직구조상의 문제가 커다란 이유로 거론될 수 있다. 대본영에 있어서는 육·해군부는 각각 독자기구와 참모조직을 갖고 있고, 상호 완전히 독립하여, 병존하고 있었다. 대본영에는 양군의 통합작전을 도모하도록 명시되어 있지만, 현실적으로는 많은 마찰과 대립이 발생하였다. 양군의 협의가 이루어지지 않는 경우 이를 통제할 수 있는 것은 천황뿐이었다. 그러나 천황은 각각의 문제에 대해서, 스스로 나서서 지휘, 조정을 행사하는 경우는 없었다. 때문에 실제로는 육·해군 통합작전과 작전상의 상호협력은 매우 곤란하였다.

일본군의 통합작전은 결국 일정한 조직구조나 시스템에 의해 달성되기 보다는 개인에 의해 실현되는 경우가 많았다. 일본군은 작전목적이 애매하고 인적 네트워크 형성과 이를 기반으로 하는 집단주의적 조직특성으로 조직에 의한 통합보다는 개인에 의해서 통합될 수 밖에 없는 경우가 발생하게 되었다. 이처럼 개인에 의한 통합은 일면으로는 융통성을 허용하지만, 다른 면으로는 원리원칙에 의한 조직운영을 조장하여 계획적이고 체계적인 통합을 불가능하게 하는 결과에 빠지기 쉽다. 또한 이러한 구조는 현장에서 미세한 조정이나 협조를 가능하게 하는 한편, 조직을 통하지 않고 개인적인 협조와 조정을 허락하는 결과를 초래하는 경우가 많아져서 작전의 통일성, 일관성을 잃어버리는 일이 많았던 사례를 많이 볼 수 있었다.

최근 우리 軍이 국방개혁을 추진함에 있어 각 軍간 이견을 보이고 심지어 공청회에 일부 예비역 장성들이 집단 불참하는 등의 모습은 과거 일본군이 통합작전에 실패한 사례를 답습하는 모습이 아닌가하는 생각을 할 수 있다.

다. 리더십 학습 역사

과거 일본군은 실패를 분석하여 교훈을 도출하는 리더십이나 시스템이 결여되어 있었다고 할 수 있다. 일본군에는 육군 장교를 양성하는 육군사관학교, 해군사관을 양성하는 해군 병학교가 있었다. 사관학교를 졸업한 자 중에서 특히 우수한 자를 선발하여 고도의 전략과 전술을 교육하는 기관으로서 육군대학교, 해군대학교가 설치되었다. 일본군의 고급지휘관 및 참모의 대부분은 이 2가지 교육기관을 졸업한 자들이다. 그런 의미에서 이 2가지 교육기관에서 실시되었던 교육시스템과 교육내용은 일본군 조직학습의 방향과 방법에 결정적으로 영향을 미쳤다고 할 수 있다.[69)]

본래 일본군이라는 조직이 갖고 있었던 체질 자체가 사관학교나 병학교 및 兩대학교의 성격을 결정했다고도 할 수 있는 것으로, 일방적으로 교육기관이 스스로 일본군의 학습 시스템을 결정하였다고는 볼 수 없는 것이다. 즉, 일본군의 체질과 학교기관의 특성이 상호 원인작용을 하여 교육기관의 개혁이나 변화를 어렵게 하였다는 것이 문제였다. 교육 그 자체를 중시하였다는 점에서는 일본군은 외국군과 비교해서 결코 劣等하지는 않았다, 일본이 명치시대 이래 급속히 공업화에 성공한 것은 교육제도의 확충과도 연관이 있는 것과 마찬가지로 일본군도 군사력을 단기간에 확충하여 서구 열강과 어깨를 나란히 하는 지위를 점하게 된 것도 병, 부사관, 장교 등의 교육훈련 확충과 연관이 큰 것이었다. 이 점에서는 사관학교, 육군대학교 등의 전문군인 양성기관의 역할이 컸다고 할 수 있다.

그러나 그렇다고 해도 이러한 교육기관이 갖는 문제점이 적지 않게 일본군의 조직학습에 영향을 미친 것도 사실이다. 청과 러시아 전쟁 등 대국과의 전쟁에서 승리를 거둔 일본군은 실로 많은 것을 배웠다. 그러나 시간이 경과되면서 일본군의 각급 교육기관은 주어진 목표를 효과적으로 수행할 수 있는 방법을 기존의 수단에서만 찾으려고 하였다. 과제나 문제는 항상 교관이 부여하고 목적이나 목표 자

69) 하정열, '일본의 전통과 군사사상(일본 자위대의 뿌리)', p.234.

체를 창조하거나, 변혁하는 리더십은 거의 요구되지 않았다.

거의 모든 경우에 문제가 된 것은 방법, 수단이었다. 때로는 목적, 목표뿐만 아니라 수단이나 방법 그 자체도 교관이나, 교범이 지시하는 대로 기계적으로 암기하여 이를 충실히 재현하는 것이 가장 우수하게 평가되고 장려되었다. 즉 '모범해답'이 준비되어 그 원안에 근접하는 것이 평가 기준이 되었다. 병사훈련에서도 '발을 군화에 맞춘다'는 식의 교육방법이 채용되었으며, 사관 교육에서도 이러한 방법이 점차로 채용되었다.

그러나 해군에서는 성전시 되었던 해군요무령에서 제시되었던 내용이 실전에서 발생한 적은 단 한 번도 없었다고 분석되었다고 한다. 해군 용어에 '前動續行'이라는 말이 있는데, 이는 작전수행에서 종래와 같이 행동한다라고 하는 전투의 개념이지만, 그야말로 일본군 전체가 상황이 변화하였음에도 불구하고 '前動續行'은 반복되었다.

학습이론의 시점에서 보면 일본군의 조직학습은 목표를 부여 또는 획일화하여 최적의 해답을 골라낸다고 하는 학습과정이었다. 본래 학습이라는 것은 어느 한 단계에 머무르는 것이 아니다. 필요에 따라서 목표와 문제의 기본구조 그 자체를 재진단하여 변화를 주는 과정이 필요하다. 조직이 장기적으로 환경에 적응해 가기 위해서는 자기 행동을 변화하는 현실에 끊임없이 비추어 보고 학습하는 주체로서 자기자체를 탈바꿈해 가는 자기 혁신적, 자기 초월적 행동을 포함하는 리더십 학습이 불가결한 것이다.

일본군 중에서 과거 해군은 육군에 비해 공정한 인사평가 제도를 가지고 있었다. 자기 신고제도와 트리플 체크라고 하는 평가제도 즉 직속상관, 주변 상급자, 해군성의 인사국의 삼자에 의한 고과제도 등은 지금도 사용하는 시스템이다. 그러나 작전이나 통수에 대해서는 책임소재가 분명하지 않았다. 미드웨이 패전에 대해서도 기동부의 지휘관이었던 나구모 사령관과 참모들에 대한 책임은 불문에 붙여졌고, 오히려 만회의 기회를 주기 위하여 차기작전의 책임자로 임명되기까지 하였다. 해군에는 장교의 서열에 의해 진급이 이루어지는 순서가 정해져 있었는데, 여기에도 성적 만능주의 경향이 강하였다. 실제로 해군 병학교의 성적우수자가 해군대학에 입교하고, 그 중에서 성적 우수자가 장군으로 승진하는 경우가 압도적으로 많았다.

한편, 육군 장교에는 참모라고 하는 엘리트 그룹과 그 외 그룹이라는 두 가지로 크게 나누어지고, 상관의 지시를 경시하는 형태와 목소리가 큰 사람이 우수하게 평가되는 결함이 있었다. 특히 업적평가가 애매하였기 때문에 합리주의에 입각한 신상필벌을 관철하기는 매우 곤란하였다. 결과적으로 평가에서도 일종의 정서주의가 깊이 반영되어 신상필벌에서 償에 급급하고 必罰은 태만하였다.

우리군의 모습을 거울에 비추어보면 이러한 과거 일본군의 결함의 모습이 보이지는 않는지 반성해 볼 필요가 있다.

라. 정책적 시사점

일본군은 패전 후 자위대라는 이름으로 부활하였다. 자위대는 일본이 패전 후 한국전쟁과 미국의 극동아시아 정책의 변화 등의 우여곡절을 겪으면서 탄생한 조직이다. 미군의 손에 의해 자위대는 탄생하지만 구 일본군의 장교들은 나름대로 일본군의 정신과 전통을 계승하여 자위대로 거듭나기 위해 몸부림치게 된다. 이러한 과정에서 마찰과 진통을 겪으면서 천황의 군대에서 자위대로 탄생하게 된다.

현재의 자위대는 지금까지 분석한 과거 일본군을 모태로 하여 탄생한 군사조직이다. 그러나 현재의 자위대는 과거 일본군이 수행한 전쟁의 패인을 면밀히 분석, 반성하여 새로운 모습으로 탄생하였을 것이다. 특히, 조직내에서 개인의 능력중심에서 조직의 통합과 단결을 도모하는 데 있어 리더십의 중요성을 패인분석을 통해 알고 있는 일본으로서는 새로운 모습의 간부 육성에 만전을 기하고 있다.

일본은 타국에 위협을 주게 되는 군사대국이 되지 않겠다고 '방위백서'를 통해 대내외에 누누히 밝혀왔으나[70] 그들은 기회가 있을 때마다 군사력을 증강하고 '군사대국화'의 길을 위하여 방위정책의 변화를 계속 모색해 온 것이 사실이다. 이는 걸프전을 계기로 전쟁지역에 자위대를 파견할 수 있는 유엔평화유지활동법안(1992년)과 북한의 핵 및 미사일 문제로 인하여 일본 주변지역의 비상사태에 대처할 수 있는 '주변사태법(1999년), 그리고 9.11테러사건과 아프가니스탄 전쟁 발발 이후 테러지원특별법(2001년) 등의 제정으로 알 수 있다. 특히, 유사법제 관련 3개 법안의 통과는 전수방위 원칙 및 집단적 자위권 금지 등 헌법상 제약을 탈피하여 자위대 역할을 확대함으로써, 국력에 상응하는 군사대국화의 길로 나아가고

70) 국방정보본부, '2010년 일본 방위백서'(서울:국방정보본부, 2010), pp.116~117.

자 하는 일본의 강한 의지를 반영한 조치라고 할 수 있다.

이러한 군사대국화에 대한 일본의 의지는 그들의 '新방위계획대강'은 전수방위 전략 개념을 탈피하여 '全전방위전략' 개념을 지향하고 있는 것이다. 이는 과거의 소극적인 방위비 분담 차원에서 탈피하여 적극적인 역할분담을 통한 국제사회로의 역할 확대 등 시대적 요구에 발 맞추기 위해 중·장기적으로 방위력을 증강하고, 질적인 향상을 도모함으로써 자연스럽게 군사대국화를 달성하고자 하는 의지가 담겨져 있다고 볼 수 있다.

현재 자위대는 총 병력 약 25만여명으로 외형적 규모는 작지만 질적으로 이지스함, E767 공중조기경보기, F-15 전투기, F-35 전투기 도입 등 최첨단 무기를 보유하고 있는 세계 최고의 첨단 군사력이다. 특히 아시아에 있어서는 중국과 함께 가장 강력한 해·공군력을 보유하고 있으며 정보능력도 가장 뛰어나다고 할 수 있다. 자위대의 군사력은 이미 세계수준이며, 자위대 장교, 부사관들의 전술적 식견과 직업의식은 과거의 집단주의적 사고형태를 완전히 탈피하여 세계 최강의 군사력을 이끌만한 리더십을 배양하고 있다. 이러한 자위대의 군사력과 자위대 간부들의 직업관은 아시아는 물론 한반도 안보에도 무시할 수 없는 군사적인 강대국이 되었다. 이러한 변화해 가는 일본의 군사력 증강에 대비하는 우리의 대일 국방정책을 수립하기 위해서는 무엇보다도 일본 자위대의 실체를 이해하고 그들을 분석할 수 있어야 한다.

이러한 측면에서 우리는 일본과 군사적 측면에서의 신뢰조성을 위한 제반조치, 즉 국방장관 등 고위급 인사의 정책교류와 초급간부와 사관생도들의 리더십 교육교류 등 상호 교류 확대를 통한 신뢰 구축과 안보협력을 강화해 나아가야 할 것이다.

5) 중국군

가. 중국군 리더십 배양 실태

중국은 군사학교 학생들의 리더십의 잠재력 및 소질 배양을 가장 중요하게 생각하고 있다. 특히, 학생들의 리더십 배양을 위해 다음의 몇 가지의 원칙을 준수하고 있다.[71)]

(1) 사상 도덕 교육강화

첫째, 중국군 수뇌부는 반드시 새로운 이념을 세워야 한다는 기치아래 사상 도덕 교육을 강화하고 있다.

둘째, 전쟁에 나아가면 기필코 '이긴다'는 근본적 지도 방침을 준수해야한다. 전쟁을 이기는 것은 군인의 주요 임무이고 군사 리더자들의 생존 및 발전의 근본목적이다. 그러므로 전쟁 형태의 변화 및 군사 리더자에게 새로운 요구 측면에서 '이긴다'는 마음을 견지한 신형 군사인재를 배양하는 것을 가장 중요하게 생각하고 있다.

특히, 중국군은 세계 군사력의 세력균형은 기계화 및 정보화전쟁을 동시에 수행하게 될 때 가능하다는 생각을 하고 있다. 세계 전쟁 형태의 변화로 인해서 정보화전쟁은 미래 전쟁 중 가장 중요한 형태가 되었다. 이렇듯 중국군에게 가장 긴급한 전략적 임무는 신 군사변혁을 인식하고 연구해야 하며, 정보화전쟁에서 이길 수 있는 군사리더자를 많이 배양시키려 노력하고 있다.

국제정치질서의 변화와 세계 경제위기, 중국 국내정치의 장기적인 안정으로 인해 중국군인들의 국방에 대한 책임감이 많이 감소되었다. 따라서 중국은 사관생도들에게 중국현실을 직시한 직업관을 심어주고 국방 현대화 건설을 지속적으로 추진할 수 있는 '불변질'이라는 사회주의 이념교육의 중요성을 강조하고 있다.

(2) '과학적 교육관념'을 기본 이념

'과학적 교육관'은 중국군 초급간부 육성 사업의 중요한 핵심 가치이며, 미래형 군사 리더자를 배양하는 중요 원칙으로 생각하고 있다.

첫째, '무한성발전(끊임없이 발전)' 교육 이론이란 사관생도들이 리더십을 배양할 때 리더십을 배양하는 목표, 소질구성, 배양방법 등 시간·장소·조건에 따라서 탄력적으로 조정하면서도 장기간, 지속적인 목표로 삼고 있다.

둘째, '사람이 근본이다' 는 교육 이념아래 각 사관생도 마다 갖고 있는 지혜의 잠재력을 철저히 믿고, 각 생도의 잠재적 가치를 개발하고 발전을 보호한다. 이러한 창조적 능력 개발은 생도들이 군 입대 후 자연스럽게 조직을 지휘할 수 있는 조직리더 능력을 향상시킨다고 믿고 있다.

71) 왕중하, "군사종합대학 리더십능력 배양에 관한 연구", 2008, pp. 13~18.

셋째, 전쟁성공의 열쇠는 지휘자들의 지적 수준 및 인지능력에 있다고 생각하고 있다. 이를 위해 각 군사학교 사관생도들이 갖고 있는 소질을 체계적으로 발전시키는 데 있다고 판단하고 있다.

(3) '복합형' 사관생도 육성

중국은 미래 정보화 전쟁에 대비하기 위해 '복합형' 인재 배양을 조직 리더자 육성의 중점 원칙으로 삼고 있다. 군사 리더자는 지휘 시스템의 '두뇌' 및 '중추신경'이고 다른 작전 요소와 함께 완전한 작전 체계를 구성하고 있다고 본다. 지휘 시스템이 다중요소로 구성된 복잡한 시스템인데, 그 요소 중 하나만 작동하지 않으면 전쟁에 실패할 것이면서 다음 2가지를 강화 시켜야 한다고 주장하고 있다.

첫째, 강한 적과 경쟁하는 복합 소질을 부각시킨다. 복합형 수준의 핵심은 지식 구조는 능력과 결합한다. 그러므로 중국군 미래 10~20년 정보화 건설 목표를 달성하기 위해서 정보기술지식 및 응용능력을 배양하는 것이 중요한 요소로 보고 있다. 강한 적과 경쟁하는 마인드 트레이닝을 지속하고, 예측연구를 진행하여야 한다.

둘째, 정치, 경제, 군사, 외교 등 넓은 지식을 학습시켜야 한다. 군사지식 뿐만 아니라 정치, 경제, 군사, 외교 등의 지식을 학습한다. 이제는 육, 해, 공군이 연합작전을 완벽하게 소화할 수 있는 복합소질을 갖추어야 한다.

(4) '창조적' 인 교육 목표

군사 영역에 가장 큰 부분은 창조이다. 창조능력은 군사 인재의 가장 중요하고 가장 귀중한 품성 중 하나이다. 군사영역에 경쟁은 단순한 병력수준 및 장비 뿐만 아니라 그 나라 군간부들의 창조정신 및 창조능력의 경쟁이다.

첫째, 반드시 사관생도의 창조 의식을 강화해야 한다.

둘째, 반드시 창조능력의 지력기초를 만든다. 사관생도들의 창조능력은 강력한 창조의식을 필요할 뿐만 아니라 튼튼한 지력 기초도 필요함에 따라 제반 교육을 강화해야 한다.

셋째, 반드시 창조능력을 배양하는 데에 국가차원의 '제도 보장'을 제공한다. 창조는 성공 및 실패가 동시에 존재하기 때문에 사관생도들의 열정을 보호하는 제도가 있어야 된다.

(5) 도덕 교육 강화

마르크스는 '도덕이 없으면 몸은 튼튼할 수 있어도 뛰어난 리더자가 되지 못한다.'라고 했다. 따라서 21세기 군대 및 국가의 리더자를 배양할 때 가장 중요한 것이 고상한 도덕 및 소양과 리더자의 기질 및 품성을 배양한다. 또한 생도들에게 명예를 도덕교육의 핵심 및 출발점으로 교육하여 입학할 때부터 배양토록 한다.

나. 교육 체제 개선

사관학교 리더십 교육시스템을 완벽하게 구성하고, 여러 가지를 포함하는 체계적인 리더십 교육이 되어야 한다.

(1) 수강생 리더십 배양 시스템을 구축한다.

리더십 배양 시스템 구축은 사관생도 리더십 배양에 있어 제일 중요한 기초이다. 사관학교 교육, 개혁에 있어 가장 중요한 요소이며, 제일 중요하고 첫 번째로 시행해야 하는 것이다.

① 리더십 배양 목표를 세운다.

② 리더십 배양 방안을 세운다. 어떤 목표를 여러 가지의 표준화로 나눈다. 이에 상응하는 과목표준, 전과정중에 실행한다. 여가시간을 충분히 활용한다. 군대환경 및 교육자원을 분석하여 리더십 배양방안을 연구하고 제정한다.

③ 새로운 과목 체제를 세운다. 공통기초, 전문적 능력, 창조능력, 실천능력, 종합확대 능력 등 여러 가지 요구로 새로운 리더십 배양 시스템을 갖춘다.

(2) 교육 내용 체제를 개선한다.

첫째, 기초를 강조한다. 어떤 정치사상을 교육하고 군사소질 및 과학문화 기초를 배양한다. 그리고 군대 및 국방건설의 요구 및 사관생도 본인의 전면적인 발전의 요구에 따라서 과학적 수강생 기초지식 내용을 배분한다.

둘째, 지식 구조, 계통성을 최적화한다. 즉, 사관생도들이 상향체계적인 학습을 통해서 합리적인 지식구조를 만들고, 자주적으로 공부하는 능력, 독립 사고능력, 실체능력을 배양한다.

셋째, 핵심을 제일먼저 강조한다. 정보화 전쟁에 대비 정보소양은 수강생들이 반드시 갖추어야할 소양이다. 사관학교들이 정보화 전쟁의 요구에 따라서 수강생들의 정보소질 배양을 강화해야한다.

(3) 교육 방법 및 수단을 개선한다.

새로운 교육방법은 우수한 사관생도 및 교수 인재를 발굴하는 것이다. 이는 교육 성과의 질과 직접 연관되어 있다. 새로운 교육방법을 개발하려면 반드시 현대화 교육이념, 현대화 과학기술수단을 창조해야 한다.

첫째, 사관학교 교수 능력을 강화한다. 교수는 교육영역의 가장 중요한 요소이다. 새로운 교육방법을 개발하는 중요한 과정이다. 일류의 교수(교관)이 있어야 일류 사관생도를 배양할 수 있다. 각 군사학교는 교수 역량 강화 방법으로 다양한 군복무 경험이 있는 교수를 선발할 뿐만아니라 과학연구능력이 뛰어난 교수를 선발해야한다. 특히, 군 복무중 학업 및 복무성적이 우수한 교수를 우선 선발해야 한다.

둘째, 주체식 교육을 시행한다. 수업할 때 학생이 중심이다. 교수들은 학생에게 좋은 학습 환경을 만들어야 한다. 이론과 동시에 사관생도들의 적극성, 주도성, 창조능력을 배양해야 한다. 그리고 충분히 학생의 문제를 연구, 발견, 탐색하는 취미 및 능력을 배양한다.

셋째, 교육 시설 및 환경을 개선한다. 생도들의 리더십을 배양하려면 생도들의 리더십을 배양하는 실천교육 과정을 강화해야 한다. 이를 위해 적극적으로 과학기술 실천활동을 조직하고 수학 경시대회, 컴퓨터 그래픽 경쟁, 프로그램 개발 경쟁, 기계 로봇제작 경쟁, 전자 과학연구 훈련, 과목경쟁, 과학기술 문화적 등 활동을 조직해서 생도들의 리더십 실천능력 및 과학기술 창조능력을 향상시킨다. 또한 군사 훈련을 병행한다. 적극적으로 종합훈련, 대항훈련, 모의훈련, 군대 주요 직책수행 훈련, 야외훈련, 군사강화 훈련 등 교육방법을 탐색하고 실천한다. 학생의 문제를 분석하는 능력, 문제를 처리하는 능력, 과학적 결정 및 부대 지휘능력을 배양하거나 향상시킨다.

넷째, 군사체력훈련을 강화한다. 군사체력훈련은 군인의 성품 및 리더십 배양하는 중요한 수단이다. 단체 체력단련 및 고강도의 체육훈련 활동을 시행한다. 학생의 단체 명예감, 팀웍 능력, 조직리더 능력을 배양한다. 미국의 웨스트포인트 사관학교 보다 더 강한 군사체력훈련을 시켜야 한다. 중국군은 실천적인 대책을 수립하여 사관생도들의 체력부족 문제를 해결하는데 중점을 두고 있다. 군사체육 능력을 향상하려면 반드시 과학적 계획에 따라 엄격한 훈련을 통해서 이룬다. 그리고 불합격한 생도는 퇴교시키고 있다.

다섯째, 교육시설을 개선해야 한다. 완벽한 시설, 훈련장소는 교육임무의 중요한 기초 및 기본적 보장이다. 그러므로 열심히 군사 및 일반학 수업을 할 수 있도록 환경 및 조건을 개선해야 한다. 그리고 계획대로 고기술, 고등급인 교육시설 및 장소를 만들어야 한다.

(4) 새로운 교육 체제를 적극적으로 개발한다.

과학적 교육 체제는 인재를 배양하는 중요한 수단이고 리더십을 배양하는 제도 보장이다. 그래서 적극적으로 교육 관리 체제를 탐색하려면 반드시 리더십을 배양해야 한다.

첫째, 과학적 교육 관리제도 및 운영 체제를 완벽하도록 건설한다. 교육 품질 책임제도, 교육 평가 감독제도, 공평하고 공정한 경쟁체제, 사관생도 조직리더 능력, 창조정신, 창조능력을 관리하는 체제(인센티브)를 만든다.

둘째, 현대화 과학적 성과를 이용해서 교육 방법을 개선한다. 특히 정보과학기술, 관리 과학기술, 심리과학기술이 계획관리, 교육효과평가, 학습효과평가, 교육시설 최적화, 학습 성적관리, 학적관리 등 빠르고 정밀한 수단을 제공해서 교육관리의 효율 및 품질을 적극적으로 개선하고 있다.

다. 관리체제 최적화

과학적 관리는 인재배양 품질 및 성과를 늘리는 유효한 수단이다. 현대화 관리이론을 이용해서 관리개선을 촉진해야 한다. 과학적 관리 체제가 반드시 민주적이고 법칙적인 관리 체제이다.

(1) 엄격한 명령에 따라 각급 인재에 맞는 직책을 부여한다.

사관생도를 훈육하는 조례는 중국군을 만드는 근본적 지도원칙이고 군대를 관리하는 근거 및 수준이다. 4년간 공부하는 과정 중 수강생의 학습 단계에 따라서 상응한 관리체제를 사용한다.

(2) 엄격하게 계층제(수준, 계급 등) 관리체제를 시행한다.

계층제 관리체제는 효율성이 높은 관리체제이다. 수강생의 리더십을 배양하려면 반드시 계층제 시스템을 시행하고 좋은 기초를 만들어야 한다. 엄격한 층급제 관리체제가 있으면 사관생도들은 관리를 받는 동시에 자신의 리더십 및 관리능력을 향상시킬 수 있다.

(3) '역할 교대'로 리더 능력을 완벽하도록 한다.

사관생도들의 리더십을 배양하는 것이 궁극적인 리더십 배양목표인데 역할교대를 통해 사관생도들이 지휘방법을 파악해야 한다. 피교육생이 교관으로, 피리더자가 리더자가 되는 역할을 사관생도들이 실습해 보아야 한다. 피교육생, 피리더자들은 동 교육을 통해 부하 및 병사들의 마음을 이해하고, 교관 및 리더자들은 상급자의 마음을 이해하는 중요한 계기가 될 것이다.

4. 한국군이 지향해야 할 새로운 리더십 패러다임

1) 새로운 패러다임 구축의 필요성

지금까지 학계 및 군대에서 리더십 관련 개념과 용어의 정의 그리고 조직효과성과 관련된 다양한 이론과 모형에 대해 논의하였다. 이를 요약하면 조직과 인간관계에 관한 패러다임이 전환되고 있다고 할 수 있다. 앞에서 논의했듯이 패러다임(Paradigm)이란 어느 한 시대 사람들이 사물이나 현상에 대해 갖고 있는 사고방식을 말하며, 이러한 패러다임은 영원히 고정된 것이 아니라 그 기조가 정립되어 일정기간 동안 지속되다가 끊임없이 변화하고 발전하는 체계이며 새로운 패러다임에 의해 혁신되고 대체된다. 변화를 예측하고 올바르게 인식하여 대응하는 경우는 전쟁에서 승리하고 번영을 구가했으나, 현실에 안주하고 고정관념에 사로잡혀 변화와 혁신을 거부하면 쇠락의 길로 들어서게 된다.

프랑스 대통령을 지낸 찰스 드골은 제1차 세계대전을 경험하고 1934년 미래의 군대라는 제목으로 현대전쟁에 관한 이론을 발표했다. 그는 마지노선에 의존하면서 방어위주에 치우친 당시의 군사전략 패러다임에 대해 위험성을 경고하고 과학기술과 내연기관의 발달로 머지않아 지금까지 우리가 싸워온 방식은 무용지물이 되고 기계가 우리의 운명을 지배하는 새로운 시대가 도래할 것으로 예상하고 기계화 부대 창설, 공격과 기동위주의 전투수행개념 발전 등 프랑스 군사전략 패러다임 전환의 필요성을 역설했다.72) 당시 드골은 대령이었는데 패탱 장군을 비롯한 군 수뇌부는 현실을 모르는 위험한 생각이라고 일축하고 마지노선과 방어에 의존하는 기존의 패러다임을 고수했다. 그러나 인접국가 독일은 2차 대전시 이와 같은 새로운 이론에 관심을 갖고 기계화 부대, 신속한 기동, 화력지원 등을 핵심 요소로 하는 이른바 전격전 개념을 발전시켜 방어위주의 프랑스의 마지노선을 무력화시키고, 1940년 6월 프랑스의 수도 파리는 독일군에 함락되어 드골의 예측은 적중한다. 현실에 안주한 프랑스군이 새로운 전쟁 패러다임을 정립한 독일군에 대패한 것이다. 이와 같이 변화를 올바르게 인식하고 미리 대비하는 것은 국가의 운명을 좌우하기도 하는 중요한 문제이다.

왜 이러한 변화가 일어나고 있으며 변화의 원인은 무엇인가, 그리고 한국 육군은 어떤 모습으로 변화해야 하는가에 대해 논의해보기로 한다.

가. 인류 문명사적 환경 변화

Robert W. Walker는 캐나다 군 리더십 혁신을 위한 변화의 필요성과 방향제시를 위해 아래 표〈3-12〉와 같은 연구결과를 제시했다. 아래 표에서 제시된 것처럼 근대에서 탈근대로 시대적 상황이 전반적으로 변화함에 따라 조직구조, 업무, 인간관계, 리더십 등 근대 산업시대의 패러다임이 탈근대 지식, 정보시대 패러다임으로 전환되고 있다.73)

〈표 3-12〉 근대 - 탈근대 조직, 인간관계, 리더십 패러다임 변화

구분	업무 지향적 패러다임	사람 지향적 패러다임
시대구분	근대	탈근대
앨빈 토플러 구분	산업시대	정보/지식시대
인간관에 대한 이론	Theory - X, 지배 및 통제	Theory - Y&Z, 상호관계
대표적 우상	포드, 테일러	빌 게이츠, 스티브 잡스

72) 리처드 닉슨 저, 박정기 옮김, 『20세기를 움직인 지도자들』 (서울 : 을지서적, 1998), pp.109-110.
73) Robert W. Walker, "A Summary of the Requisite Leader Attributes for the Canadian Forces", 2004, p.7, www. cda.acd.forces.gc.ca/cfl(검색일 : 2009.2.1)

조직구조	위계조직, 관료제	매트릭스 조직, 네트워크
통상적 수단	육체/근육노동, 자동생산라인	정신/두뇌노동, 하이테크
업무위치, 작업위치	공장, 철강 플랜트	소프트웨어 설계사무실
업무구조	조직구조/작업설명서	목표제시, 프로젝트, 변화
업무정보/세부항목	과업, 시간비율	전문성, 인격 및 자질
업무 과정	직업/직무분석	역량과 직무분석
리더 영향력	직위영향력, 계급	개인영향력, 솔선수범
리더십	거래적 리더십	변혁적 리더십
군사전문성	전사+전술/전기	전사+전술/전기+학사+외교관

출처 : Robert W. Walker, "A Summary of the Requisite Leader Attributes for the Canadian Forces", 2004, p.7.

상기 도표는 업무 지향적 패러다임에서 일하는 사람 지향적 패러다임으로 전환되고 있는 변환양상을 시대구분부터 리더십, 새로운 군사전문성에 이르기까지 13개 요소로 구분하여 제시하고 있다.

학자들은 인류문명사의 시대구분을 고대, 중세, 근대, 탈근대로 구분하기도 하고 앨빈 토플러는 농경시대, 산업시대, 지식정보시대로 구분하기도 한다. 이를 패러다임 전환 측면에서 보면 농경시대, 산업시대, 지식정보시대로 구분하기도 한다. 이를 패러다임 전환 측면에서 보면 농경시대는 인류가 수렵과 채취 위주의 삶의 방식에서 야생동물을 가축으로 기르고 야생식물을 농작물로 재배하면서 근본적인 생활양식의 변화가 일어났다. 앨빈 토플러는 이를 제1의 물결이라고 했다. 먹이를 구하기 위해 끊임없이 이동하면서 야생식물이나 열매, 그리고 동물을 사냥해야 생존할 수 있는 삶의 방식이 한곳에 정착하여 기르고 재배하여 식량문제를 해결하고 저장했다가 사용하는 전혀 다른 패러다임으로 대체되었다. 이러한 새로운 패러다임의 시작은 누군가가 매일 이동하면서 사냥이나 채집을 하지 말고 이를 재배하고 기르면 어떨까라는 사고의 전환으로부터 출발했을 것이다. 고정관념에서 벗어나 새롭고 창의적인 사고에서 패러다임 전환은 시작된다. 이러한 농경시대의 패러다임은 기계와 내연기관의 발명으로 두 번째 근본적 변화를 가져왔다.

이를 산업시대라고 하고 토플러는 제2의 물결이라고 했다. 사람과 동물의 노동력에 의존하여 재화와 용역을 생산하던 농경시대 방식이 기계의 힘을 이용하여 대량생산이 가능하게 되었다. 이러한 산업시대는 오늘날 지식정보시대라는 새로운 변화에 직면하여 상기 표에서 제시된 것과 같이 조직구조, 인간관 및 리더십에 대한 관점이 바뀌고 새로운 패러다임으로 대체되고 있다.

먼저 인간을 바라보는 관점이, 인간은 선천적으로 수동적이고 나태하기 때문에 엄격한 지배와 통제를 해야 능률을 올릴 수 있다는 Theory－X적 관점에서 사람은 능동적이며 잠재력을 지닌 이성적 존재이기 때문에 동기를 부여하고 권한위임과 여건을 보장해주면 자발적으로 몰입하여 목표를 달성한다는 Theory－Y&Z 관점으로 바뀌고 있다. 산업시대에 기계산업을 대표하는 것은 자동차 산업이었다. 미국의 테일러는 노동자의 생산성을 극대화하기 위해서는 시간, 동작 등 세부적인 면까지 일사불란한 통제와 획일화를 달성해야 한다는 과학적 관리법을 제시하여 인간의 기계적 역할을 중시하는 패러다임을 제시했다. 이러한 패러다임은 대량생산체제에서 요구되는 제품의 표준화, 고도의 분업화, 단순 반복노동, 관료제적 위계질서 환경에 적합한 나름의 기능을 했다.

지식정보시대를 대표하는 것은 IT 산업이다. 지식정보사회의 복잡성은 산업시대와는 차원이 다르다. 지식정보 관련 상품은 자동화된 생산조립 라인 앞에서 규격화되고 표준화된 부속품을 반복해서 조립만 하면 되는 것이 아니라, 변화되는 상황에 맞게 개인이 끊임없이 창의성을 발휘해서 새로운 상황에 대응하고 문제해결 방법을 스스로 모색해야 하는 고도의 창조적 활동이 요구된다.

빌 게이츠는 대학 공부를 도중에 그만두고 자신이 하고 싶어 하는 컴퓨터 소프트웨어 개발과 관련된 마이크로소프트회사를 설립해서 소위 벤처 기업의 기원을 열었다. 오늘날 마이크로소프트사는 인터넷 관련 글로벌 기업으로서 지식정보시대를 선도하고 있다. 한 사람의 독창적인 사고가 인류가 산업시대에 지니고 있던 삶의 방식을 근본적으로 변화시키고 있다.

조직운영 개념도 수직적 위계와 통제, 지배개념에서 수평적 협력과 자율이 중시되고 있으며, 육체와 근육노동보다 정신적 두뇌노동이 중시되고 있다. 특히 군대와 관련하여 종전의 직책, 계급위주의 역할보다 개인적 영향력과 솔선수범이 중시되고 있으며, 전사와 전투기술 구비위주의 전통적 군사전문성에서 전사, 전투기술, 학자, 외교관 능력을 겸비해야 한다는 새로운 군사전문성이 제시되고 있다. 이는 최근의 걸프전쟁, 이라크전쟁 등 새로운 전쟁양상을 분석해보면 현대 및 장차전은 지식과 기술, 정보에 기반을 둔 지식정보 전사(Knowledge Warrior) 육성이 중요하다는 앨빈 토플러의 주장과도 맥락을 같이 함을 알 수 있다.

이와 같은 환경 변화에 따라 군대에서도 기존의 조직 운영체계로는 부여된 임무를 효과적으로 수행할 수 없으며, 변화된 환경에 효과적으로 대응하기 위해서는 군대도 외부 환경과 폐쇄적, 고립적 존재가 아니라 개방체계로서 유기체적, 역동적 관점에서 조직을 바라보고, 인간관계, 리더십 개념도 이에 적합해야 군대 조직의 효과성도 보장할 수 있다. 또한 앨빈 토플러는 그의 저서 『전쟁과 반전쟁』에서 21세기 군대는 더 이상 맹목적, 기계적 복종을 중시하는 전통적 군대(Brute Force)로는 효과성을 보장할 수 없으며 지식정보기반의 스스로 생각하고 판단하는 새로운 군대(Brain Force)로의 변모가 요구되고 있다[74]고 하고, 새로운 군대는 장병들이 불확실과 애매모호함이 지배하는 전장에서 다양한 사람들과 다양한 문화를 잘 관리하고 두뇌를 잘 쓰는 것이 중요하며 적극성을 견지하고 의문점에 대해서는 상급자에게도 질문을 해야 한다[75]고 했다.

2) 새로운 전쟁 패러다임으로서 네트워크 중심전

이와 같은 문명사적 변화와 더불어 전쟁양상도 아래 그림에서 제시된 바와 같이 네트워크 중심전(Network Centric Warfare)으로 변화하고 있다. 네트워크 중심전이란 정보문명시대 정보기술의 가치창출사슬을 활용할 수 있도록 관련 제 요소들의 시너지적 조합과 공진화(共進化)로 네트워크화 된 군이 결정적인 전장 우위를 달성하기 위한 새로운 전쟁 패러다임이다. 미군은 물론 대부분의 선진국 군대가 현재 추구하고 있는 네트워크 중심전(Network Centric Warfare)은 인간적 및 기술적인 상호연결과 상호운용을 통하여 모든 관련부대 및 요원들이 정보를 공유하고, 공동으로 이해하고 조치하며, 적으로부터 그러한 정보를 보호하는 틀[76]이

74) Alvin Toffler & Heidi Toffler, War and Anti-War, New York : Little Brown and Company, 1993, pp.10-11.

75) Ibid. p.74.

76) US Department of Defense, "Network-Centric Environment Joint Functional Concept", *Version 1.0*, 2005, p.1.

다. 네트워크 중심 환경 하에서 가장 중요시되는 개념은 모든 요소는 아래 그림에서 제시된 바와 같이 기계적 독립 개체적 관점이 아니라 유기체적 상호의존적 관점에서 생태계에 끊임없이 적응하면서 협력과 협동을 통해 개별요소의 동시화를 달성하고 임무를 효과적으로 수행하는 것이다. 따라서 네트워크 중심환경 하에서 모든 관련부대와 요소들은 자발적이고 적극적인 협동을 통하여 사태를 공동으로 조치해나가야 한다. 개별요소를 동시화하기 위해서는 군이라는 조직 전체가 정보공유, 협력과 협동, 상황인식의 공유 등이 요구되며 이는 유기체가 환경변화에 따라 제 요소가 자율적으로 상호작용하면서 이에 대체하는 것과 같은 원리에 의거해 작동되어야 한다.

〈그림 3-13〉 네트워크 중심전(Network Centric Warfare) 핵심요소

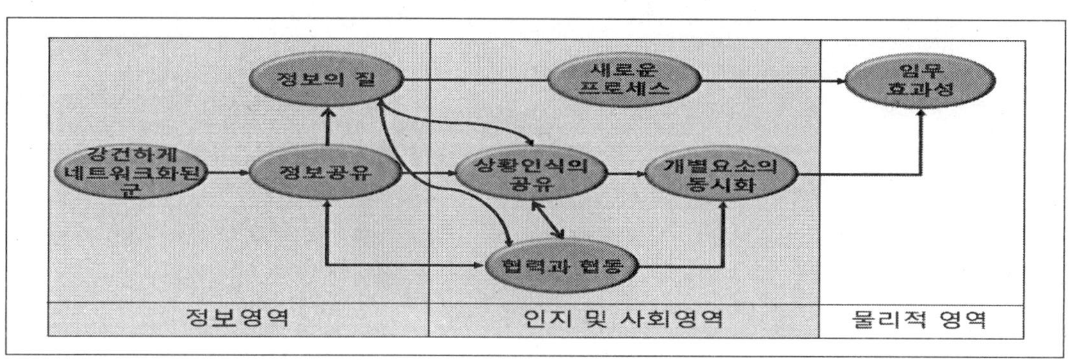

출처 : 배달형, "네트워크 중심전 수행개념 발전방안", 『국방정책 연구』, 67호 (서울 : 한국국방연구원, 2005)

이와 같은 근본적 변화요구에 따라 그동안 엄격하고 수직적 조직의 가장 대표적인 모습으로 인식되었던 군대조직도 아래로부터의 전쟁(Bottom-Up War)을 수행할 수 있는 부대구조로 변화를 추구[77]하고 있으며, 스스로 상황변화를 인식하는 리더, 고도의 자율성, 그리고 스스로 상황변화에 적응하고 대응하는 리더가 중요시된다고 강조[78]하고 있다. 전통적인 위로부터의 전쟁(Top-Down War)을 잘 수행하는 패러다임에서 아래로부터 전쟁(Bottom-Up War)을 잘 수행할 수 있는 패

77) Richard L. Daft(2007), op. cit., p.28.
78) US Army Headquarters(2006), op. cit., pp.8-9.

러다임으로의 전환이 21세기 군대가 직면하고 있는 현실이라고 볼 수 있다.

21세기 한국군의 효과성 제고를 위해 구축해야 할 새로운 패러다임은 아래 그림에서 제시된 바와 같이 한국의 전통을 계승하고 현재의 변화요인과 미래지향적 요소가 반영되어야 한다.

〈그림 3-14〉 21세기 조직효과성 제고를 위한 새로운 패러다임

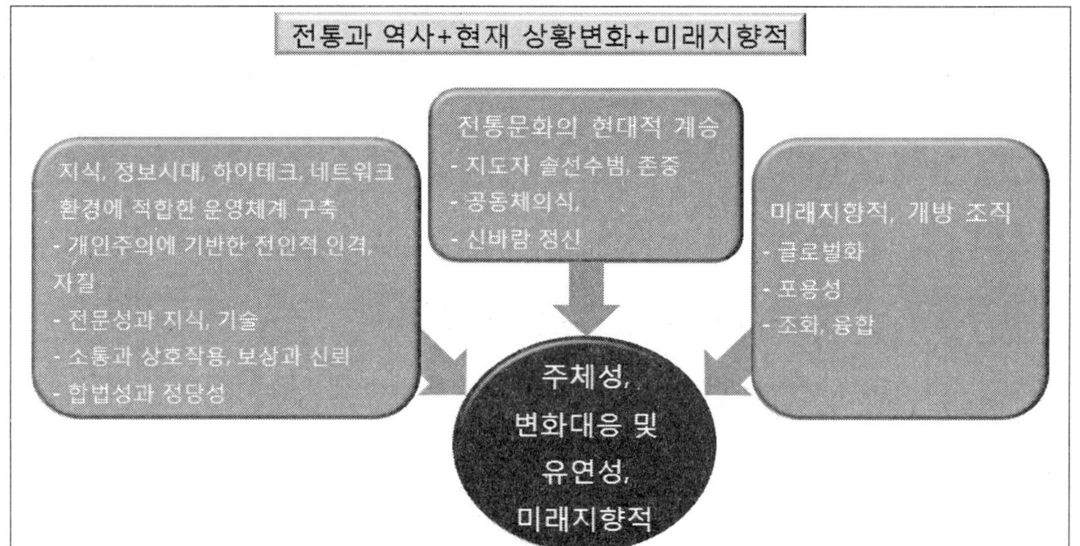

한국은 반만년의 유구한 역사적 전통을 지닌 문화민족이다. 이러한 전통이 역사상에 발현된 것이 화랑도 정신이며 선비정신[79]이다. 구성원 모두와 하나 됨을 중시하는 공동체 의식과 단결정신, 최고의 자발적 동기부여 상태를 나타내는 신바람과 같은 훌륭한 전통은 현대적으로 새롭게 계승 발전되어야 한다.

(1) 지식정보시대 하이테크, 네트워크 환경에 적합한 운영체계 구축

또한 지식정보사회의 유기체적 복잡성은 새로운 상황에 대한 인간의 창의적 대응을 필요로 한다. 인간의 창의성은 인간이 고유한 개별적 존재로서 존중되고 자율성이 인정될 때 발현된다. 이는 경직되고 정형화된 획일적 인간을 요구하는 문화에서는 이루어질 수 없으며, 남이 하는 것을 모방하고 흉내 내는 방법으로는 한

79) 한영우, 『한국선비지성사』 (서울 : 지식산업사, 2010), pp.149-155.

계가 있다. 따라서 개인이 고유성과 독창성을 인정받으면서 팀의 일원, 조직구성원의 일원으로서 팀워크와 공동체 의식이 함양되어야 한다. 개인의 인격과 존엄성을 기초로 개성이 존중되고 지식과 전문성을 갖춘 창의적이며 진취적인 인간이 군대에서도 요구되며 이를 전투력으로 승화시킬 수 있는 풍토가 조성되어야 한다.

(2) 미래지향적, 개방적 조직 구축

또한 한국군이 지향하는 새로운 패러다임은 미래지향적이고 개방적 조직이어야 한다. 한국 역사상 오늘날처럼 세계화되고 지구촌의 여러 이웃들과 상호작용이 활발하게 이루어진 경우는 없었으며 이 추세는 가속화될 것이다. 이러한 환경에서 군대라는 특수성과 폐쇄성이 지나치게 부각되어 우물 안 개구리 조직이 되어서는 선진군대로 도약할 수 없다. 따라서 글로벌 환경에서 다양성을 존중하고 조화를 추구하며 이를 포용하고 조화시킬 수 있는 개방적이며 유연한 조직이 되어야 한다.

나. 한국육군이 지향해야 하는 새로운 패러다임

(1) 군 리더십 패러다임 유형과 변천

군대에서 효과적인 리더십 패러다임 유형은 아래 표에 제시된 바와 같이 상명하복 유형, 나를 따르라 유형, 다함께 유형으로 구분할 수 있다. 이들은 군대조직을 구성하는 인간과 조직을 바라보는 관점, 군대조직에서의 주도적 역할수행자, 영향력 발휘방향과 영향력의 형태, 추구하는 목표에 따라 각각 상이한 관점을 보여주고 있으며 시대에 따라 그 중요성이 변천되어왔다.

〈표 3-13〉 군 리더십 패러다임 유형

구분	상명하복 유형	나를 따르라 유형	다함께 유형
인간관	성악설 Theory-X, 인간의 기계적 수동적 역할 중시	성악설 Theory-X, 인간의 기계적 수동적 역할 중시	성선설 Theory-Y, 인간의 자율적 창의적 역할 중시
조직관	인간보다 조직중시 폐쇄조직	인간보다 조직중시 폐쇄조직	조직보다 인간중시 개방조직
주도적 역할수행	지휘관, 상관, 리더	지휘관, 상관, 리더	구성원 전원

영향력 발휘방향	상하 하향식	상하 하향식	상하좌우 전 방향
지휘형태	통제형 지휘	통제형 지휘	임무형 지휘
영향력 원천	강제적, 합법적 권한 및 수단	합법적, 보상적 권한 및 수단	인격과 역량에 기반한 전문성과 문제해결 능력
추구하는 목표	조직의 안정, 효율, 현행업무완수	조직의 안정, 효율, 현행업무완수	구성원의 창의성, 유연성, 자율성 극대화, 조직 변화와 외부환경 대응, 지속적 성장과 번영

상명하복 유형은 상관이 명령을 하달하고 부하는 이를 실행하는 소위 "명령에 따라서 해!" 형태이다. 나를 따르라 유형은 "내가 하는 것처럼 해!" 형태이다. 다함께 유형은 "스스로 알아서 해!" 형태다. 먼저, 상명하복 유형과 나를 따르라 유형은 조직의 현행업무와 목표 달성, 안정과 효율을 추구하고 이를 위해 개인가치의 희생은 불가피하며 조직에 있어 인간은 쉽게 대체될 수 있는 하나의 요소나 부속품이라는 기계론적 인간관이 전제되어 있다.

이에 비해 다함께 유형은 조직의 힘은 조직 구성원들의 인격과 개성존중을 바탕으로 한 자발적인 헌신과 창의성을 중시하는 인간관을 지닌다. 즉, 군인을 단순히 국가나 정치적 목적을 위해 전투에서 소모되는 자원이 아니라 국가 번영과 국민의 안전, 개인과 가정의 행복을 위해 스스로 봉사하는 사람이며, 군이 지향하는 가치를 위해 목숨까지 헌신할 수 있는 전문가이자 소명의식을 지닌 전투력의 핵과 원천으로 인식한다.

다음으로 상명하복 유형과 나를 따르라 유형은 직책과 직위가 누가 더 높은가에 따라 리더십의 중심수행자가 결정된다. 즉, 주어진 임무에 대한 전문성이나 효과성보다는 연공서열에 의한 직책과 계급이 먼저라는 관점을 지녔다. 따라서 지휘관, 상급자 중심으로 영향력이 발휘된다. 이와 함께 다함께 유형은 전문적 지식과 기술이 필요하거나 기술 변화가 빠른 업무에 대해서는 연공서열보다는 누가 새로운 지식과 기술을 갖추었느냐를 고려하여 임무에 가장 적절한 사람 중심으로 리더십의 수행자를 결정한다. 따라서 구성원 모두의 역할이 중시된다.

셋째, 리더십 발휘 방향이 상명하복 유형과 나를 따르라 유형에서는 부하를 대상으로 한 상하 하향적, 일방향적이었던 것에 비해 다함께 유형은 부하, 동료, 상관을 대상으로 한 상하좌우 전방향적이다.

넷째, 리더십을 발휘하는 영향력의 원천을 보는 관점에도 차이가 있다. 상명하복 유형은 강제적, 합법적 권한과 수단을 중시하고, 나를 따르라 유형은 합법적, 보상적 권한과 수단을 중시했으나, 다함께 유형은 인격과 전문적 역량을 기반으로 한 문제해결 능력을 중시한다.

(2) 한국군이 지향해야 할 새로운 패러다임

어떠한 유형이 효과적인가는 상황과 여건에 따라 다르다. 그리고 어떤 상황에서도 효과성이 보장되는 단일의 유형은 없다. 상기 표에서 제시된 바와 같이 상명하복 유형, 나를 따르라 유형, 다함께 유형은 리더십 발휘 대상, 영향력의 원천, 추구하는 목표 등 여러 분야에서 서로 다른 관점을 지닌다. 따라서 각각의 장점을 취해 상호 보완하는 것이 중요하다. 또한 앞에서 언급한 바와 같이 한민족은 5천년 역사를 지닌 문화민족이다. 화랑도 정신, 선비정신을 비롯하여 공동체 의식과 단결력, 신바람 정신, 또한 다른 나라 사람이 전쟁에서의 리더십과 관련해서는 신의 경지에 도달했다는 이순신 장군과 같은 역사상 위대한 군 리더십의 이상적 모습은 정신적 유산으로 계승하고 있다. 따라서 이런 변화는 아래 그림에서 제시된 바와 같이 상명하복 유형과 나를 따르라 유형, 다함께 유형을 통합하고, 과거와의 단절이 아니라 옛것을 알고 이를 새롭게 한다는 온고이지신(溫故而知新)의 자세로 구성원 모두의 역량과 자율성이 극대화될 수 있도록 전통문화와 사상을 현대적으로 새롭게 계승 발전시켜야 한다.

〈그림 3-15〉 한국군이 지향해야 할 새로운 패러다임

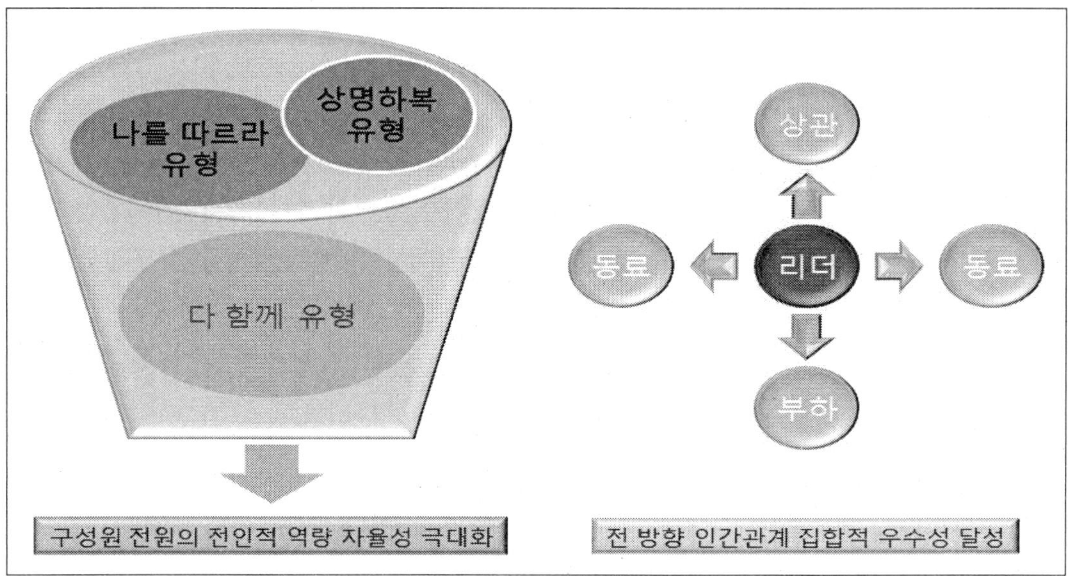

제4절 소부대 초급 간부의 리더십 개발

미래의 전쟁은 고도의 전자 과학전에 의해서 승패가 결정될 것이며, 위력적인 파괴수단과 초정밀성을 갖춘 살상무기에 의한 대량 파괴와 살육전이 이루어질 것이다. 따라서 전장은 광역화 되며, 이러한 전장의 광역화로 전장상황의 변화가 급격할 것으로 예상된다. 광역화 된 전장과 급격한 변화 템포는 필수적으로 소단위 부대의 전투 발생을 초래하게 되어 고급지휘관은 물론 말단 지휘자에게까지도 독단적인 작전과 운용 능력을 요구하게 될 것이다. 결국 미래의 전쟁과 전장 양상의 변화는 군사전문가는 물론 소부대 리더들에게 독자적인 판단과 논리적이고 분별력 있는 상황 대처 능력을 요구하고 있다.

이러한 미래의 전투 상황에 있어서 소부대의 응집력은 효과적인 전투수행을 위한 결정적인 요소이다. 역사적으로 부대의 응집력 개발은 완만하게 진행되는 전쟁 시작에 따라 필요한 시점에서 허락되어져 왔다. 그러나 전투 준비를 위한 현대적 요구는 현존의 응집된 부대를 필요로 한다. 미군은 이 점에 있어서 전투부대 응집력을 향상시키기 위한 지속적인 노력을 하고 있다. 소부대 리더십은 이 과정의 효과와 성패를 좌우하는 결정적인 요소다. 본 장에서는 앞에서 언급한 미군들의 교리를 중심으로 그러한 소부대를 어떻게 형성하는가에 대한 다단계 이론을 전개 및 발전시켜 보고, 성공적인 부대발전을 위해 매 단계에서 필요한 리더 행동은 다음과 같다.

1. 소부대 리더십 개발을 위한 필요 조건

군에서 '소단위 부대'란 무엇을 말하는가? 사회적 관점으로 볼 때 소단위 부대란 1차 집단(Primary group)의 관점으로 정의될 수 있다. Cooley(1909)는 일차적 집단이란 대면적 친밀관계에 있고, 상호확인이 가능하며 공동의 목표를 향해 협력적 활동을 하는 사람들의 집단으로 규정하고 있다. 군대 조직 내에서는 분대, 반(section) 혹은 대원(crew) 정도가 Cooley의 정의에 가장 합일치 된다. 그러나 군부대 단위의 광범위한 내부의존성 때문에 소대 그리고 중대와 같은 단위도 일차적 집단의 속성을 어느 정도 갖고 있다고 생각된다(Little, 1955). 다음에서 제시되는 논의는 군에서 분대, 소대 그리고 중대 규모의 부대단위를 포함하는 확장된 일차적 집단 수준에서의 리더 행동에 초점을 맞출 것이다.

이러한 현상은 미군의 전투에서도 관찰되었다. 1949년 Stouffer 등은 가장 성공적인 미군 전투부대는 응집성이 뛰어나고 진취적인 리더를 갖춘 소집단이라고 보고하였다. 제2차 세계대전과 한국전쟁을 연구한 Marshall(1978)은 병사들의 소집단내 결속력이 전투에서 성공의 원동력이었다고 주장을 하였다. Walter Reed Army Institute of Research의 최근 연구들이 병사들을 대상으로 조사해 본 결과, 중대와 소대의 응집성이 그들의 동료와 리더에 대한 신뢰는 물론이고 지휘관에 대한 존경과 그들에게 관심을 가져줄 것이라는 병사들의 신념과 밀접한 관련이 있음을 보여주고 있다(Kirkland, 1987; Manning & Ingraham, 1987). simonsen, Frandsen, Hoopengardner(1985), 그리고 Malone(1983)은 신뢰, 팀워크, 일체감과 특별하다는 느낌이 지휘관들에 의해 우수하다고 판정받는 부대의 특징이라고 보고하였다.

부대의 효과성에 대한 궁극적인 기준은 전투의 성공적인 수행 정도로 평가되어야 한다. 우리가 여러 가지 전투 성공의 합리적인 예언 요인들을 개발해 사용하고 있지만 불행하게도 이러한 전투 성공의 예언 요인들에 대한 일치된 견해는 없는 것 같다.

전쟁의 역사는 전투장비 및 훈련 등 전통적인 기준에 의하면 잘 준비된 부대가 실제 전투에 임해서는 비참하게 패배한 예들을 충분하게 보여 주고 있다(Dupuy & Dupuy, 1986). 제2차 세계대전과 한국전쟁 및 베트남전을 경험한 미군의 자료들은 기본적인 전투 기술과 장비를 갖춘 부대의 경우에 부대의 응집성과 같은 심리적인 요인들이 개인과 부대의 전투력을 발휘하는데 강력한 영향력을 발휘하였다는 것을 보여 주고 있다(Marshall, 1967; Manning & Ingraham, 1987). 높은 수준의 응집력, 정신력 그리고 사기를 유지한 부대는 중동 전쟁에서도 훌륭한 성과를 거둔 것으로 나타났다(Belenky, 1987)

미군에 관한 최근의 연구들은 높은 수준의 성과들이 수직적, 수평적 응집성 및 부대 가치와 목표에 대한 공동적 참여와 밀접한 관련이 있다는 것을 가르쳐 주고 있다. 부대에 관한 지속적인 연구를 통해 학자들은 수직적 응집에 앞서 수평적 응집이 나타나며 부대 참여는 이 둘을 토대로 이루어진다는 순차적 사회발전 과정의 개요를 밝혀주고 있다. 소단위 부대의 리더들은 이 과정을 방해하거나 촉진시키는 상황을 만드는데 있어 결정적 역할을 하는 것으로 나타났다.

1) 사회적 영향력의 과정

우수한 소부대로 어떻게 발전하는지를 이해하기 위해서는 잘 모르는 타인으로 출발하는 사람들이 서로 결속하고 원활하게 기능을 발휘하는 팀을 형성하게 되는 사회적 과정을 생각해 볼 필요가 있다. Schacter(1951)와 Asch(1955)는 개인적 판단과 태도가 그들을 둘러싸고 있는 여론에 영향을 받고 있음을 보여 주고 있다. 집단 영향과 규범에 대한 동조 연구 결과는 군사심리학자들에게 매우 유용한 자료가 되었다. 응함(compliance)이란 처벌을 피하거나 혹은 보상을 얻으려고 하는 욕구에 의해 동기화 되는 행동이다. 통상 그러한 행동은 보상이나 처벌이 약속되는 한 지속된다. 동일시(identification)란 모델링 과정을 포함한다. 즉, 이때의 행동은 어떤 개인이나 집단을 닮으려고 하는 욕구에 의해 동기화되며 특별히 어떤 보상이나 처벌에 얽매이는 것은 아니다. 내면화(internalization)란 사회적 영향에 대해 가장 강하게 뿌리를 박고 있는 반응의 한 종류로서 한 가치나 신념을 자신의 것으로 수용함을 의미한다. 이 수준에서 행동에 대한 동기화란 자신의 가치에 일치하는 행동을 하는 데서 오는 내재적 보상이다.

동일시와 내면화에 밀접하게 관련되는 것이 준거 집단의 개념이다. 개인에게 있어 준거 집단이란 한 개인이 소속되기를 원하는 집단이다. 신념과 행동에 대한 특별한 영향력은 평생을 두고 일어난다고 생각되지만 준거 집단은 특히 청년기에 동료 집단들은 개인 구성원들이 동조하느냐 혹은 그만 두느냐와 관련된 수용 가능한 혹은 불가한 행동 패턴을 만든다고 하였다. 이러한 관찰 결과들은 주로 청년들로 구성된 군대 신병들이 어떻게 심리적으로 그들의 부대에 통합되는가를 시사해 주고 있다.

신뢰와 내부 의존성이 진전됨에 따라 수평적 응집은 리더와 부하들간의 신뢰와 사회적 결속을 강화시켜 준다. 병사들은 그들의 리더와 동일시하게 되고 리더들은 병사들의 복지가 리더들의 기본 임무임을 이해하게 된다. 리더와 동일시 하면 병사들은 부대의 목표, 규범을 받아들이고 소중히 하게 되며 그리고 리더의 지시를 가치 있게 생각한다. 군대 가치에 대한 증가하는 서약은 그래서 내면화의 사회적 과정을 나타내 주는 것이라고 볼 수 있다.

2) 소단위 부대의 개발 모델

전투준비에 있어 인적 요소의 새로운 강조는 최고의 실전적인 소부대 발전의 기초가 되는 과정들을 확인하고자 하는 미 육군의 사회-심리학적 연구를 발전시키는 동인이 되었다. 미 육군은 동일 부대 내에서 각 개인들의 배치나 배치된 인원을 3~4년간 함께 근무하게 하는 인사 문제에 대한 혼란을 감소시키고자 하는 몇 가지 정책을 고려하고 있었다.(Schneider & Bartone, 1989). Walter Reed Army Institute of Research의 군대 심리치료과는 1984년 이후로 개인들이 부대 속으로 사회화 되는 사회적 발달 과정과 또 부대 자체가 시간을 두고 어떻게 발전되는가에 특별한 관심을 집중하면서 다양한 부대 유형의 종단적 연구에 참여해 오고 있다.(Griffith, 1988). 아래의 개발 모델은 이 분야의 적합한 다른 연구들이 있기는 하지만 주로 위의 연구에 기초를 두고 있다. 그 내용은 소단위 부대들이 응집되고 높은 성과를 보이는 기능적 집단이 되는 과정에서 거치게 되는 발달적 단계의 발견적 도식을 제공하는 것이다. 모델의 많은 부분들이 경험적 자료에 의해 지지를 받고 있기는 하지만, 충분한 검증과 정교화 문제는 숙제로 남겨진 이론적 틀로서 훌륭하게 고찰될 수 있을 것으로 본다.

높은 성과를 나타내는 부대 개발은 〈표 3-7〉와 같이 순차적 단계를 밟아 나타난다. 매 단계는 다음 단계가 완전하게 시작되기 전에 만족할 만큼 완성되어야 하지만 다음 단계에 적합한 절차는 앞 단계가 진행되는 동안에도 시작될 수 있다. 첫 단계는 새로운 첫 임기 동안 병사들간에 수평적 응집을 공고히 하고 이를 완성하는 것이다. 수평적 결속은 병사들이 단체적 스트레스를 경험하고 의미있는 집단 목표 추구에서 오는 완성감과 성취감을 맛보는 데서 오는 것이다. 군사훈련 환경은 동료 병사들간의 빈번한 일상적 접촉은 제공하지만 기존의 사회적 연락망과의 상대적 고립을 안겨다 준다. 병사들은 이러한 이전의 준거 집단에 대한 중요성이 감퇴하면서 긴급히 필요한 준거집단을 다시 구성하게 된다.

〈표 3-14〉 우수 부대 개발위한 단계 모델

구 분	1단계	2단계	3단계	4단계
핵심 개발 과제	동료간 결속 : 수평적 응집 및 신뢰감의 구축	리더-부하 결속 : 수직적 응집 및 신뢰감의 구축	팀 숙달 : 공고화 / 통합	생성 : 탁월성 유지
사회적 영향력의 지배적 과정	동료 준거 집단과의 동조 / 추종	소부대 리더와의 동일시	부대 / 조직 가치의 내면화	성장 / 도전을 위한 지속적 노력
결정적인 리더특징	매 단계에 적합한 핵심적 리더의 행동			
능력	기본적 기술/과업에 정통	훈련을 지도할 수 있는 능력증명	전술/기동 숙달 증명	창조적이고 도전적인 과제 준비
배려	병사들의 건강 / 복지에 대한 적극적 관심	자부심 교육	병사가족을 보호할 수 있는 체계 구성	배려 리더십과 기술 교육
관심	위엄으로 병사를 다룸	예측 가능한 계획/시간의 제공	권력/권한의 분산	병사들을 동료로 대우
개입	병사들의 사명감을 공유	모든 사업에 앞서 전투훈련 우선권 부여	학습도구로 오류와 실책을 사용	전투 기술에 초점 유지
리더에 대한 피드백의 주요 출처	병사들이 상호 지지적	병사들이 그들 자신에게 부대규범을 적용	병사들이 새로운 훈련적 도전을 탐색	병사들이 특별감을 느낌 : 창의적 방법

이러한 조건들 아래서 병사들은 신속하게 신뢰와 상호 의존성에 뿌리를 둔 사회적 결속을 발전시킨다. 공유된 공통적이고 도전적인 목표의 추구는 타인의 약점 수용과 도움의 요청에 그들 자신을 약하게 만들어 개인들이 충분히 안정감을 느

끼는 분위기를 생성하게 된다(Jacobs, 1970). 수평적 응집으로 구체화 된 결속감 때문에 병사들은 오랜 기간을 통해서 '함께'라는 적절한 기대감을 유지하게 된다. 직면한 전투에 임해서는 모두가 수평적 결속과정을 강화시키게 될 것이다.

두 번째 단계는 수평적으로 결속된 동료 집단의 구성원들이 그들의 리더와 동일시를 형성하는 결정적인 시간이다. 이들 리더들은 군대의 직접적인 대표자들인 동시에 어떤 때는 안내자이며 스승이요 비판자들이다. 리더들은 교육과 훈련 노력에 대한 긍정적 결과를 목격하면서 그들의 병사들에 애착을 가지게 된다. 리더와 병사들간의 이러한 상호 사회적 결속 과정은 수직적 응집이라는 용어에 의해 요약될 수 있다. 수직적으로 응집된 부대에서 각 개인들은 리더를 그들의 성공과 복지를 위해 헌신하는 사람으로 지각하며 이들 리더들을 본받게 된다. 병사들은 그들의 리더가 말하는 조직의 목표에 대하여 시간과 체력뿐만 아니라 그들의 창의성과 지적인 능력을 동원하여 공헌하게 된다.

1단계와 2단계 동안에 병사들은 개인적, 단체적 기술을 배우고 익힌다. 3단계에서는 수평적 응집, 수직적 응집, 신체적 조건 그리고 군사적 숙달이 '전투 사기'로 가장 잘 설명될 수 있는 자신감과 부대 정신 속으로 합체된다.(Gray, 1959). 병사들은 전투 준비가 충분함을 느끼고 승리를 확신한다. 인간적 관심의 차원에서 볼 때 그러한 부대는 전투 준비의 최고 가능성 수준에 있다. 4단계는 이 준비성을 유지하고 개혁하며 개인 및 집단의 기술을 정교화하는 기간이다.

효과적인 소부대 리더들은 동료 준거 집단의 힘과 같은 사회적 영향력의 전반적 과정들을 활용한다. 또한 이들 리더들은 병사들의 기량 연마를 통해 능력을 보여주고, 부대 성원들의 복지를 도모하며, 부하들을 능력있고 가치 있는 부대원으로 존중해주며, 중요한 집단 목표와 활동에의 참여 그리고 정부의 개방적 분배를 추구하는 행동을 하게 된다. 리더들에 의한 그러한 행동 속에서 이전에 서로 간 혹은 조직에 대한 개입 경험이 없는 신병들이 공동의 목표에 대하여 헌신하며, 협조적인 팀 기술을 가진 그리고 애정적 결속으로 강력하게 뭉쳐진 집단으로 발전하게 된다. 부하들에게 있어 그러한 부대는 그 자체가 광범위한 조직적 가치에 대한 강렬하고도 고도의 인격화 된 표상일 수 있는 일차적 준거 집단이 된다. 이러한 부대야말로 미래를 대비한 전쟁 계획에 필수적인 부대이며, 지휘 계통의 마비나 외부로부터의 지원이 차단된 경우에 조차도 자율적으로 뛰어나게 기능을 발휘할 수 있는 부대이다.

소단위 부대의 리더라 할 수 있는 소대장 및 부소대장 요원들은 다음과 같은 리더십 함양에 관심을 기울여야 하겠다. 그 첫째는 우수한 소부대 개발을 통해 인적, 사회적 그리고 조직적 과정을 지속적으로 탐구하는 것이다. 최근에는 최적의 효과를 보이는 소부대를 쉽게 발견할 수 있다. 그들은 분대, 소대 그리고 중대 규모에서도 관찰되며 가끔은 무력하고 와해된 부대 가운데에서도 발견이 된다. 두 번째는 효과적 리더가 훈련될 수 있고 유지될 수 있는 과정을 연구해야 하며 적극적으로 동참하여야 한다. 세 번째는 현재 많은 중대장 및 (부)소대장들이 부하들의 능력을 배양하고 배려적이며 존중과 참여적 행동을 하게 하는 문화적-사회적 영향력의 형태를 알아보는 것이다. 그러나 초급 지휘자들은 그들이 임관 후 처음 경험하게 될 자기 자신의 리더십 능력을 정확히 알지 못하며 절박하고도 실제적인 리더십 배양의 중요성을 인지하지 못한 채 복무 적응하는데 상당 시일이 소요될 수 있다. 이에 따라 군에서는 초급지휘자들에게 필요한 계획된 훈련 프로그램과 더 효과적인 리더십 훈련체계 그리고 계급을 떠나 생산적인 개인간의 관계를 위한 소통과 협동의 리더십을 지속 교육시켜야 한다.

2. 초급 女간부 리더십 개발

군 조직의 구성으로서 여군 간부는 리더이면서 동시에 부하로서 대부분이 야전부대인 사단급 이하의 제대에서 군 복무를 하고 있다. 현재까지 여군인력은 간부대비 2%의 적은 편성, 계급별 구성비율에 있어서도 육군 여군 전체의 93%가 초급간부인 인력구조의 특성과 남성중심의 군 조직의 특수성으로 여군의 직무수행과 군 생활 부분에서 여러 가지 보완시켜야 할 요소들이 있다.

일반적으로 여군도 남군 초급간부와 마찬가지로 군 생활 경험 및 경력이 부족하고, 군의 권위적 위계조직이라는 특성으로 조직 내 참여가 수동적이고 소극적이며, 개인의 의사나 의지를 반영하기보다는 주어진 여건과 환경에서 규정과 방침에 충실하려는 경향이 강하다. 또한 여군 간부의 대부분을 차지하고 있는 초급간부는 시대적으로 1990년대 이후에 등장하기 시작한 새로운 사회체험과 기성세대와는 다른 가치관과 세계관을 가지고 있는 신세대 계층으로 자기중심적이고 철저한 개인주의적 경향이 강하며, 개인의지에 의한 주체적 삶을 살아가고, 좋아하는 것과 싫어하는 것이 분명하며, 자기주장이 강한 특성도 가지고 있다. 여군 간부의 경우에 이러한 초급간부들의 일반적 특성들을 대부분 그대로 가지고 있으므로 남군 초급간부들이 가지는 문제점도 나타나고, 여군의 구조적 특성 면에서의 문제점이 가중된다고 볼 수 있다.

1) 군 리더로서의 자질 및 가치관

군의 리더로서 가져야 할 자질은 통상적으로 지혜·신념·통찰력·결단력·용기·진취성·인내력·치밀성이며, 군 도덕성의 가치관은 국가의 이상에 대한 충성·군 조직에 대한 충성·개인적 책임감 완수·이기심 없는 행동이며, 개인적으로 갖추어야 할 윤리관은 신의·성실·정직·품위유지·준법·청렴과 검소이며, 직업적 윤리관은 충성·명예·책임·희생·복종·공정으로서,[80] 리더가 어떤 자질과 가치관을 가지고 있는가는 부하들의 심리와 태도 및 행동에 크게 영향을 주고 리더십 발휘의 효율성에도 직접적인 연관관계를 가지고 있으므로 매우 중요한 것이다.

여군의 자질에 대한 평가는 육군 여군장교 및 부사관의 선발시 최근 30:1의 높은 지원율과 각 군의 사관생도들의 우수한 학업성적, 높은 학벌과 수능성적이 높은 것과, 장기복무 지원율이 높고 직업으로서의 복무의욕이 남군에 비해 상대적으로 높은 것 등 여러 가지 면에서 매우 우수한 것으로 평가받고 있는 것이 사실이다. 또한 남녀 성차에서 오는 신체적 열세도 여군의 강인한 정신력으로 충분히 극복이 가능하다는 것이 업무수행 및 교육훈련을 통해 입증되고 있다.

그러나 군 지원동기 면에서 남녀 공히 신세대적 경향으로 판단되는 자기만족과 자기계발에 대한 우선순위가 높고, 여군의 경우는 남군에 비해 군 지원동기에 있어 의무복무라는 생각보다는 전문 직업의식이 높게 나타나고 있다. 특히, 여군은 군이 요구하는 리더의 자질적 측면이 우수한 반면, 신세대 장병들을 현장에서 지휘할 수 있는 체력적인 부분이 조금 부족하다는 평을 받고 있다.

또한, 리더로서 상하관계에 있어 인정을 받는다는 것은 자신의 능력과 리더십을 최대한 발휘할 때 이루어지며, 또한 상하간의 인정을 통해 능력 및 리더십 발휘의 상승효과를 얻을 수 있다. 최근 많은 여군들은 남군에 비해 상대적으로 불리한 위치에 놓이지 않기 위해 여군 스스로 기초체력 등의 약점을 보완하고 있으며, 군 조직 내의 여군에 대한 인식을 긍정적인 방향으로 전환시키기 위해 노력하고 있다.

---

80) 육군본부, 지휘통솔, 1997, pp.32 ~ 36.

2) 근무환경

여군 직업에 대해서는 군이 계급과 직책에 따른 임무부여와 대우, 보수 등 일반사회와 비교할 때 우선적으로 남녀 간의 차별 없이 평등하게 대우 받는 등 대체적으로 좋은 것으로 평가되어 지고 있다. 그러나 근무하는 부대(서)의 특성과 군대 환경과 조직의 특성으로 인하여 여군의 근무여건에는 상당한 어려움이 있다고 판단하고 있다. 특히 여군 간부들이 근무하게 되는 중(대)대급의 지휘관(자)와 연대급이하 참모들의 경우 대부분이 여군의 근무여건이 불비하다고 생각하고 있고, 사단급 및 교육/정책 부서의 경우는 앞의 경우보다는 조금 낫다고 생각하기는 하나 여전히 좋지 않다고 보고 있다.

이러한 원인으로는 군 조직의 특성과 열악한 근무여건이 가장 높게 나타나고 있다. 군 조직의 특성은 한마디로 남성중심의 계급구조에 의한 명령체계와 강한 집단적 결속력을 지니고 있다고 할 수 있다. 군이 남성중심적이라는 것은 군 조직 자체가 남성위주로 유지되어 왔기 때문이다. 남녀 간의 여러 가지 성차이가 존재하는 측면에서 군이 남성중심적 조직이라는 것은 여군에게는 개인에게 부여된 기본임무수행 외에 조직의 특성에 맞추어 행동하여야 하는 노력이 추가적으로 요구된다.

급변하는 사회 환경과 문화적 혜택과 밀접하게 연계되어 삶의 질이 보장되고 쾌적한 환경에 따른 욕구충족이 가능할 때 정신적 여유가 자기발전을 위한 활동이 가능하고, 이러한 것들을 통해 군 간부의 자질향상과 군 발전의 토대가 마련되는 것이나, 군의 열악한 근무여건과 복지적 여건은 남녀 모두에게 있어 군생활을 힘들게 하는 요인으로 적용하고 있다. 여군은 20대 후반에서 30대 초반까지 대부분이 결혼·출산·육아·가사의 경험을 하게 되는데, 군내 어느 곳에도 탁아시설이 없는 현실에서 여군이 정상적인 가정생활을 유지한다는 것은 상당한 어려움이 따를 것으로 판단된다. 사회적으로 출산·육아·가사의 문제를 여성의 문제로만 간주하는 현상은 많이 개선되어 지고 있어 기업적 측면·사회적 측면·정부적 측면에서 나누어 해결을 도모하여 노력하고 있으나, 우리나라의 전통적인 유교적 문화의 가부장적인 사고방식으로 일하는 여성은 누구나 많은 어려움을 가지고 있다. 이것은 여군 간부의 역할수행 및 리더십 발휘의 가장 큰 제한 요소가 될 것이다.

3) 의사소통

군 리더십에 있어서 의사소통은 대단히 중요하다. 이는 임무완수를 위한 리더십은 명령권자의 의도범위 내에서 임무수행에 있어 폭넓은 자유를 가지며, 자율성과 책임성이 요구되는 지휘방식이어야 하므로 평상시 상하간의 원활한 의사소통이 필요하다. 또한 조직에서 활발한 의사소통은 조직의 효율성을 극대화시키고 리더에게는 조직의 문제점을 인식할 수 있는 기회를 제공함으로써 문제를 해결하고, 상하간에 상호 신뢰를 쌓도록 하는 매우 긍정적인 역할을 한다.

군내 상하관계의 의사소통은 상당히 제한적이어서 문제가 있거나 필요할 때만 이루어지는 경향이 있으나, 여군 간부가 보직된 부대는 오히려 소통과 협동이 잘 이루어지고 있는 것으로 알려지고 있다. 따라서 여군 간부는 상하간에 또는 남녀간의 활발한 의사소통 및 원만한 인간관계를 위한 적극적인 접촉을 유지하려는 노력이 필요할 것이다. 또한 의사소통을 일정한 계기나 기회를 통해서만 이루려 하지 말고 다양한 통로를 만들어야 하며, 상대방의 의견이나 제안을 이해할 수 있는 긍정적인 자세를 가지는 방향으로 노력해야 할 것이다.

4) 성 차이 및 고정관념

남녀간의 차이는 그것이 어떠한 것이던지 간에 일반적으로 있다는 것에 대해 다수의 인원이 공감하고 있다. 그러한 현상은 신세대보다는 기성세대에서, 젊은 계층보다는 나이가 많을수록, 여성보다는 남성에게서 남녀차이에 대한 인정이 더 많이 나타난다.

조사결과로도 남녀차이에 대한 인식은 존재하고 있으며, 이러한 차이는 신체적 차이가 가장 크고, 성격 및 업무처리 방식 등의 차이가 있다고 하였다. 신체적 차이를 비롯한 여러 가지의 성 차이들은 여군이 군 생활에 힘든 요소로 작용하고 있는데, 이러한 생물학적, 심리학적 특성들로 인해 차별을 받아서는 안 될 것이다.

남군의 여군에 대한 인식의 조사에 있어서도 부하를 선택할 때 능력과 상관없이 여군을 부정적으로 생각하는 고정관념이 존재하고 이러한 현상은 여군의 역할 신장과 우리 군의 발전에 큰 저해 요소로 작용되고 있다고 본다.

여군의 리더십에 관한 남녀차이에 대한 선입견도 버려야 한다. 직책에 따른 인식의 차이가 크게 나타난 것은 직책별로 요구하는 리더의 자질의 차이인 결과로 판단된다. 예하 제대로 내려갈수록 여군과 남군의 리더십의 차이가 나타나고, 여군 간부들이 근무하게 되는 중대급 수준의 제대에서는 체력적인 면의 강인함과 부하들과 동고동락하면서 함께 할 수 있는 리더의 자질이 요구되기 때문으로 이것은 여군 간부들에게 있어 매우 중요하게 받아들여야 할 문제이다. 최근 女軍 사관생도와 女軍 ROTC 후보생들은 강한 체력단련을 통해 초급간부로서 필요한 기초체력을 완벽하게 구비하고 있으며, 리더십 자질을 구비하고 있다.

5) 해결방안

리더십이라는 것이 연구목적에 따라 정의를 달리하고 리더십에 영향을 미치는 요소들에 대한 판단도 리더 자신에게 초점을 두느냐, 또는 리더와 팔로어간에, 더 나아가 팔로어들간의 변화에 초점을 두느냐에 따라 많은 차이가 있다. 그러나 공통된 정의로 리더십은 리더가 팔로어에게 발휘하는 일방적인 영향력의 행사가 아니라 상호 영향력을 주고받는 상호작용의 선상에서 이루어지는 영향력 발휘 과정이라는 것이다. 여군 간부의 리더십에 대한 이해도 같은 관점에서 이루어져야 하며, 여군을 개별적 또는 독립적 인식의 개체로 생각하기보다는 조직의 일원이며 간부로서 남군에 대한 인식과 같은 인식이 필요하다. 즉, 여군에 대한 인식의 방향도 리더와 부하와의 관계 그리고 부하와 리더와의 관계로서 남녀의 성별은 다르지만 조직 내에서 서로간의 상호작용의 영향력을 주고받는 측면의 이해가 바람직하다. 기존의 많은 연구결과에서 밝혀졌지만, 여군이 군 조직에서 역할 수행 및 리더십 발휘는 성차에 의한 어려움과 제한적 요소는 있으나 근본적인 리더십에 대한 이해의 측면에서 남녀차이가 없는 것을 알 수 있었다.

가. 여군 간부의 리더십 향상

여성 리더십적인 측면에서의 여군 간부의 리더십을 강화하는 방안이다. 군내 여성 인력은 지속적으로 확대되고 있으며, 여군들은 과거에 비해 직업을 통한 성취에 높은 관심을 보이고 있으며, 군을 평생 직업으로 여기고 장기복무를 희망하고, 개인의 업무수행 및 부대와 군 조직의 일원으로서 적극적이며 능동적으로 활동하고 있다. 그러나 여군의 수가 소수에 불과하고 전통적인 사고방식으로 충분한 역량을 발휘하는 데는 여러 가지 장애요인이 있다.

따라서 조직적인 측면에서의 멘토링, 즉 여군은 상하급자간의 비공식적인 지도와 보호, 그리고 평가를 받을 수 있는 멘토를 구하고, 스스로 하급자인 여군의 멘토가 되어줄 수 있는 노력을 하여야 할 것이다. 이것은 다수의 남군들과 생활하면서 의사소통과 인간관계가 제한되는 면을 보완하고, 처음 경험하게 되는 보직 및 임무에 대한 수행태도도 올바르게 가질 수 있게 하며, 비교적 시행착오도 줄일 수 있게 될 것이다.

군 조직도 사회적 변화에 따른 정보화·과학화의 다양한 현상들의 도입으로 리더에게 요구하는 자질에 있어서 전통적 성역할에 대한 인식에 있어서 여성적 특성에 대해 중요하게 여기기 시작하였다. 여성의 섬세함과 치밀함이 장점으로 대두되고, 조직원들은 인간적이며 사려 깊은 배려를 중시하고 있다. 여성이 남성에 비해 더 인간관계 지향적이고 민주적이라는 것은 남성중심적 조직에서 불리하게 작용하거나 인간관계 때문에 어려움을 경험하는 경향이 있으나, 그렇다고 해서 여성이 남성들처럼 강력한 지배와 통제 일변의 리더십 스타일을 보인다면 더욱 부정적으로 평가받게 될 것이다. 따라서 여성적인 특성 중 어떤 것은 살리고 다른 것은 극복하는 접근이 필요하다. 즉 민주적인 성향을 유지하되, 스스로 책임지고 결정을 내려야할 순간에는 과감해야 할 것이며, 지나치게 우유부단한 것으로 보이지 말아야 한다. 또한 여성은 남성에 비해 커뮤니케이션 능력이 우수한 것으로 알려져 있다. 이것은 여군이 감정이입과 관계구축능력, 협동, 단결과 사기양양에 높은 잠재력을 지니고 있으며, 적절하게 발현될 수 있는 조직 여건을 조성하여 다원화되는 군 조직의 경쟁력을 높이는데 기여할 수 있다.

여군은 인사관리 면에서 원칙적으로는 남군과 동일한 관리를 받도록 되어 있지만, 군내 여군인력 활용의 제한 요인에 따라 보완적인 측면에서 남성과 구분하여 관리하고 있다. 그러나 이러한 현상은 더욱 여군의 역할을 제한하고 그로 인해 계급과 직책에 따른 경력과 경험요소를 한정적으로 체득하게 되고, 따라서 상위계급으로 진출할수록 역할수행 및 리더십 발휘가 어려운 상황에 처하게 되며, 남군과 동일한 평가를 받을 수 없게 된다. 여군은 부족한 점을 보완하기 위해서는 교육훈련의 기회를 적극 활용하여 전문지식의 함양과 잠재력 개발에 노력하고, 현재 수행하는 업무에만 매달려 모든 에너지를 소모하기보다는 장기적인 목표를 가지고 차기 계급과 직책에 대한 준비도 병행하여야 한다. 당장 주어진 임무에만 중점을 두기보다는 장기적 목표와 전망을 가진 리더가 되기 위해서는 사고의 폭을 넓혀야 할 것이며, 위험부담을 마다하지 않고, 부가적인 책임을 부여받아도 꺼려하지 않고 혁신적이어야 할 것이다. 그래야만 권위는 자연스럽게 생겨나고 부하들은 리더를 존경하고 따르게 될 것이다.

여군에게 있어서의 리더십을 함양할 수 있는 가장 빠른 방법은 교육훈련이다. 여군을 양성하는 교육기관은 여군이 남군에 비해 사회적으로 리더십에 대한 교육을 받을 기회가 적다는 것을 감안하여, 실질적이고 체계적인 교육을 시키는 것이 우선적으로 필요하다고 판단된다. 이를 위해 군에서는 여군에 대해 다양한 리더십 교육기회를 제공해야 한다.

나. 군 조직 문화의 발전

21세기에 사회의 변화추세에 있어 여성인력의 확대가 뚜렷하게 나타나고 있으며, 이는 여성인력 활용이 인적자원 활용의 핵심으로 일반사회의 기업의 질을 제고하고, 더 나아가 기업경쟁력을 제고하는 과정으로 보고 있다. 이러한 현상은 군 조직의 변화에도 여군인력의 필요성이 더욱 부각되어 여군인력확대로 군 조직의 우수인력을 확보하고 미래정보화사회가 요구하는 군의 효율적인 운영을 도모하고 있는 것이다.

그러나 남성중심적 군 조직문화가 형성되어 있는 우리 군은 계획에 있어서는 여성인력을 확대 활용하려는 의지는 강한 반면, 여군을 운용하는 내면적인 준비는 아직 미흡하다. 사회적 요구에 의하여 또는 상급부대(서)의 계획에 의해서 수적인 확대로 예하부대로 내려 갈수록 여군의 부적응 현상, 주변인으로 부터의 소외현상, 비정상적인 보직운용, 직무수행능력의 부족, 성희롱 문제 등 여러 가지 현상이 나타나고 있다. 이런 현상은 여군에게 한정한 능력의 문제는 아닌 것으로 여군을 수용할 수 있는 남군 또는 군 조직의 정신적 문화적 성숙도가 낮기 때문이기도 하다. 따라서 여군은 여성이라는 성역할에 안주하지 말고 전문 직업군으로서 프로정신을 가지고 새로운 업무영역을 확대해 나갈 수 있는 여성 자신의 권리와 책임을 다하는 자세를 경주하여야 하고, 남군은 남성중심적인 군 조직문화를 개선하려는 의지와 함께 의식의 전환이 필요하다. 즉 군 조직 내 구성원으로 여군에 대한 인식을 재정립하고 남성중심적 군 조직 문화에 있어서도 남녀가 상호공존하며 서로의 장점과 단점을 교류·보완·발전할 수 있는 새로운 패러다임이 요구된다.

다. 여군 복무여건의 개선

쾌적한 환경과 편리한 생활여건 하에서 건강한 삶을 향유하기 위한 인간의 욕구와 상반되는 군의 열악한 복무여건은 군 간부의 장기적인 근무의욕을 상실케 하는 주요 원인이 되고 있다. 사회의 경제적 문화적 발전은 하루가 다르게 변모해 가는데, 아직도 군은 열악한 환경속에서 생활하고 있다. 이러한 현실에서 군 간부의 자발적 충성과 최선을 다하는 복무 자세를 요구하는 데 있어 제한요소이고, 소극적 근무자세의 원인이 되기도 하며, 우수 자원들이 조기 전역하는 원인이 되고 있다.

특히 여군은 육아의 문제가 군 생활에 대한 심각한 고려요소로 작용하고, 자녀의 양육문제가 해결되지 않으면 간부로서 직무수행에 충실할 수 없고 리더십 발휘를 제한 받게 된다. 여군 간부의 결혼 및 출산은 자연스러운 현상으로 일반 가정의 여성과 같이 받아들여져야 하며, 한 가족의 아내이며 엄마로서의 역할수행이 가능할 수 있도록 친 가족과 같은 배려를 주고받는 직장문화가 군에서도 이루어져야 한다. 그러기 위해서는 정상적인 휴가·휴직 제도가 시행되어야 한다. 경력관리나 부대사정으로 필요한 시기에 정상적으로 이러한 제도들을 활용하지 못하는 사례가 종종 있다. 경우에 따라서는 기혼인 여군에 대해서는 산전·산후의 업무공백을 예상해서 보직을 제한하거나 여군을 기피하는 현상까지도 있다. 여군의 휴가 및 휴직 제도를 정상적으로 활용하는 데는 이에 따른 피해가 없도록 제도적 장치를 마련하고 남군의 의식도 개선되어야 할 것이다. 즉 출산·육아·가사의 문제는 개인의 문제가 아니라 사회적 책임이 따르는 문제로 인식되어야 하고, 여군이 효율적으로 활용되기 위해서도 군 생활과 가정생활을 병행하며 조화를 이룰 수 있도록 각종 복지제도 및 시설 등이 확충 되어야 한다. 우선적으로 군내 지역에 전문화된 저렴한 탁아시설이 확보되어야 할 것이다. 군 업무 특성상 야근 및 당직근무 등으로 하루 일과 시간의 대부분을 부대에서 보내기 때문에 지역 내에 탁아시설이 확보되면 자녀와의 접촉도 용이하고, 문제가 발생하였을 때 즉각적인 해결도 가능하고, 과다한 지출로 인한 경제적인 어려움도 축소시킬 수 있게 됨으로써, 비교적 안정적인 가정생활을 영위하게 되고, 이는 여군이 직무수행 능력도 향상되고, 군 조직운영의 효율성도 높아지게 되는 것이다.

따라서, 중·장기적인 계획 하에 여군의 근무환경을 고려한 간부의 복지제도 및 시설의 확충과 발전은 군내에 우수인력을 확보하는데 꼭 필요한 것으로 이를 통한 간부의 직무수행능력의 증대와 원활한 리더십 발휘가 가능하게 될 것이다.

제5절 전장환경에 따른 리더십 적용

1. 전장 스트레스

전장 환경은 낮과 밤의 일주성 주기에 의한 의무편성이 무시되며, 평상시의 교육훈련에서 경험하지 못했던 물리적 상황의 연속이다. 새벽시간, 야간 임무, 그리고 24시간 이상의 지속 임무 등은 신체적 피로 수준을 상승시키며, 개인의 각성 정도를 낮추고 집중력을 저하 시킨다. 지속된 물리적 피로나 정신적 긴장은 신체의 스트레스 반응을 유발하고 전투원들의 전투력 저하로 이어진다. 스트레스/피로 상승에 따른 전투력 저하는 전투력 손실은 물론 안전사고 등 전쟁 비용의 증가와 전체적 사기를 저하시키는 요인이기도 하다.

전장 스트레스는 전투력을 급격히 저하시킬 뿐 아니라 전후 전쟁 참가 군인들에게도 여러 가지 부정적 질환으로 이어져 전후 비용과 사회적 부담이 되기 때문에 전장 스트레스/피로 해소 및 완화를 위한 대처기술(Countermeasure of Battle Stress/Fatigue)의 연구개발과 적용은 매우 중요하고 시급한 문제이다.

미군은 피로에 대한 Countermeasures를 전투임무 환경에서 각성을 유지하여 생존성을 향상시키고 전투력을 유지하는 전력(Counter-fatigue Strategies)으로 표현하고 있는데 우리 군은 아직 현실에서 멀리 떨어져 있는 부분이다. 현재 우리 군의 규정이나 교범에서 피로/스트레스 Countermeasures에 대한 내용이 삽입되어 있지 않으며, 전투 피로나 전장 스트레스에 대한 Countermeasures의 개념조차 가지고 있지 않다. 현실적으로 전투원의 각성유지와 피로 감소를 위한 부분은 지휘관 수준에서 관리되고 있다. 피로수준 관리는 전투원의 피로나 각성유지보다는 안전관리 측면에서 강조되고 있으며, 임무 중 각성이 저하 되었을 때 매우 큰 전력 손실이 예상되는 전투기 조종사나 함정 근무자의 경우는 각 군 혹은 부대별로 규정과 지침을 만들어 특별안전관리를 하고 있다. (예, 공군 총화적 안전관리) 전투원의 피로 경감 Countermeasures가 전장 환경에 지속적으로 노출되어 온 일부 선진국의 개념일 수 있으나 유엔평화유지군 참여가 많아지고 참여 병력도 점차 증가될 것으로 예상하는 우리 군도 이 분야 연구 체계화에 주목할 시점이 되었다.

2. 전장 스트레스와 피로

스트레스는 사람들이 일상생활에서 경험하는 담담하거나 긴장된 몸과 마음의 상태를 나타내거나, 주변 환경과 나 사이에서 일어날 수 있는 어렵다고 느끼는 상황에 의한 곤란함 등을 표현하는 일반적인 용어로 사용되고 있다. 신체의 스트레스 반응은 생존에 대한 위협으로부터 그 근원을 찾을 수 있다. 한 생물체가 포식자나 경험하지 못한 위협에 직면했을 때 근육을 움직여 몸의 털을 세우거나 적에게 위협이 될 수 있는 자신의 신체적 특성을 최대한 이용하여 시간적 여유를 얻으며 대응 반응을 시작하게 된다. 대응 반응은 뇌의 시상하부에서 시작하여 자율신경을 통해서 처음 시작되어 전신으로 신호를 주며, 이어서 시상하부에 시작되는 호르몬 체계가 뇌하수체와 부신으로 이어지는 축(Hypothalamic-Pituitary-Adrenal(HPA) Axis)을 통해 지속된다. 자율신경과 HPA 축을 통해 매개되는 스트레스 반응은 혈중 포도당의 공급을 증가시킴으로서 에너지 생성을 늘리는 동시에 에너지 소비가 많은 소화기능(Digestion), 면역 기능(Immunity), 성적 활동(Sexual Activity)과 같은 생리적 기능은 일시적으로 제한한다. 아울러 산소공급과 에너지 공급을 증가시키기 위해 호흡량을 늘리고 혈류량을 증가시킨다. 또한, 맞서 싸우거나 도망을 하기 위해 근육의 힘을 강화시킨다. 그러므로 Fight 혹은 Fright 반응으로 설명되는 스트레스 반응은 위급상황에 적극적으로 저항할 것인지 아니면 피해야할 것인지를 판단하여 직접 행동으로 이어지게 하는 정상적인 생리반응으로 이해할 수 있다. 그러나 순간적 위협에 대처하기 위한 신체생리적 반응이 지속될 경우 면역기능, 소화기능과 같은 일상의 필수 생리기능들이 제한되고 근육이 강직되어 유연성을 상실하거나 반응속도가 느려지는 등 스트레스 반응에 동반된 여러 부정적 영향을 받게 된다.

전쟁에 참가한 군인에게 가중된 심리적 부담, 육체적 피로, 그리고 불규칙한 일주성 주기(Circadian Rhythm)는 스트레스 반응을 유발하여 신체 생리적 변화로 나타난다. 전쟁지역에 전개된 것 자체만으로도 참전 군인들의 7%가 외상 후 스트레스 증후군(PTSD : Post Traumatic Stress Disorder), 9%가 우울증 증세를 나타내었고, 전투 환경에 노출이 많을수록 삶에 대한 애착이 감소하였다. 공포, 놀람, 그리고 근심과 같은 심한 감성적 변화는 스트레스 수준을 높이고 신체 피로를 가중시켜 신체 생리적 변화를 불러오는 것으로 해석되어 질 수 있다. 결국 스트레스 반응은 위급상황에서 자신을 방어하기 위한 내재된 생리적 반응이나, 전장 환경에서 지속되거나 반복적으로 나타날 수밖에 없는 스트레스 반응은 근육을 뭉치게 하여 유연성을 없애고 통증을 유발하고 혈압을 상승시키며 소화기능과 면역기능을 약화시켜 개인의 건강을 위협하고 전투력의 약화로 이어진다.

피로는 정도의 차이는 있지만 모든 사람이 경험하는 정신생리적인 현상으로 명확히 정의하기는 힘들며 생리적인 측면과 정신적인 측면으로 분리하여 정의할 수 있다. 생리적으로 피로는 반복되거나 계속된 근육에 대한 자극에 일시적으로 근육의 반응성을 상실하는 것을 말하며 누구나 강도 높은 육체적 과업의 결과로 생리적 피로를 경험할 수 있다. 생리적 피로는 〈표 3-14〉에서 나타낸 것처럼 수면부족, 영양부족 등의 원인에 의해 가속되거나 중해질 수 있다. 정신적 피로는 육체적 임무가 아닐지라도 반복된 비육체적 과업이나 반복되지 않더라도 상대적으로 복합적이고 복잡한 비육체적 임무를 수행하거나 고립된 상태에서 단독으로 임무를 수행해야 할 경우 발생되며 인지기능의 저하와 주의력 결핍 등은 생리적 피로와 무관하지 않다. 정신적 피로가 누적될 경우 불안, 걱정, 스트레스 수준이 상승되어 개인과 임무조원의 전투력을 약화시키는 결과를 초래할 수 있다.

피로의 수준은 〈표 3-15〉와 같이 급성피로, 일주성 피로, 누적피로, 만성피로로 구분할 수 있다. 피로는 개인의 주관적 경험이나 일반적으로 주의력이 저하되고 업무의 질을 낮추는 공통의 특징이 있으며, 초기 피곤함을 느끼는 것으로 시작하여 차츰 유머를 잃고 주의력이 결핍되며, 갑자기 임무를 거부하는 등의 돌발행동의 원인이 되기도 한다. 또한 같은 임무조원이나 상사 혹은 부하들과의 의사전달에 문제가 야기되고 급기야 감정조절이 안되고 주변인과의 불화를 초래하게 된다. 동일 임무를 수행하는 임무조원간의 의사전달 미흡과 불화는 단위부대의 전투력 손상으로 이어진다.

〈표 3-14〉 피로의 원인과 결과

	원 인	결 과
생리적 피로	반복된 육체적 임무 수면부족 소음 기온의 급변화 산소결핍 신체조건 약화 임무·휴식 주기 급변	주의력 결핍 근육 반응성 저하 의사전달 미흡 감정조절 실패
정신적 피로	원 인	결 과
	반복된 비육체적 임무 복합된 비육체적 임무 고립상태	주의력 결핍 인지기능 저하 불안 스트레스 의사전달 미흡 감정조절 실패

〈표 3-15〉 피로의 수준

분 류	내 용
급성 (Acute)	한 가지 임무 수행 후 경험하는 피로로 일회의 완전 수면으로 회복될 수 있는 피로
일주성 (Circadian)	24시간 일주 주기 동안 각성과 수면 주기의 변화에 의해 유발되는 피로로 일회의 숙면으로 회복 가능하다.
누적 (Cumulative)	일주일 이상의 일하는 시간 변경이나 수면부족 등에 기인하며 일회의 숙명으로 회복이 불가한 피로로 미군의 경우 누적피로부터 만성피로로 분류한다.
만성 (Chronic)	연장된 누적피로에 의해 발생하며 단순 수면으로 회복이 불가한 상태에 이른 것을 의미한다.

3. 전장 공포 극복방안

전장공포는 전투를 시작하기 전에 가장 많이 느끼고, 전투경험이 많아 질수록 전장공포가 감소하는 경향이 있는 것으로 〈표 3-16〉와 같이 나타났다.[81]

〈표 3-16〉 전장 공포 경험 시기

구 분	계	전투 전	전투 중	전투 후
인원 (%)	287 (100)	177 (59.5)	78 (26.2)	32 (10.7)

이와 같이 전장에서는 평상시 아무리 강한 훈련을 시켰다 하더라도 하나 밖에 없는 소중한 목숨을 잃거나 부상을 당할 수 있다는 공포심이 발생하기 때문에 전투 참가자들은 극심한 스트레스(combat stress)를 받게 된다.

그런데 전장공포가 효과적으로 관리되지 못하면 다음 사례와 같이 전투 참가자들이 통제불능 및 공황상태에 빠지게 된다. 그리고 심한 경우에는 자기 통제력을 잃고 전장에서 이탈하거나 지휘자의 명령에 복종하지 않는 경우도 발생하게 된다.

"작전지역에 폐광이 많이 있었다. 폐광을 지나가다가 대대장이 병사들에게 가서 수색을 하라고 했는데 아무도 안 들어갔다. 대대장이 지시하는데도 말을 안 들어서 결국 그냥 지나쳤다. 수색대대가 훈련이 잘되어 있어도 실제로는 못 들어갔다. 나중에는 무감각해져서 들어갔던 것 같다."

- 대침투작전 참가자 증언

"매복 중에 앞에서 뭔가가 움직이는데 총을 안 쏘고 있는 경우도 있었지. 그래서 나중에 그런 사실을 알고 병사들에게 직접 물어봤더니 무장공비는 백발백중인데 자기들은 그게 안되니까 공연히 사격해서 내 위치를 노출시키면 바로 당할 수 있으니까 총을 안 쏜 거야."

- 대침투작전 참가자 증언

81) 최병순, 전장 공포 극복방안, (National Defense Leadership Journal 48), 2011. pp. 61~63.

이처럼 전장에서의 공포심은 위험에 대한 정상적이고, 불가피한 반응으로 자신의 주변에서 일어나는 위험 징후를 감지한 인간의 몸이 나타내는 신체적 위험 신호이다. 전장에서 전투하는 병사가 싸워야 할 실제적인 적은 적의 총탄보다도 이러한 전장 공포라고 할 수 있다.

미 육군 리더십 교범에서는 전장공포로 인한 전투 스트레스를 이겨내고 전투에서의 심리적 충격을 감소시키기 위한 방안을 다음 〈표 3-17〉와 같이 제시하고 있다. 그리고 전투 스트레스를 야기하는 전장공포를 극복할 수 있도록 철저한 준비와 계획, 그리고 실전과 같은 훈련을 할 것을 강조하고 있다.

〈표 3-17〉 전투 스트레스 관리 지침

- 전투상황에서는 공포가 존재함을 인정하라
- 리더와 부하 간에 개방적인 의사소통이 이루어지도록 하라
- 불필요한 위험을 추측하지 마라
- 관심과 배려를 하는 리더십을 발휘하라
- 전투 스트레스 반응들을 전상(戰傷)으로 취급하라
- 장병들의 인내의 한계를 인정하라
- 전투 시 도덕적 행동의 의미에 대해 공개적으로 토론하라
- 장병들과 그 가족들의 개인적 회생에 대해 보상하고 인정하라

이러한 전장공포 극복을 위해서는 자신감과 동료에 대한 신뢰가 가장 중요한 요소이며, 지휘관의 자신감, 충분한 훈련, 지휘자의 리더십, 적에 대한 정확한 정보 등이 효과적인 것으로 나타난다.[82)]

〈표 3-18〉 전장 공포 극복을 위한 방법

구 분	계	지휘관 자신감	충분한 사전 훈련	진두 지휘	적정보 제공	아군 정보 격려	동료애	기타
인원 (%)	207 (100)	57 (27.5)	55 (26.6)	41 (19.8)	24 (11.6)	8 (3.9)	17 (8.2)	5 (2.4)

82) 최병순, 전장 공포 극복방안, (National Defense Leadership Journal 48), 2011. pp. 61~63.

그러나 이러한 방법을 적용함과 함께 전장 리더십 역량을 강화해야 한다. 왜냐하면 전장에서 전장 공포를 극복하고 부대원들이 하나가 되어 용감하게 전투에 몰입하도록 전투의지를 불러일으키는 가장 중요한 요소의 하나가 지휘자의 리더십이라고 할 수 있다. 따라서 전장에서 효과적으로 리더십을 발휘하기 위해서는 다음과 같은 전장 리더십을 개발하여야 한다.

첫째, 간부들만이 아니라 병사들에게도 리더십 교육을 실시함으로써 전자에서 소대장, 부소대장 또는 분대장 유고시 리더십 승계가 원활히 이루어지도록 해야 한다.

〈그림 3-16〉 계급별 병 리더십 개발목표 및 기대효과

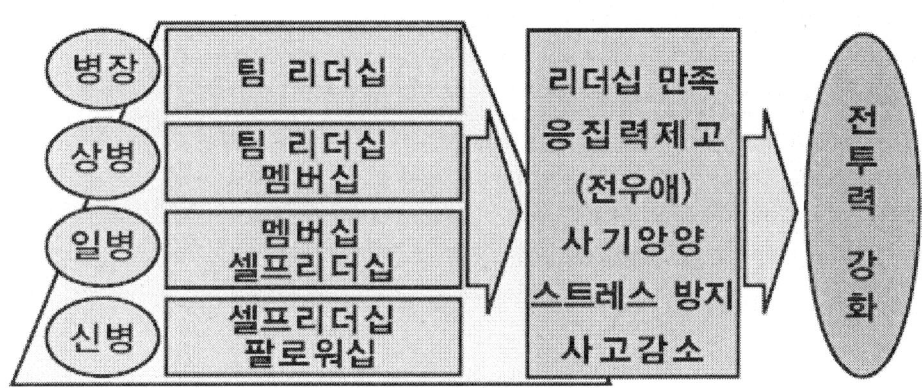

둘째, 병사들에게도 평상시 지휘 실습 기회를 부여해야 한다. 장교들은 양성교육 과정과 군 복무과정에서 지휘자 직책을 단계별로 수행하면서 리더십을 체득하고 있지만 병사들은 리더십을 발휘할 수 있는 기회가 매우 제한되어 있다. 이렇듯 병사들이 분·소대장 역할 훈련을 실제 실시하고, 이러한 훈련 및 평가 시스템이 도입된다면 소·중대장은 평소에 분대장이나 소대장이 자신을 대신하여 임무를 수행할 수 있도록 훈련을 하게 될 것이고, 분·소대장도 자신이 분대장 및 소대장을 대신하여 실제로 부대를 지휘해야 한다는 책임감이 높아지기 때문에 보다 더 성실하게 소대 또는 중대를 지휘할 수 있는 역량을 개발하기 위한 노력을 하게 될 것이다.

셋째, 각급 양성 및 보수교육 기관에 전장 상황과 유사한 실내 및 야외 전장 지휘 실습장을 만들고, 각급 교육과정에서 전장 리더십 교육을 강화해야 한다. 실례로 미군의 경우에는 이라크전에 참전하는 병사들의 시가전 훈련을 위해 이라크 거리를 조성하여 아랍인들이 거리를 돌아다니게 하고, 할리우드 특수효과를 활용하여 실제 전투 상황을 연출하여 전투 지휘 실습을 강화하고 있다.

따라서 이러한 계층별 및 상황별 리더십 교육을 실시할 뿐만 아니라 군 복무과정에서 장병들이 리더십을 체득할 수 있는 기회를 제도적으로 확대할 필요가 있다. 평상시부터 병사들에게 보다 많은 권한과 책임을 부여한다면 창의적이고 능동적인 복무태도를 유발할 수 있고, 일선 지휘관들의 지휘부담을 경감시켜주고 초급 지휘자 부재시에도 전투력을 유지할 수 있게 될 것이다.

제4장

공직자 소통 리더십

제4장
공직자 소통 리더십

제1절 공직분야 리더십 환경

최근에 정부기관을 포함하여 수많은 기업들과 조직원들이 법적 혹은 윤리적 기준을 위반하고 있다고 비난을 받는다. 하루도 빼 놓지 않고 매스컴을 통하여 발표되는 부정부패와 관련된 기사들을 보면서 도덕과 윤리에 무감각한 사회에 대하여 이제는 놀라지 않을 정도로 익숙하다. 무엇이 국가사회 그리고 각 구성원을 이렇게 부패하게 만들고 있는가? 이제는 여기에 의문을 가져야 할 때이다. 왜냐하면 더 이상 공직자들의 부정부패, 기업의 빗나간 윤리의식, 부동산 투기로 인한 불로소득에 익숙한 사회의 부조리 등을 계속 허용한다면 이 사회가 붕괴될 가능성이 높기 때문이다. 따라서 이를 근절할 수 있는 도덕과 윤리적인 리더십이 어느 때보다도 필요하다.

스탈린과 히틀러는 20세기 중반 가장 큰 영향력을 행사한 권력자이다. 스탈린은 소비에트 공화국 국민 2,000만 명을, 히틀러는 유대인 600만 명을 사망에 이르게 했다. 실로 도덕과 윤리의식이 없는 리더가 어떤 죄악을 범할 수 있는지를 극명하게 보여준 사례이다. 멕시코는 부패한 독재자로 인해 GDP의 9.5%가 손실되었다고 한다. 이들은 보건과 교육에 대한 지출 대신 상납을 위한 활동에 더 많은 관심을 가졌다. 국내의 유수 기업들도 마찬가지이다. 2011년 부산 저축은행이 파산하였을 때 수많은 서민 예금주들이 예금을 몽땅 잃었다. 이렇듯 기업 하나가 무너지면 그 피해는 고스란히 국민이 진다.

나쁜 리더십은 개인 수준의 대가뿐만 아니라 집단 수준의 대가도 초래한다. 실례로 후안 안토니오 사마란치(Juan Antonio Samaranch)는 친구들과 함께 올림픽 경기의 명예를 더럽히고 국제올림픽위원회에 부정부패의 유산을 남겼다. 위원장 혼자서는 잘못을 저지를 수 없고, 이를 묵인하거나 추종하는 세력의 협조가 있어서 가능했다. 국제올림픽위원회(International Olympic Committee: IOC)가 맹목적으로 사마란치를 지지하지 않았다면 그의 부패행위가 그렇게 오래 지속될 수는 없었을 것이다. 또한 국제올림픽위원과 관리들의 협조도 기여를 하였다. 그들은 경기 유치 경쟁에서 우선권을 얻기 위하여 열심히 상납을 하고 이익을 얻고자 했다. 사마란치의 문제에 대하여 측근 그 누구도 경고를 하지 않았고 내부고발도 없었다.

우리 사회뿐만 아니라 세계 각국에서도 노블리스 오블리제(noblesse oblige)가 재삼 강조되는 분위기를 볼 수 있다. 노블리스 오블리제는 상류 사회 즉 귀족계급의 도덕적 의무 책임감을 의미한다. 그리하여 노블리스 오블리제는 중세와 근대사회에서도 조직을 이끄는 리더십의 표본이다. 시민들이나 부하들은 리더의 말보다는 행동에서 배운다는 것을 인식한다면 사회의 지도층에 있는 리더들의 행동은 시민들의 모범이 되어야 한다. 재산이 많은 사람이 더 많은 세금과 기부금을 내는 것은 그들의 의무일 뿐만 아니라 자긍심으로 삼아야 한다. 최근 경제의 위기와 더불어 부정부패 위기에 직면하고 있는 많은 나라에서 사회 지도층인 리더들에게 노블리스 오블리제가 강조되는 것이 이러한 맥락이다.

특히 한국 사회의 지도자들이 본받아서 교훈 삼아야 할 일은 바로 금전에 대한 투명성과 부정부패에 대한 확고한 신념이다. 흔히들 정치세계에는 돈과 밀접하게 관련되어 있다고 믿는 것이 통념이다. 요즘 우리 나라에서는 고위공무원(정치인) 당사자는 물론 참모진까지 돈과 연루된 경우가 허다하다. 일반적으로 돈에 대한 애착은 동서고금을 막론하고 인간이 느끼는 공통점이 아닐까? 그러나 두 번에 걸쳐 국가를 위한 봉사에는 대가가 필요 없다는 것을 행동으로 보여 준 프랑스 전 대통령 샤를 드골(Charles de Gaulle)은 돈과 관련된 부정부패를 근절시키는 모범을 보였다.

1946년 1월 정부의 수반 지위를 포기하고 후계자 펠렉스 구앵(Félix Gouin)을 내세우면서 은퇴한 후 의회는 국가 최고 공훈자로서 드골의 세금면제를 가결했다. 하지만 드골은 이를 받아들이지 않았다. 1969년 4월 대통령직을 사임할 때는 퇴역군인으로서 연금과 전직 대통령으로서 마땅히 받아야 할 연금조차 사양했다. 이러한 모범은 드골 자신의 후계자들이 권력을 남용하게 될 것을 미리 방지하는 드골의 강력한 의지라 할 수 있다. 평소 국가관과 가치관이 남다르지 않으면 도저히 실천에 옮기기 어려운 것임에 틀림없다. 드골은 또한 1952년, 62세 당시 세 통의 유언을 작성하여 국장을 거부했고, 드골은 생전에 전쟁회고록의 인세 전액도 정신박약아들을 위한 '안느 재단'에 기부했다. 권력을 이용해 부패의 길로 접어든 수많은 정치인들을 쉽게 볼 수 있는 현실에서 이토록 드골의 위대한 리더십이 새삼 주목받는다. 이것이야 말로 진정 노블리스 오블리제가 아닐까.

리더의 정의 중 하나는 영향력을 행사하는 사람이다. 좋은 영향력을 행사하는 사람은 좋은 리더가 되고, 영향력을 잘못된 방향으로 행사하는 사람은 나쁜 리더가 된다. 또한 어떤 사람이 리더가 되느냐에 따라 수많은 사람의 운명이 바뀐다. 싱가포르와 필리핀이 그렇다. 리콴유(Lee Kuan Yew)는 1965년 아시아에서 가장 가난하고 힘겨웠던 싱가포르의 총리로 취임해 30년 만에 세계에서 가장 살기 좋은 나라로 만들었다. 반면, 페르디난드 마르코스(Ferdinando Edralin Marcos) 필리핀 대통령은 아시아에서 두 번째로 잘 살던 필리핀이란 나라를 파산시키고 말았다. 그 결과 필리핀 사람은 일류대학을 졸업하였어도 싱가포르에 가서 가정부로 일하는 신세가 되었다.

위의 정치가들의 리더십 유형에서 볼 수 있듯이 가장 강력한 리더십의 유형이 도덕적 리더십이다. 간디의 비폭력 무저항 운동, 정치적 이유 때문에 27년 동안 수감생활을 하면서 인종차별 철폐를 주장한 넬슨 만델라, 킹 목사의 인권운동, 테레사 수녀의 빈민 구제활동 등은 대표적 도덕적 리더십의 사례들이다. 도덕적인 리더들이 갖는 공통적인 특징들은[1] 첫째, 추종자들이 리더를 존경한다. 이는 리더가 추종자들의 필요와 열망을 동시에 충족시켜주기 때문이다. 둘째, 도덕적인 리더는 훌륭한 교육자이다. 성숙한 대화를 통해 추종자들을 안내하기 때문이다. 셋째, 리더와 추종자 사이에는 신뢰가 있다. 도덕적 신뢰감을 통해 추종자들로부터 깊은 충성심을 이끌어낼 수 있다. 넷째, 가치와 비전을 공유한다. 간디는 세계를 변화시킨 가치를 가졌다. 그리고 그 가치를 추종자들과 철저히 공유했다.

---

1) 서성교,(2003) 하버드 리더십 노트, 원앤원북스, pp.195-196.

1. 오늘날 윤리적 분위기

최근 법과 윤리의 집행과 준수가 곳곳에서 위기를 맞고 있다. 만약 조직의 리더들이 탐욕과 이기심을 가지고 행동을 한다면 자연히 부하들은 자신들의 비윤리적 행위를 당연한 것으로 생각하게 될 것이다. 예를 들어 관리자들은 최고 관리자들이 판매와 수입의 성장을 유지하도록 강요하는 압력 때문에 부정에 의존하게 된다고 말한다. 따라서 부하들에게 옳은 일을 하도록 촉구하고, 리더들이 윤리적 행동의 모범을 보인다면 윤리적 문제는 훨씬 더 적어질 것이다.

실제적으로 리더에게서 가장 바람직한 자질에 대한 연구에서는 리더의 가장 중요한 속성으로서 정직과 성실을 보고하였다.[2] 불행하게도 정치인과 기업인들에 대한 대중의 인식은 별로 좋지 않다. 국내 모 일간지와 한국형사정책연구원 및 시민단체가 준법의식에 대한 실태를 분석한 것을 보면 "청소년 부패·반부패 의식조사"에 의하면 91%가 한국을 부패한 나라로 보고 있으며 가장 부패한 집단이 정치권이고 응답하였다. 응답자의 64%는 법을 어겨도 제대로 처벌을 받지 않기 때문에 부패가 만연한다고 보았다. 90%는 법보다는 권력이나 돈의 위력이 크다고 생각하고 있었다. 95%는 돈이나 권력이 있는 사람은 법을 어겨도 처벌을 받지 않는 경향이 있다고 응답해 시민들은 대체로 준법의식이 희박하며 법집행의 형평성을 의심하고 있었다.

우리 나라의 지도자들은 우리 국민이 무엇을 원하며, 어떻게 정치를 해야 행복해질 수 있는지, 사람을 사랑하는 마음에서 정치를 하는 모델링을 시민들에게 제시해야 한다. 진보와 보수로 나누어 갈등하는 사회를 보면 참으로 한심하다. 무엇이 우리 사회와 국민을 행복하게 할 것인가를 논하여야지 진보와 보수를 나눈다는 것이 무슨 필요가 있는가?

기묘한 방법으로 기업의 재산을 자손에 승계하는 부도덕한 문화, 정부제도의 잦은 변화로 이득을 보는 부유층과 손해 보는 서민들이 늘어나고 있다. 정보의 독점으로 인한 부유층의 부당한 투기를 예를 들자면 한도 끝도 없이 전반적으로 사회는 병들어 가고 있다.

우리 민족은 부정부패에 너무 너그러운 면을 발견한다. 선진 국가들의 부유한

2) James M. Kouzes and Barry Z. Posner, 1993, *Credibility: How Leaders Gain and Lose It, Why People Demand It,* San francisco: Jossey-Bass, 255.

사람들과 고위 공직자는 대체로 존경을 받고 있지만 우리 나라의 경우는 멸시와 경멸의 대상으로 보고 있다. 이는 우리 사회의 도덕과 윤리의 부재 때문이다.

공위 공직자와 기업하는 사람들은 항시 윤리를 잊어서는 안 된다. 고위 공직자가 기업가와 결탁하여 돈을 챙기고, 기업가가 정치인 및 고위공직자와 검은 거래의 방법을 이용하여 돈을 버는 것은 기업의 정도가 아니다. 고위 공직자는 정책과 리더십을 통해, 기업가는 도덕과 윤리를 지키면서 경영으로 승부를 걸어야 한다. 다시 강조하건대 시민들은 리더들의 말보다 행동에서 배운다는 것을 잊어서는 안 된다.

준법정신이 강하다고 하는 미국에서도 대중들의 54%는 광범위한 기업 관리자들은 부정직하고, 59%는 사무직 직원들도 규칙적으로 비윤리적 행위를 한다고 믿는다. 미국의 대중들은 비윤리적이고 그리고 사회적으로 무책임한 기업 활동에 환멸을 느낀다고 한다. 그러므로 리더들은 비윤리적 타락으로 빠져들어 가는 문화와 체제들을 향상시킬 책임이 있다. 2001년 11월 8일에 1990년대 경기 호황기에 급부상하여 초고속으로 성정한 Enron이 지난 4년 동안 회사의 수입을 5억 8,600만 달러나 부풀렸다는 사실을 시인했을 때 사람들은 경악을 금치 못했다. 이 회사는 한 달이 채 지나지도 않아 법정관리에 들어갔으며, 2002년 초에는 법무부로부터 회계감사를 받으라는 지시가 떨어졌다. 내사에 들어가 조사관들은 Enron의 임직원들이 사원들에게는 자사주를 팔지 못하게 해 놓고 정작 자신들은 갖고 있던 주식을 10억 달러 이상 매도했다는 사실을 알아내고 그들 중 얼마나 많은 사람들이 회사의 상태를 알고 있었는지 조사하였다. 결국 회사는 파산했고, 직원들의 퇴직금은 날아갔으며, 수백만 명의 투자자들은 총 600억 달러 이상의 손실을 입었다. 그뿐인가. Adelphia Communication 창립자와 세 아들들은 재정상태가 어려운 회사를 담보로 31억 달러를 대출받아 개인들의 물품구입이나 가족행사에 돈을 썼다는 혐의로 기소되었다. 이 회사 역시 법정관리에 들어갔다.[3] 이러한 사태들이 수없이 발생하자 기업 윤리를 염려하는 사람들이 더욱 많아졌고, 사람들의 궁금증도 커졌다. 왜 이런 일들이 일어나는가? 앞으로 이러한 일들이 계속 일어날 것인가?

---

3) John C. Macwell, 2003, *There's No Such Things as Business Ethics*, Warner Books Inc., 조용희 옮김, 2004, 결정적 순간의 원칙, 청림출판, pp.11-12.

〈표 4-1〉 도덕적으로 믿을 수 있는 올바른 지도자

지도자의 유형	완벽한 신뢰를 받은 비율
대기업 간부	3%
정부의 공직자	3%
영화와 TV 제작자, 감독, 작가	3%
뉴스리포터와 기자	5%
중소기업체 사장	8%
목사, 성직자, 종교지도자	11%
교사들	14%

출처: Maxwell(조영희 옮김), *op. cit.*, p.15.

George Barna의 여론조사를 예로 든다면 오늘날 윤리의식이 어느 정도 무너졌는지를 파악하는 데 도움이 될 것이다.

2. 비윤리성의 발생원인

왜 윤리가 이러한 상태에까지 이르게 되었는지에 대한 원인은 각 나라의 문화마다 그 원인을 다르게 찾을 수 있을 것이다. Maxwell은 그나마 공통적인 원인에 대하여 다음과 같이 언급한다.

1) 가장 편하기 때문이다.

윤리적 딜레마에 빠져 있을 때 일반적으로 어떻게 행동하는가? 쉬운 방법은 무엇인가? 간단한 거짓말로 나의 실수가 다 덮어진다면 어떻게 행동할 것인가? 고객을 끌어들이기 위하여 얼마나 과장된 광고를 하여야 할까?

예전보다도 오늘날 사람들의 윤리수준은 떨어지고 있는 듯하다. 왜 잘못된 행동인줄 알면서도 속임수를 쓰는 것일까? 한번만 하고 그 자신을 합리화하면서 속임수를 쓰는 것일까? 속임수로 실수나 실패를 은폐하거나 커다란 이득을 가져올 수 있다면 서슴치 않는다는 것은 불행한 일이다.

2) 이겨야 하기 때문이다.

대부분의 사람들은 지기 싫어한다. 특히 성취와 성공의 욕구가 큰 사람일수록 더욱 강할 것이다. 승리를 위하여 윤리와 성공 가운데 하나만 선택하라면 대부분의 사람들은 무엇을 선택할 것인가? 참으로 선택하기 어려운 문제이다. 그러나 윤리문제를 받아들이면 선택의 폭과 기회, 사업적 성공의 가능성이 줄어들 것이라고 믿는 사람이 많다. 착한 사람이 늘 꼴찌로 도착한다는 것은 오래 전부터 내려오는 믿음이다. "도덕은 개인적인 문제이며, 비용이 많이 드는 사치"라고 말하는 하버드 대학의 Herny Adams 역사학 교수의 말과 일맥상통한다. 요즘처럼 이기주의가 만연하고 빚더미에 허덕이는 문화 속에서 사람들이 없어도 살 수 있다고 생각하는 유일한 사치가 윤리라니 우리 사회는 딜레마에 빠져 있는 것이다.

3) 자신의 선택을 합리화할 수 있기 때문이다.

상황윤리가 퍼지고 합법성을 획득하는 수단이 팽배해지면서 윤리적 혼돈이 발생하고 있다. 모든 사람들이 상황에 따라 다르게 적용하는 각자의 기준을 가지며, 그러한 태도가 장려되었다. 이 말은 각자가 기준으로 삼는 윤리가 무엇이든 괜찮다는 것을 의미한다. 그러나 상황을 더욱 어렵게 만드는 것은 자기 자신에게는 관대한 기준을 적용하고 가장 선한 의도로써 자신을 판단하는 반면, 다른 사람들은 높은 윤리 기준과 가장 나쁜 행동으로써 판단한다는 점이다. 그러므로 10명의 사람이 있으면 합리성은 각자에 적합한 10개의 합리성이 있을 수 있다. 이런 가운데 순수하고 보편적인 합리성을 도출한다는 것은 매우 어려운 일이 될 것이다. 즉 10명의 사람을 전부 포함한 합리성은 이론적으로는 존재하나 합리성에 각자 합의를 이룬다는 것은 실제로는 어려울 것이다.

가. 올바른 윤리란[4)]

워싱턴에 위치한 윤리자원센터(Ethics Resources Center)에 의하면, 옳은 일에 헌신하고 사회적 책임을 약속하며, 이를 꾸준히 지키는 기업들이 그렇지 않은 기업보다 수익성이 더 높다고 한다. 존슨&존슨(Johnson & Johnson)의 전 CEO 제

4) Maxwell, *There's Such Things as Business Ethics,* Warner Books Inc., 조영희 옮김, 2004, 결정적 순간의 원칙, pp.27-28.

임스 버크 회장은 이런 비유를 들었다. "만일 30년 전, 다우존스 혼합주식(composite of the Dow Jones)에 3만 달러를 투자했다면 지금쯤 그 가치는 13만 4천 달러에 이를 것입니다. 하지만 같은 3만 달러를 사회적·윤리적 책임 의식이 높은 회사에 넣어 두었다면 지금쯤 그 가치는 1백만 달러 이상일 것입니다."

물론 윤리적 행동을 했다고 해서 모두 성공하는 것은 아니다. 그렇다면 윤리적 행동이 성공을 위한 초석은 될까? 물론이다. 성공이라는 결과물은 윤리와 능력이 합해졌을 때 나온다. 반면에 윤리의 경계선을 끊임없이 시험하는 사람은 반드시 그 선을 넘을 수밖에 없다. 장기적으로는 속임수로 결코 성공하지 못한다. 왜냐하면, 진실은 늘 밝혀지기 때문이다. 윤리적인 행동이 단기간에는 손해처럼 보이지만 윤리를 지키지 않으면 결국에는 실패한다. 늘 지름길을 찾고, 기만과 거짓된 행동을 일삼는 사람이 나중에 잘되는 것을 본 적이 있는가?

"나라가 번영하기 위해서는 도덕적 성품 위에 나라가 건설되어야 합니다. 그리고 성품이 나라의 힘을 이루는 첫 번째 요소이며, 나라의 존속과 번영을 보증하는 유일한 길입니다."라고 미국 하원의원이자 교권운동가인 Jabez L. M. Curry가 말했다.[5] 똑같은 원리를 기업에도 적용할 수 있다.

그렇다면 윤리란 무엇이며 모든 상황에 효과적인 하나의 기준은 어디에서 발견할 수 있을까? 평안히 잠을 자고, 일에서 성공하며, 행복한 결혼 생활을 영위할 수 있게 해주는 것과 내가 하는 모든 일이 잘되고 있다는 자신감이 들게 하는 가이드라인을 어디에서 찾을 수 있을까? 보통 사람들은 윤리를 어떻게 생각하는가? Maxwell의 윤리의 기준은 황금률[6]로서 다른 사람을 존중해 줌으로써 자신도 존중을 받게 되는 것이고 결국은 인류애가 확산된다는 것이다.

황금률은 모든 문화권 내에서도 존재한다. 다양한 형태로 모든 종교에서도 존재하고 있다. 예를 들면:

- 기독교 : 남들이 내게 해 주기를 바라는 행동을 그들에게 베풀라.
- 이슬람교 : 자신만큼 이웃을 사랑하지 못하는 자는 신앙심이 없는 사람이다.

---

5) Maxwell. *There is no such Things as Business Ethics*, 조영희 옮김, 결정적인 순간의 원칙, p.29.

6) 마태복음 7장 12절과 누가복음 6장 31절에서 인용
이는 예수가 산 위에서 제자들과 그를 따라온 무리들에게 가르치신 말씀 중 이웃 사랑에 관한 교훈에 속한다. 즉 "자신이 대접받고 싶은 대로 다른 사람을 대하라."를 의미한다. 다른 말로 자신이 대접을 받고 싶은 만큼 남을 대접해 주는 것이 황금률이라는 것이다.

- 유대교 : 내가 싫어하는 행동을 다른 사람에게 하지 말라. 이것은 진정한 '법' 이다. 그 나머지는 모두 부수적인 것이다.
- 불교 : 내게 고통을 주는 것으로 다른 사람들을 상처 입히지 말라.
- 힌두교 : 이것이 의무의 전부이니 내가 다른 사람에게 허락하지 않은 일을 남에게 강요하지 말라.

이러한 황금률이 문화와 종교의 경계를 넘나들며 거의 모든 사람들에게 받아들여지고 있음은 분명한 사실이다. 왜냐하면 황금률은 인류가 가지고 있는 윤리에 대한 가장 보편적인 지침과 가깝기 때문이다.

사람들은 윤리를 복잡하고 실체가 만져지지 않는 것처럼 여기기 때문에 윤리문제를 다룰 때 어려움을 겪는 것이다. 하지만 황금률은 보이지 않는 것을 보이는 것으로 만든다. 우리는 법을 알 필요가 없다. 철학적 의미를 탐색할 필요도 없다. 그저 다른 사람과 입장을 바꾸어 생각하기만 하면 되는 것이다. Maxwell은 복잡한 윤리문제를 이와 같이 쉽게 풀어나간다.

나. 황금률을 위한 지침

윤리적으로 훌륭하고, 품위 있는 인생을 살고 싶다면 다음의 황금률 지침을 따르는 것이 도움이 될 것이다.

(1) 황금률을 인생의 윤리 지침으로 삼는다.

스위스의 철학자 Henry Frederic Amiel은 "좀 더 고귀한 원칙으로 자신을 이끌지 못하는 자, 이상과 신념이 없는 자는 세상을 움직이며 사는 존재가 아니라 남에 의해 움직여지는 존재이며, 목소리가 아닌 메아리이다."라고 하였다. 누구도 인생의 메아리, 그림자로 살고 싶어하지 않는다. 하지만 그것은 신념이 없이 살아가는 사람의 운명이기도 하다.

나라면 이 상황에서 어떤 대우를 받고 싶은가라는 질문을 해 보면 어떠한 상황에서도 효과적인 윤리지침을 찾을 수 있다. 황금률이 옳고 그것이 효과적이라고 믿는 사람이라면 그것을 인생의 윤리지침으로 활용할 필요가 있다. 윤리적 행동의 문제가 나타날 때마다 '나는 이 상황에서 어떤 대우를 받고 싶은가?'란 물음을 자신에게 던져보자.

(2) 이 윤리지침을 토대로 의사결정을 내린다.

황금률을 인생의 지침으로 삼겠다고 결정을 하였다면 기존에 내린 결정을 다시 한번 검토하여 볼 필요가 있다. 황금률이 목표의 변화를 가져올 수 있고 대인관계도 변할 것이다. 황금률의 원칙을 지키기 위하여 충동을 억누르고, 미래를 위하여 현재를 희생하여야 하며, 전체를 위해 개인의 희생을 감수하지 못하는 자가 행복을 말하는 것은 장님이 색깔을 논하는 것과 같다.

◎ 황금률을 자신의 인생에 적용하고, 그것에 따라 의사결정을 내릴 때는 다음을 기억해야 한다.

- 조건이 아니라 우리의 결심이 윤리를 결정한다.
  품성이 나쁜 사람들은 자신의 선택을 환경 탓으로 돌리는 경향이 있다. 하지만 윤리적인 사람들은 환경과는 무관하게 현명한 선택을 내린다. 그들이 현명한 선택을 한다면, 그들은 자기 자신을 위해 더 좋은 상황을 만들 수 있다.
- 많은 사람들이 관여할수록 순응 압력이 커진다.
  다른 사람이 개입한 대중적 의사결정은 개인이 내린 윤리적 결정보다 순응 압력을 가질 수 있다는 것이다. 그러나 이러한 대중적 의사결정이 우리 자신의 윤리에 어긋나는 의사결정을 하도록 강요해서는 안 된다.
- 행동하지 않는 것도 하나의 결정이다.
  어떤 사람은 윤리적인 결정을 내려야 할 때 행동을 회피하는 반응을 보인다. 하지만 행동하지 않는 것도 일종의 결정이라는 점을 기억하는 것이 중요하다. 우리가 사는 세상에는 회사가 지름길로 가거나 윤리적으로 타협하는 모습을 보면서도 아무런 행동도 취하지 않다가 결국 그 결과로 책임져야 하는 수많은 사람들이 존재한다. 윤리적인 삶을 살기 위해서는 어려운 의사 결정을 내릴 때마다 자신의 원칙을 지켜야 한다.

(3) 이 윤리 지침을 토대로 의사결정을 처리한다.

신뢰할 만한 사람으로 인정받기 위해서는 예측 가능한 사람이 되어야 한다. 우리가 황금률이라는 한 가지 지침에 따라 의사 결정을 내리고 인생을 산다면 도덕적으로 예측 가능한 사람이 될 수 있다. 우리가 일관성을 가지고 옳은 일을 한다는 것을 사람들이 알게 되면 우리에 대한 사람들의 신뢰는 깊어질 것이다.

(4) 우리가 스스로 행동을 책임질 수 있도록 사람들에게 부탁한다.

대부분의 사람들은 감시당하는 것을 좋아하지 않는다. 특히 정직하고 책임감 있게 일하는지 감시하는 것이라면 더욱 마음에 들지 않는다. 하지만 황금률을 지키며 살고 싶다면 사람들에게 바로 그렇게 해 달라고 부탁해야 한다. 책임감처럼 사람을 정직하게 만드는 것은 없기 때문이다.

우리는 모두 결점을 지적받는 것을 좋아하지 않는다. 또한 자신의 결점이 다른 사람에게 노출되는 것도 원치 않는다. 하지만 스스로 성장하고 싶다면 자신의 행동을 다른 사람에게 보여주는 고통을 감수할 필요가 있다. 정직은 인생을 지탱하는 토대이며, 책임감은 그 초석이다.

3. 가치와 윤리

윤리는 사람의 옳고 그름의 개념이다. 윤리의 두 일반적 개념들은 상대주의자와 보편타당성주의자 관점들이다. 윤리의 상대주의적 관점을 가진 사람들은 옳고 그른 것은 상황과 문화에 영향을 받는다고 주장한다. Berlin 투명성기구(Berlin Transparency International)에 의하여 수집된 지표에 의하면, 세계에서 부패를 감독하기 위하여 복잡한 자료를 사용하는 조직들은 윤리적 가치에서 분명하게 국가마다 차이가 있다는 것을 보여 준다.

그들의 2001년 지표에 Bangladesh, Nigeria, Uganda, 그리고 Indonesia는 가장 부패한 나라들로 평가되었고, 반면에 Denmark는 가장 부패되지 않은 나라로 분류되었다.[7)]

비록 이러한 행동들이 비윤리적이고 비합법적이라고 하더라도, 많은 나라의 기업인들은 계약협상에서 선물, 뇌물 혹은 상납을 수용할 수 있는 행태라고 고려한다. 윤리의 상대적인 관점을 준용하는 사람들은 '로마에서 산다면, 로마인과 같이

7) Transparency International, 2001, www.globalcorruptionreport.org/press.htm, accessed February 19, 2002.

행동하라'고 하는 접근법을 택한다.

즉 Thailand에서 계약을 따내기 위하여 일반적으로 공직자들에게 뇌물을 제공하는 것이 용인할 만한 것이라고 배운 미국 관리자들은 Thai 공무원들에게 뇌물을 제공하는 것이 용인할 만하고 윤리적이라고 고려한다는 것이다.

미국의 법은 세계의 어느 곳에서나 뇌물을 주는 것이 금지되어 있기 때문에 미국에 근거하고 있는 기업들이 윤리의 상대주의자적 관점을 갖는다는 것은 가능하지 않다.

이와 반대로, 윤리의 보편타당주의자적 관점을 가진 사람들은 모든 활동은 상황이나 문화에 관계하지 않고 같은 기준에 의하여 판단되어야 한다고 믿는다. 리더들이 직면하는 가치와 윤리문제는 아주 복잡하다.[8] 세계적 그리고 문화 횡단적 문제들은 더욱 문제를 복잡하게 만든다. 어떤 연구는 사기를 범한 후에 더욱 높은 수준의 죄의식과 관련이 있다고 한다. 특히 한국과 일본은 사기를 범한 후 상당한 죄의식과 부끄러움을 느낀다고 한다. 더욱더 각 문화가 가치를 어디에다 근거를 두고 있느냐에 따라, 그 문화 내에 속하는 개인들은 개인적인 사생활을 보호한다든지 혹은 가족의 이익을 위한다는 것과 같은 다른 이유들을 가지고 거짓말을 할지도 모른다. 가치에 있어서 복잡한 문화 횡단성과 개인의 차이 때문에 윤리와 가치지향적인 문제를 다루는 것은 모든 관리자들의 주요한 업무가 될 것이다.

4. 비윤리적 리더십

비윤리적 리더는 옳고 그름을 구별하지 못한다. 지켜야 할 행동규범을 위반하기 때문에 리더십과정이 비윤리적이다.

Burns가 리더십에 대하여 정의한 것에는 윤리적인 행위를 수반하고 있다. Burns에게 리더십은 "지도자와 피지도자들이 상호 공유하는 목표를 실현하기 위하여 행하는 것으로" 윤리적인 의미를 포함하고 있다.

Burns는 계속해서 다음과 같이 주장한다.[9]

8) B. Ettorre, 1994, "Why Overseas Bribery won't Last", *Management Review 83*, NO. 6: 20-24; Nahavandi, *op. cit.*, p.65(재인용).

9) Barbara Kellerman, 2005, *Bad Leadership*, 한태근 옮김, 렌덤하우스 중앙, pp.59-61.

- 윤리적 리더는 자신의 필요보다 다른 사람들의 필요를 우선시한다. 비윤리적인 리더는 그렇지 않다.
- 윤리적인 리더는 용기와 절제 같은 개인적인 덕목을 보인다. 비윤리적인 리더는 그렇지 않다.
- 윤리적인 리더는 공동의 이익을 위해 리더십을 행사한다. 비윤리적인 리더는 그렇지 않다.

현대 리더십 학자들은 첫 번째 원리가 주요하다는 데 동의한다. Greenleaf가 말하는 '섬기는 리더'는 다른 사람을 섬기기 위하여 지도한다. 두 번째는 덕으로 다스리면 사람들이 정중하며, 충성스럽고 열심히 하게 되므로 이들의 역할 모델이 되어야 한다. 세 번째, 공공복리를 위해 권력, 권위, 그리고 영향력을 행사하는 것이다.

정직과 정의 같은 덕목은 실천을 통하여 습득된다는 아리스토텔레스의 격언을 받아들이면 리더는 그가 제시한 대로 해야 한다. 고결하기를 원하고 그렇게 될 생각이라면 덕목을 실천하여야 한다.

추종자도 예외가 될 수는 없다. 리더처럼 그들도 자신이 하는 일에 책임을 져야 한다.

- 윤리적인 추종자들은 리더를 고려하지만 비윤리적인 추종자는 그렇지 않다.
- 윤리적인 추종자는 용기와 절제 같은 개인적인 덕목을 보이지만 비윤리적인 추종자는 그렇지 않다.
- 윤리적 추종자는 공동의 목적을 위해 리더와 다른 추종자를 참여시키지만 비윤리적인 추종자는 그렇지 않다.

추종자들이 곤란한 일을 하지 않을 수 없는 상황에 놓이는 것은 흔한 일이다. 용감한 추종자는 옳고 그름을 판단할 능력을 갖고 있으며 옳다고 믿는 대안을 선택하는 강인한 사람이다. 양심이 부족한 추종자는 분명히 잘못된 것을 보고도 아무런 행동을 취하지 않는 사람으로 비윤리적이다.

추종자가 무작정 리더와 대결하는 것도 추종자들에게 위험이 따른다. 사실 추종자 없이 리더가 유능해질 수는 없다. 하지만 리더라는 한 개인보다 사회 전체에 더 복종해야 한다. 존 롤스(John Rawls)의 「정의론」(A Theory of Justice)에서 그는 정의가 침해당하였다고 판단되면 시민들은 전향해야 된다고 주장한다. 물론 시민들의 반항이 법에 반하는 정치적 행위이나 법이나 정부정책에 변화를 가져오기 위한 비폭력적인 정치적 행위이다. 이러한 행위가 성공하면 추종자는 리더가 된다는 것을 주목해야 한다.

역사를 통하여 볼 때 비윤리적 리더가 제대로 성공한 예는 없으며 반드시 대가를 치른다. 따라서 비윤리적 리더와 같이 추종자가 순종하여 영원히 사회의 저주받는 사람으로 전락한다면 이것은 추종자의 현명한 선택이 아니다.

마틴 루터 킹 주니어(Martin Luther King, Jr.)가 협력한 것과 그 후의 리더십에 대해 생각하여 보자. 1963년 앨라배마 버밍엄 감옥에서 쓴 편지에서 그는 그 미묘한 변화를 설명하였다. "몇 주 몇 달이 지나면서 우리 흑인들은 깨어진 약속의 희생자라는 것을 깨달았다. 서명은 남아 있지만 과거 수없이 경험했던 것처럼 희망은 꺾였고 깊은 절망의 어두운 그림자가 우리를 덮었다. 직접적(비폭력적)인 행동을 준비하는 것 외에는 아무런 대안이 없다. 지역사회와 전국의 양심 앞에 사건을 알리기 위해 우리는 몸을 바치는 수밖에 없다." 결국 어떠한 위협에도 그의 굽히지 않은 신념이 흑인들의 인권신장에 커다란 역할을 한 것을 우리는 기억해야 할 것이다.

5. 리더십의 딜레마

리더들은 직장에서 부하들의 윤리적 선택과 결정에 중요한 역할을 한다. 그러나 리더들은 조직관리의 영역과 윤리의 영역 사이에서의 갈등 때문에 딜레마에 직면하곤 한다. 조직관리의 영역은 면밀한 측정이 가능한 사실들이다. 시장연구, 생산비용, 주가, 이익 그리고 합리적 분석. 다른 한편 윤리는 윤곽이 뚜렷하지 않은 상태에서 거의 측정이 불가능한 인간의 의미, 목적, 질, 중요성, 그리고 가치들의 영역으로 측정하기는 거의 불가능하다. 기업의 영역은 분석되고, 진단하며, 비교할 수 있는 반면, 윤리의 영역은 그 자체의 정확한 해석이 어렵고, 비교하거나 평가하는 데에도 어려움이 많다.

〈표 4-2〉 순수한 합리적 대 윤리적 리더들의 개인적 자질 비교

합리적 리더	윤리적 리더
주로 자신과 자신의 목적 및 경력의 진전에 관심을 가진다.	다른 사람을 자신과 동등하게 생각하고, 다른 사람의 발전을 고려한다.
개인적인 이익 혹은 영향력을 위하여 권력을 사용한다.	다른 사람에게 봉사하기 위하여 권력을 사용한다.
자신의 개인적인 비전을 촉진한다.	비전을 부하들의 욕구와 기대에 맞춘다.
중요하고 반대되는 견해를 비난한다.	비판을 고려하고 그로부터 배운다.
무조건 의사결정을 받아들일 것을 요구한다.	부하들이 독립적으로 생각하도록 그리고 리더의 관점에 대하여 의문을 제기하도록 격려한다.
일방적인 의사소통	
부하들의 요구에 대한 동기부여를 한다.	부하들을 코치하고, 발전하고 지원한다. 다른 사람과 인식을 나눈다.
자신의 이익을 만족하기 위하여 편리하게 외부의 도덕적 기준에 의존한다.	조직과 사회의 이익을 만족시키기 위하여 내부의 도덕적 기준에 의존한다.

출처 : Jane M. Howell and Bruce J. Avolio, 1992, "The Ethics of Charismatic Leadership: Submission or Liberation?" *Academy of Management Executive 6, No. 2, 43-54; Daft, op. cit.*, p.367(재인용).

현대사회는 무리하게 이 둘 사이에 분리를 만들어 내고 있다. 그러나 이 둘의 조합을 가져오도록 하는 의식적인 노력이 있다. 사람들에게 직면하는 똑같은 도덕과 윤리문제들이 기업들과 다른 조직들에서도 직면하고 있다. 헨리 포드(Henry Ford)는 한 때, 오랜 동안 사람들은 기업의 유일한 목적이 이익을 남기는 것이라고 믿었다. 그들은 잘못된 것이며, 기업의 목적은 사람들의 복지를 위하여 봉사하는 것이다.

오늘날 리더십의 도전은 합리성과 윤리성의 조화, 진정으로 인류의 복지를 향상시키면서 이윤을 창출하는 조직을 창조하는 것이다.

윤리적인 리더라고 하여 이윤과 손실, 생산비용을 무시하는 것을 의미하는 것은 아니다. 윤리적인 리더란 성과의 합리적 측정에 대한 관심과 사람들을 옳게 다루

는 중요성의 인식을 조화하는 것을 의미한다.

〈표4-2〉는 순수한 합리적 이익 접근법과 윤리적 접근을 택하는 리더들의 특징들을 비교한 표이다. 합리적 리더들은 주로 자신의 이익에 관심을 두는 반면, 윤리적 리더들은 다른 사람의 이익에 관심을 둔다.

6. 도덕적 · 윤리적 리더십과 리더십의 변천

1) 도덕적 · 윤리적 리더십

영향력은 리더십의 핵심이며, 리더는 조직의 운명과 부하들의 생명에 중요한 영향을 미칠 수 있다. 많은 사람들이 윤리적 리더십에 흥미를 가지고 있는 이유는 영향력이 가지고 있는 잠재력 때문이다. 또한 이 이유는 위에서 설명하였듯이 지난 30년 동안 정치 및 경제 지도자들의 지속적으로 하락하고 있는 대중의 신뢰에서 찾을 수 있다.[10)]

도덕적 리더십은 옳은 것과 잘못된 것을 구별하고 그리고 옳은 행동을 하며, 정당한 것, 정직한 것, 선한 것을 찾는 것을 의미한다. 리더들은 다른 사람들에게 많은 영향을 미친다. 또한 도덕적 리더십은 다른 사람에게 활기를 주며 다른 사람들의 인생을 향상시킨다. 그래서 우리는 리더가 도덕적이 되기를 바라는 것이다.

Barbara Kellerman이 New Heaven Jewish Community에서 강의하던 중 히틀러를 나쁜 리더라고 말하였다. 그러나 청중석에서 히틀러가 나빴다면 윤리적으로 나쁜 것이지 매우 유능하였다는 점에서는 좋은 리더였다고 말하여 놀라웠다고 하면서 Kellerman은 그 청중의 말이 옳다고 하였다.[11)] 1933년부터 독일이 소비에트 연방을 침략하는 실수를 한 1942년까지 나치의 활동을 살펴보았을 때 히틀러의 정치, 군사 전략은 나무랄 데 없었다. 게다가 1941년부터 1945년 독일이 패전하는 기간에도 히틀러가 가장 중요하게 여긴 것 중의 하나가 '유대민족을 말살시키는 것'이었으며, 이 또한 놀라운 성과를 거두었다. 그렇다면 그는 좋은 혹은

---

10) J. M. Kouzes and B. Z. Posner, 1993, Credibility: How Leaders gain and lose It, Why People Demand It(San Francisco: Jossey-Bass, 1993), p.255.

11) Barbara Kellerman, 2005, *Bad Leadership*, 한태근 옮김, 렌덤하우스 중앙, pp. 51-52.

유능한 리더십을 발휘한 것이 사실이나 그 이면에는 윤리와 도덕이 결여되어 있었다.

비도덕적인 사람은 자신의 발전을 가져오기 위하여 다른 사람들에게는 별로 관심을 쓰지 않는다. 예를 들어 Hitler, Stalin, 혹은 Cambodia의 Pol Pot와 같은 리더들은 다른 사람들에게 씻을 수 없는 극악적인 악을 행하였던 리더들이다. 그들은 20세기 역사에서 다른 누구보다도 큰 영향력을 행사하였으며 부하들을 격려하고 동원하고 이끄는 탁월한 기술을 가졌다. 그들이 강압을 사용하였다고 하더라도 이것은 분명히 리더십이다. 이들은 나쁜 리더십이다.

나쁜 리더십은 모르고 좋은 리더십만을 알아도 별 문제가 없다고 생각한다면 이것은 리더십을 충분히 이해하지 못한 것이다. 수많은 공직자들이 불의와 결탁하고 공직자의 정도를 걷지 못할지라도, 많은 부패한 추종자들을 거느리면서 온 사회를 부패하고 망치는 문화를 조성하였다면, 우리는 이들이 리더십이 없다고 말할 수 있는가? 분명히 이들은 리더십이 있으나 단지 윤리와 도덕이 결핍되어 있을 뿐이다. 반면에 간디나 테레사 수녀와 같은 사람은 가장 도덕적인 리더의 전형적인 형태이다. 부하들은 리더의 행동을 보고 따르기 때문에 도덕적인 리더들은 사람들을 도덕적으로 향상시킬 수 있는 동기부여를 제공할 수 있어 중요하다.

윤리적 및 도덕적 개념을 제외하고 리더십만을 말할 때 우리가 좋은 리더십만을 제한한다면 3가지 문제점이 발생한다.[12)]

- **혼란스럽다.**

우리가 리더십에 대하여 정의하였던 것과 같이 권력이나 영향력을 통해 다른 사람을 이끄는 누군가라고 한다. 리베리아의 대통령 Charles Taylor가 살인, 강간, 유괴 등의 범죄로 고소당했음에도 불구하고 리더가 아니라고 하지 않았다. 결코 이들은 리더로서 평가절하 되지는 않았다.

- **해를 끼친다.**

우리는 모두 훌륭한 리더십을 원한다. 이러한 리더십을 원한다면 그것을 가르치고, 연구하고, 실행하게 하는 것이다. 따라서 많은 사람들이 나쁜 리더십을 연구하여 원인을 파악하는 것이다. 우리가 연구조차하지 않는다면 우리는 계속 나쁜 리더들을 만나게 될지도 모른다.

---

12) *Ibid.*, pp.32-33.

윤리적 리더십은 개인적 청렴성의 개념을 포함한다. 개인적 청렴성은 리더십 효과성을 설명하는 데 도움이 되는 하나의 속성이다. 효과적인 리더십의 필수적인 요인으로 청렴성을 들 수 있으며, 어느 문화에서든지 가장 중요한 것 중의 하나로 연구되었다. 대부분의 학자들은 윤리적 리더십을 위한 요건으로 청렴성을 고려하고 있다. 그러나 많은 학자들에 의하여 청렴성은 다양한 방법으로 정의되어 왔고 그리고 정직성에 대한 적절한 정의는 역시 많은 논란의 대상이 되고 있다.[13)]

가장 기본적인 정의는 정직성과 사람의 가치와 행태간의 일관성을 강조한다. 리더가 가치 있다고 생각하는 것과 사람이 어떻게 행동하는 것은 이 정의에 포함되지 않았다. 따라서 이 정의는 불충분하다. 왜냐하면 가치는 도덕적이어야 하고 그리고 행태는 윤리적이어야 한다는 비판을 피할 수 없을 것이다.

도덕적으로 정당한 것으로 간주되는 행태의 예를 들면, 다른 사람에게 적용한 같은 규칙과 기준을 따르고, 정보를 제공하고 혹은 질문에 대답을 할 때, 정직하고 솔직하며, 약속을 지키고 헌신을 하며, 잘못에 대한 책임을 인정하고 그들을 시정하려고 하는 것들을 예로 들 수 있다. 리더들은 부하들이 정당한 행태를 하게 하기 위하여 다양한 동기부여를 활용할 수 있다. 윤리적 리더십을 평가할 때 리더의 의도, 가치 및 행태를 고려하는 것이 필요할 것이다.

도덕적인 선택을 하기 위한 리더의 능력은 개인의 도덕발달수준과 관련이 있다. 개인의 도덕발달에 대한 한 모델을 간단히 설명하면 다음과 같다.[14)]

첫째, Pre-Conventional Level(전기 전통적인 수준) - 개인들은 외부 보상을 받고 그리고 처벌을 피하는 데 관심이 있다. 그들은 해가 되는 결과를 피하기 위하여 권위에 복종한다. 이 수준의 사람은 단지 개인의 이익에 의하여 동기부여된다. 현대 심리학에 의하면, 충분한 사랑과 교육을 받지 못한 어린아이들은 자신들의 나머지 인생을 금전, 물질, 그리고 다른 사람의 인정을 받기 위한 과도한 성취욕구를 채우는 데 보낸다고 주장한다. 리더십 지위에서 이러한 오리엔테이션을 가진 사람은 다른 사람에 대하여 독재적인 경향이 있고 그리고 개인의 발전을 위하

13) B. Barry and C. U. Stephens, 1998, "Objections to an Objectivist Approach to Integrity." Academy of Management Review, 23, 162-169; E. E. Locke and T. E. Becker, 1998, "Rebuttal to Subjectivist Critique of an Objectivist Approach to Integrity in Organizations," Academy of Management Review, 23, 170-175; Yukl, op. cit., p.404(재인용)

14) Daft, *op. cit.*, pp.369-371.

여 그 지위를 활용한다.

둘째, Conventional Level(전통적인 수준) - 사람들은 동료, 가족, 친구, 그리고 사회에 의하여 정의된 것과 같은 좋은 행태의 기대에 적응하는 것을 배운다. 이 수준의 사람들은 규칙, 규범, 그리고 기업 문화의 가치를 따른다. 만약 조직이 비합법적인 어떤 것을 한다면, 많은 관리자나 그리고 근로자들은 그 체제를 따른다. 만약 사회체제가 정직보다 최종결과를 달성하는 것이 더 중요하게 생각한다면, 이 수준의 사람들은 역시 그 규범에 순응을 한다.

셋째, Post Conventional Level(후기 전통적인 수준) or Principled Level(원칙에 의거한 수준) - 리더들은 보편적으로 옳고 그름에 따라 내면화된 원리에 의하여 행동을 한다. 이 내면화된 가치는 조직 내 혹은 공동체의 다른 사람의 기대보다 더 중요하다. 이 수준의 사람들은 심지어 원칙에 위배되는 규칙과 법에 복종하지 않는다. 예를 들면, Raoul Wallenberg는 죽음의 수용소로 향하고 있는 유태인을 구하기 위하여 헝가리의 사회체제나 공식적 권위를 무시하였다. 마틴 루터 킹 주니어(Martin Luther King, Jr.)는 그가 부당하다고 생각하는 법을 따르지 않았고, 인류의 존엄성과 정당성의 목적을 지키기 위하여 감옥에 투옥되었다.

대부분의 성인들은 두 번째 수준에서 머물고 있다. 그리고 어떤 사람은 첫 번째 수준을 넘어서 진전하지 못하는 경우도 있다. 단지 미국인의 20%의 사람이 세 번째 수준 즉 도덕 발달의 후기 전통적 수준(Post-Conventional Level)에 속한다고 한다. 세 번째 수준의 사람들은 조직의 내·외부의 사람들의 기대와는 관계없이 독립적 및 윤리적 매너로 행동할 수 있다. 도덕적 갈등을 해결하기 위하여 보편적인 기준을 공평하게 적용하는 것은 자신의 이익과 다른 사람의 이익 혹은 공동의 이익과 균형을 이루는 것이다. 연구는 일정하게 덜 속이고 다른 사람에게 도움을 주는 경향, 그리고 비윤리적 혹은 비합법적 행동을 내부 고발자가 고발하는 것을 포함하여 도덕 발전의 높은 수준과 직장에서 더 윤리적인 행태와는 직접적인 관계가 있다는 것을 발견하였다.

리더들은 그들 자신과 부하들의 도덕의 수준을 향상시키고, 도덕적으로 더 높은 논리를 진전하기 위하여 이 단계들을 사용할 수 있다고 본다.

2) 윤리적 리더십을 평가하는 딜레마

리더들은 일반적으로 업무 혹은 새로운 활동에 대한 부하들의 헌신에 영향을 미친다. 그러나 이 영향은 역시 윤리적 관심의 근원이다. 윤리적 리더십을 평가하는 문제는 언제 그러한 영향이 적절한지를 결정하는 것이다.

부하들의 윤리에 영향을 미치는 것은 변혁적 그리고 카리스마적 리더십의 주요한 관심이다. 왜냐하면 리더의 영향이 부하들의 태도 및 행태의 대부분을 결정하여 주기 때문이다. 그러나 반대논리를 주장하는 학자들은 이 이론의 윤리에 의문을 제기하고 있다. 이러한 의문에 답변을 하면서, 이 이론의 제안자들은 이 리더십의 타입이 언제 윤리적인가를 결정하는 기준을 명확히 하기 위하여 시도를 하였다. 이러한 기준의 예들은 〈표 4-3〉에서 볼 수 있다.

〈표 4-3〉 윤리적 리더십을 평가하기 위한 기준

구 분	윤리적 리더십	비윤리적 리더십
리더의 권력과 영향력의 사용	부하들과 조직을 위하여 봉사함	개인적 욕구와 경력 목적들을 만족하기 위함
다수의 이해관계자들의 다양한 이익들을 처리	가능하다면 다양한 이해관계자들의 이익을 균형·통합하려고 시도함	가장 개인적 이익을 제안하는 연합 파트너들을 편애함
조직을 위한 비전의 발전	부하들의 욕구, 가치 그리고 아이디어에 대한 투입에 기초한 비전을 발전	조직의 성공을 위하여 개인적 비전을 가지고 설득하려고 함
리더 행태의 정직성	지지받고 있는 가치와 일치하는 방법으로 행동	개인의 목적을 달성하기 위하여 편리한 방법을 행함
리더의 결정과 행동의 위험부담	사명완수 혹은 비전달성을 위하여 기꺼이 개인의 위험과 행동을 택함	리더의 개인적 위험을 필요로 하는 결정과 혹은 행동을 회피함
운영에 필요한 관련정보의 의사소통	사건, 문제들, 그리고 행동들에 대한 관련 정보의 완전하고 시기적절한 발표를 함	문제 그리고 진전에 대한 부하들의 지각이 편견을 갖게 하기 위하여 속임수와 왜곡을 사용함

부하들의 비평과 반대에 대한 반응	문제에 대한 해결책을 찾기 위하여 비판적인 평가를 장려함	어떠한 비평과 반대도 허용치 않음
부하들의 재능과 자신감의 발전	부하들의 발전을 위하여 광범위한 코치, 지도, 그리고 훈련을 활용	부하들의 나약하고 의존하게 만들기 위하여 발전을 강조하지 않음

출처 : Yukl, *op. cit.*, p.406.

물론 위의 기준은 윤리적 리더십을 평가하는 데 필요한 모든 복잡성과 딜레마를 고려하지 않았다. 얼마나 많은 변수들을 고려하여야 되는지는 많은 학자들의 관심의 대상이 될 것이다.

리더, 부하, 그리고 조직의 이익들이 일치가 되고 그리고 어느 한 편에 위험과 부담을 주지 않는 행동에 의하여 그들의 이익들이 달성될 수 있을 때, 윤리적인 리더십을 평가한다는 것은 더욱 용이하다. 그러나 많은 경우 영향력 과정들은 i) 위험한 전략 혹은 프로젝트를 위한 열정의 창조, ii) 부하들이 그들의 기본적인 신념과 가치를 변화하도록 유도, iii) 다른 사람을 희생하면서 어떤 사람에게 이득이 가게 하는 결정에 영향을 미치는 것들을 포함한다. 이러한 영향력은 각각 어떤 형태든지 윤리적 딜레마에 직면하게 된다.

가. 기대에 미치는 영향

리더십의 중요한 책임은 혼동스런 사건을 해석하고, 위험과 기회를 다루는 전략에 대한 동의를 구축하는 것이다. 어떤 경우에는 성공하기 위하여 아주 대담하고 혁신적인 전략 혹은 프로젝트를 필요로 한다. 위험이 따르는 모험을 만약 성공적으로 완수한다면 부하들에게 커다란 이익이 초래할 것이다. 그러나 그 프로젝트가 실패, 좌절, 혹은 기대된 시간보다 더 오래 걸린다면 역시 과도하게 높은 비용이 들 것이다. 리더가 성공을 위한 위험과 전망에 대하여 부하들에게 어떻게 영향을 미치는지는 윤리적인 리더십을 평가하는 것과 관련이 있다.

많은 사람들은 있음직한 결과에 대하여 부하들을 속이며 그리고 거짓 약속을 하면서 그들 자신의 이익에 반하는 어떤 것을 하도록 부하들을 교묘하게 조직하는 것은 비윤리적이라고 하는 데 동의를 한다. 위험이 따르는 모험을 하는 경우, 윤리적인 리더십을 위하여 제안할 수 있는 기준은 리더가 부하들에게 비용과 이익에 대하여 충분히 알려 주고 그리고 그 노력이 가치 있는 것인가에 대하여 부하들의 동의를 얻는 것이다. 그러나 리더가 혁신적인 전략과 프로젝트의 결과를 예측하기 위한 객관적인 토대를 발견하다는 것은 어려운 일이다.

효과적인 리더는 위험이나 장애에 대하여 지나치게 두려워하지 않으며, 그 대신에 각각의 노력을 공유하여 무엇을 달성할 수 있는가를 강조한다. 그리고 정보를 공유하고 사건을 해석하는 데 복잡한 가치문제들이 포함되어 있는 상황이라면, 항상 해결하여야 할 복잡한 윤리문제가 따른다. 이것은 미래에 많은 관심이 필요한 윤리적 리더십의 한 측면이라고 보여진다.

나. 가치와 신념에 미치는 영향

더 논쟁을 요하는 문제는 부하들의 기본적인 가치와 신념을 변화시키는 시도이다. 어떤 사람은 심지어 이 의도한 결과가 부하나 조직에게 이롭다고 하더라도 이러한 형태의 리더 영향은 명확하게 비윤리적이라고 주장한다. 부하들이 문제나 사건들을 지각하는 데 편견을 갖도록 리더가 정보를 통제하고 권력을 남용하는 데 관심을 가지고 있다.

조직의 생존과 효과성을 위하여 필요할 때는 조직이 개혁을 하도록 도와야 하는 책임이 있다는 것을 인식하는 것은 중요하다. 대규모 조직의 변화는 구성원의 신념과 지각의 변화 없이는 성공하기 어렵다. 효과적인 리더들은 어떠한 변화의 구성원과 다른 이해관련자들과 대화를 한다. 결국 이 과정의 일련의 새로운 신념과 가치관을 공유하는 사회의 출현을 초래할 것이다. 조직의 문화를 변화하기 위한 과정에서 CEO나 혹은 다른 사람들이 얼마나 많은 영향력을 행사하도록 노력하여야 하는, 그리고 이 영향력의 형태가 윤리적인가에 대한 고려할 문제들이 아직까지 해결되지 않은 채 남아 있다.

다. 다수의 이해관계자

리더십의 효과성을 평가하는 어려움은 복잡하고 부분적으로 갈등하는 이익을 가진 이해관련자들을 위한 다양한 기준이 필요하다는 것이다. 리더의 행동 및 결정에 따른 다양한 결과들은 윤리적 리더십의 평가를 복잡하게 만든다. 어떤 방법으로든 부하들에게 이득이 되는 행동이 나중에는 부하들을 해롭게 할 수도 있다. 소유자 혹은 주인에게 가장 좋은 것이 근로자, 지역공동체, 국가경제 혹은 환경에 가장 좋은 것이 되지 않을 수도 있다. 경쟁하는 가치들과 이익들이 균형을 이루도록 하는 노력은 권리, 책무성, 정당한 과정 그리고 사회적 책임에 대한 주관적 판단을 포함한다. 이해 당사자들의 이익들이 양립하지 못하는 경우 윤리적 리더십을 평가한다는 것은 어려울 것이다.

전통적인 관점에 의하면, 기업조직들의 관리자들은 조직의 경제적 성장을 가져오면서 기업의 소유자들의 이익을 대표하는 대리인이다. 이러한 관점에서 볼 때, 윤리적 리더십은 법과 도의적인 기준에 의하여 엄격하게 금지된 것은 하지 않는 반면, 기업소유자들의 이익을 가져다주는 경제적 산출을 극대화함으로써 만족한다. 예를 들어 삼성이나 현대가 한국에서 중국으로 제조 기업들을 옮겨 간다는 결정이 공장근로자들 혹은 그 지역에 영향을 미치지 않고 자신들의 이윤을 증진시킬 수만 있다면 윤리적이라고 고려할 것이다.

더욱 어려운 관점은 관리자들이 조직 내외에 있는 다양한 이해관계자들의 이익을 배려해야 한다는 것이 문제이다. 봉사하는 혹은 협조하는 리더십의 개념들이 호소력은 있으나 다른 이해 당사자들 간에 갈등이 있을 때 적용하기 어렵다.

평가는 리더가 법적 그리고 계약의 범주 내에서 다른 이해 당사자들의 이익을 균형 있게 하고 그리고 통합하는 정도를 고려해야 한다. 통합 지향적인 리더를 위하여 어떤 이익이 지배적인 영향력을 갖지 못하도록 다수의 파당을 만들고, 이들이 서로 반목하고 경쟁하여 힘의 균형을 이루어 나가면서 갈등하는 이익들 간에 조정하여 통합을 이루는 것이 이해관계의 갈등을 무시하는 것보다 훨씬 윤리적인 것으로 나타났다.

제2절 윤리문화의 구축

1. 윤리문화의 구축

일반적으로 정치인·기업들의 공포, 탐욕, 냉담, 그리고 파벌에도 불구하고, 리더들은 그들의 도덕적 가치에 따라 행동하며 그리고 다른 사람들로 하여금 그들이 업무를 수행하는 데 그들 자신의 윤리적 그리고 정신적 가치들을 따르도록 격려를 한다.

모든 리더들은 무엇이 옳고 그른지 모르는 상황에 자주 직면하게 된다. 이러한 윤리적 딜레마는 자주 개인과 조직 간의 혹은 조직과 전체사회 간의 갈등을 의미할 수도 있다. 부하들은 리더의 말보다는 행동을 보고 따른다. 리더들이 윤리적 문제를 어떻게 다루느냐는 조직원인 구성원들에게는 하나의 모델이 될 수 있다. 리더들은 조직의 문화를 형성하고, 그리고 문화의 가치는 근로자들의 행태에 강력한 영향력을 행사한다. 윤리적인 기관·기업에서 근무하는 공무원 및 근로자들은 만약 그들이 윤리적 가치를 위반한다면 그들의 기업은 걷잡을 수 없는 위험에 빠질 것이라고 믿는다. 대략 이러한 조직의 리더들은 조직의 문화로 높은 윤리적 기준을 정하는 것으로 알려져 있다. 이러한 높은 윤리적 기준은 조직들이 사회뿐만 아니라 그들 자신에게도 유익하여야 된다는 믿음에 근거를 두고 있다. 리더들은 매일 모든 근로자들을 위하여 조직 내에서 윤리적 행태와 봉사의 중요성을 강조하는 문화를 창조하고 유지하는 책임이 있다.

〈표4-4〉는 윤리적 리더십의 향상을 위한 방법들을 소개한 것이다.

〈표 4-4〉 윤리적 리더십을 향상시키는 방법

1. 윤리의 규칙 혹은 책임이 있는 기관 및 기업 행위의 규정을 만들어라.
2. 모든 근로자들에게 그들이 그 규정집을 읽고 이해하였는지를 증명하게 하도록 하라.
3. 윤리를 모든 성과 평가에 통합시켜라.
4. 윤리적 행동을 인정하고 보상하라.
5. 비밀스러운 윤리 핫라인 혹은 자문 서비스를 구축하라.
6. 윤리 문제를 근로자 의견 설문에 포함시켜라.

7. 윤리적 딜레마를 다루는 비디오를 보여 주고 토론을 하라. 8. 근로자들의 신문에 윤리 칼럼을 시작하라. 9. 윤리적 문제들에 대한 질문들에 온라인 답변 차림표(menu-driven)를 사용하라. 10. 최상의 리더들과 윤리에 대한 공개 토론회를 가져라.

출처 : Nancy Croft Baker, "Heightened Interest Education Reflects Employer, Employee Concerns," *Corporate University Review*(May/June 1977), Daft, *op. cit.*, p.379(재인용).

위의 방법들은 리더들이 윤리적인 조직문화를 창조하기 위하여 사용할 수 있는 방법의 일종이라고 볼 수 있다.

어떤 학자는 윤리적 행동을 격려하고 증진하는 것과 그리고 비윤리적 활동 혹은 결정을 반대하기 위하여 어떤 것을 하는 것 사이에 구별을 하였다. 이 둘은 반드시 상호 배타적인 것이 아니고 서로 보완적이며 그리고 둘은 동시에 사용되어 질 수 있다.

〈표 4-5〉는 각 접근법의 예들을 참고로 들었다.

리더들은 조직의 윤리적인 행위를 향상시키기 위하여 많은 일들을 할 수 있다. 리더 자신의 행동 역시 많은 사람들이 배울 수 있는 모델이 된다. 리더들은 윤리적 문제를 다루기 위하여 분명한 기준과 지침을 가지고 있고, 사람들의 윤리적 문제를 해결하기 위하여 상담을 제공할 수 있다. 리더들은 윤리적 기준과 절차적 정당성들과 일치하는 방법으로 갈등을 완화할 수 있다.

〈표 4-5〉 리더십 행태의 두 측면

윤리적 분위기를 증진하는 것
• 당신 자신의 행동에서 윤리적 행태의 예들을 보여 주어라. • 윤리적 행동의 법전을 촉진하고 배포하라. • 윤리와 정직에 대하여 부하들 혹은 동료들과 토론을 시도하라. • 다른 사람에 의한 윤리적 행위를 인정하고 보상하라. • 문제에 대한 도덕적인 해결책을 지원하기 위하여 개인적인 위험을 부담하라. • 다른 사람들이 갈등에 대한 공정하고 윤리적인 해결책을 발견하는 것을 도와 주어라. • 지원 서비스를 시도하라(예: 윤리 핫라인, 온라인 지원집단)

비윤리적 행위를 반대하는 것
• 비윤리적 행동에 의하여 제공되는 혜택을 나누어 갖는 것을 거절하라. • 비윤리적 행동을 포함하는 할당의 몫을 받는 것을 거절하라. • 다른 사람에 의한 비윤리적 행동을 좌절시키도록 노력하라. • 조직에서 비윤리적 혹은 공정치 못한 정책을 공개적으로 발표하라. • 비윤리적 결정을 반대하고 그리고 그들을 전환시키도록 노력하라. • 해당 기관에게 위험한 생산품들과 혹은 해로운 실무를 보고하라. • 비윤리적 결정과 행위를 반대하는 사람들에게 지원을 제공하라.

출처 : Yukl, *Leadership in Organizations*, p.408.

비윤리적인 행위에 대한 반대는 많은 다른 형태를 가질 수 있다. 실례로 비윤리적인 할당 혹은 규칙, 높은 관리에 불평불만을 한다고 위협하는 것, 높은 관리자에게 불만을 제공하는 것, 비윤리적 행위를 외부에 노출하는 것, 실제로 비윤리적 행위를 외부에 폭로하고 혹은 규제기관에게 보고하는 것을 포함한다. 비윤리적 행위에 대한 반대는 일반적으로 어렵고 그리고 위험한 행동이다. 정당하지 못한 행위에 반대한다든지 혹은 비윤리적 행위에 반대하는 것은 조직의 강력한 사람들의 보복을 당할 수 있기 때문에 보복을 당하는 위험에 빠질 수 있다. 많은 내부고발자들은 그들의 행동이 결국에는 그들의 직업을 잃는다든지 혹은 그들의 경력의 발전에 많은 어려움을 겪게 된다고 한다. 비윤리적 행위를 성공적으로 반대하기 위하여 강요, 기만, 그리고 조작과 같은 윤리적으로 의문을 가지고 있는 행위를 사용하게 되는 경우도 있다. 이러한 행위는 바람직하지 않은 부작용을 초래할 수 있으며, 그리고 윤리적 목적을 위하여 사용하였던 그러한 행위들이 오히려 비윤리적인 목적을 위하여 활용하는 똑같은 전술의 합법성을 증가시킬 수 있다. 그와 같이 수단이 목적을 정당화하는지를 결정하는 것은 비윤리적인 행위를 반대하는 리더들을 위하여 어려운 딜레마가 될 수 있다.

2. 윤리문화를 위한 황금률을 푸는 열쇠

사람들의 마음속을 들여다보면 모두가 비슷한 점을 발견한다. 나이, 성별, 인종, 국적은 달라도 사람들은 어떤 공통점을 가지고 있다. 이러한 공통점을 파악한다면 서로 간의 윤리의식을 제고할 수 있다. Maxwell이 이러한 공통점이 무엇인가를 다음과 같이 설명하려고 하였다.[15)]

1) 사람들은 가치를 인정받고 싶어 한다.

오늘날 많은 사람들이 자신의 가치를 인정받지 못하고 있다고 느끼기 때문에 조직을 떠나거나 혹은 스트레스에 쌓이곤 한다. 다른 사람으로부터 가치를 인정받고 싶지 않은 사람은 단 한 명도 없을 것이다.

직원의 대우가 좋은 기업 가운데 식품, 음료 자동화시스템을 설치하여 주는 Mission Controls라는 기업이 있다. 캘리포니아에서 활동하는 이 회사는 계약이 없을 경우에는 업무가 없을 경우가 종종 있다. 경기가 좋지 않을 때는 직원들을 해고시키지만 이 회사만은 그렇지 않았다. 이 회사의 창업자들은 35명의 직원을 가지고 시작할 때, 직원의 한 명이라도 해고할 경우가 발생한다면 자신들이 봉급을 받지 않을 것이라고 결심하였다. 최고의 직원을 고용하고 그들을 존중하는 모습을 보이겠다는 그들의 목표는 상당히 이상적이었다. 실제로 경기가 좋지 않았을 때, 그들이 약속한 대로 8개월 동안 창업자들은 월급을 한 푼도 가져가지 않았으나, 직원들에게 주어지는 월급과 혜택은 그대로이었다. 창업자들은 회사를 흑자로 만들기 위하여 직원을 희생시키는 것만을 빼고는 모든 것을 다할 것이라고 말하였다.

이 회사의 창업자들은 가치를 인정받는다는 것이 얼마나 중요한가를 알고 있었다. 그리고 직원들이 받고 싶은 방식으로 직원들을 대우하였다. 이것이 황금률의 정신이다.

사람들이 누군가를 통하여 자신이 가치 없는 사람이라고 느껴 본 적이 있는 사람은 누군가로부터 인정받는다는 것이 얼마나 중요한 일인지 잘 알 것이다. 이와 같은 차원에서 생각하는 방법을 배웠다면 황금률을 인생의 윤리적 기준으로 삼는 중요한 단계를 거친 것이다.

---

15) Maxwell, *There is no such Things as Business Ethics*, 조영희 옮김, 결정적인 순간의 원칙, pp.55-70.

2) 사람들은 감사받고 싶어 한다.

사람들이 자긍심을 높일 수 있도록 항상 도와주어야 한다. 상대방을 중요한 사람으로 느끼게 하는 방법을 개발하여야 한다. 그렇게 하기 위하여 그들의 노력을 인정한다고 상대방에게 말하고, 그들의 공로를 인정하고 감사함을 표시하고, 가능한 한 자주 사람들의 공로를 인정해야 한다. 또한 그들과 가장 가까운 친구 및 가족 앞에서 칭찬하는 것도 중요하다. 실제로 동료가 당신을 칭찬하는데 어떻게 그들과 싸울 수 있겠는가?

3) 사람들은 신뢰를 받고 싶어 한다.

빅토리아 시대의 작가 George MacDonald는 "신뢰가 사랑보다 더 큰 칭찬"이라고 말했다. 「리더십 21가지 불변의 법칙」(The Irrefutable Laws of Leadership)에서는 신뢰가 리더십의 토대라고 이야기한다. 그 말이 옳다면, 신뢰가 모든 관계의 토대라고 말할 수도 있을 것이다. 신뢰가 없는 사람에게는 마음을 터놓고 만나는 솔직한 관계란 존재하지 않을 뿐만 아니라 그런 관계는 일시적이다.

신뢰받는 사람에게는 다음과 같은 공통점이 있음을 발견했다.

- 항상 정직한다.
- 솔직하게 마음을 터놓고 비전과 가치를 공유한다.
- 직원들을 동등한 파트너로 존중한다.
- 개인보다 공동의 목표에 집중한다.
- 개인적인 위험이 존재해도 올바른 행동을 한다.
- 열린 마음으로 사람들의 이야기에 귀를 기울인다.
- 관용을 보여 준다.
- 자신감을 유지한다.

다른 사람을 신뢰한다는 것, 특히 잘 모르는 사람을 신뢰하기 위해서는 커다란 믿음이 필요하다. 황금률을 실천하기 위해 필요한 것도 그러한 믿음이다. 사람들이 우리를 신뢰하게 만들기 위해 먼저 우리가 그들을 믿어 주어야 한다. 반대로 그를 불신하고, 그 불신감으로 내보이면 우리를 멀리 할 것이라는 것이다.

4) 사람들은 존경받고 싶어 한다.

사람은 본질적으로 존경을 받고 싶은 욕망을 가지고 있다. 사람을 존경하면 상대적으로 존경을 받는다. 그래서 존경은 존경을 낳는다고 한다. 대부분의 사람들은 상사의 존중을 받고 싶어 한다. 그리고 상사가 직원들을 아낌없이 존중해줄 때 긍정적인 업무 환경이 조성된다. 다시 말해 직원들을 존중하면 그들은 최고의 실력으로 최선을 다해 일하려는 동기를 갖는다. 리더들은 사람을 소중히 여기는 것이 사업에도 유리하다는 것을 알아야 한다.

5) 사람들은 이해받고 싶어 한다.

사람들 사이의 문제는 개인적으로 냉담하거나 무관심해서 생길 때도 있지만 이해 부족 때문에 생기는 경우가 더 많다. 우리는 다른 사람들이 우리 자신의 패턴이나 기준에 맞추지 못할 경우 재빨리 그들의 흠을 잡는다. 하지만 그들을 이해하려는 노력을 하게 되면 그들의 방식에 문제가 있는 것이 아님을 발견하는 경우가 종종 있다. 그저 그들의 방식이 다르구나 하고 이해하는 것이다. 어쩌면 그들의 방식이 우리와 다른 것은 우리가 가지고 있는 이점이 그들에게 없을 수도 있기 때문이다.

사람들과 관계를 맺을 때는 상대방을 먼저 이해하고 나서 이해받도록 해야 한다. 이를 위해 융통성 있는 태도와 학습능력이 있어야 한다.

6) 사람들은 이용당하는 것을 원치 않는다.

사람들은 자신이 이용당하고 있다는 것을 가장 싫어한다. 2003년 1월 Marvin Bower가 세상을 떠났다. 전문 경영 컨설팅의 원조라고 불리는 McKiney & Company를 오랜 동안 이끌어 온 Bower 사장은 회사에 1933년 처음 입사할 때부터 1992년 은퇴하기 전까지 상당한 영향력을 행사했다. 그는 다른 사람들을 존중하는 것이 얼마나 중요한지를 몸소 보여 주었다. McKinsey 사내에서 발간한 책자에는 그에 관해 이렇게 적고 있다. "Bower 사장은 고객의 이익이 회사의 이익보다 앞서야 한다고 주장했다. 그리고 그 약속은 고객이 생각하는 우리의 가치가 수임료보다 높다고 여길 때에만 가능하다."

Bower 사장이 1950년대에 억만장자 하워드 휴즈로부터 자신을 도와 파라마운트 영화사에서 일해 달라는 요청을 받았다. 그러나 하워드 휴즈의 독단적인 사업 방식을 생각해 본 후 그를 도울 수 없겠다는 결론을 내렸다. 결국 제안을 거절하였다. 그에게는 가치가 돈 이상으로 중요했기 때문이었다. 그는 다른 사람을 이용하지 않았다. 그것이 황금률을 지키며 살아가는 사람들의 방식이다.

3. 윤리적 리더십 이론

윤리적 리더십의 딜레마는 리더십에 있어 윤리적 리더십의 다른 개념들이 가치의 차이에 따라 다를 수 있다는 것이다.

윤리적 리더십은 다양한 요소들을 포함하는 것으로 보이는 모호한 구성이다. 몇몇 기준들은 사람들의 가치, 도덕적 발전의 단계, 의식적 의도, 선택의 자유, 윤리적 및 비윤리적 행태의 사용, 그리고 영향력의 타입을 포함하면서, 개인 리더들을 판단한다. 유명한 리더는 보통 이 기준들의 강점과 약점을 포함한다. 물론 개인의 도덕성을 평가하는 어려움은 어떤 기준을 사용하느냐 그리고 그들의 상대적 중요성을 결정하는 데 내재되어 있는 주관성의 문제이다. 마지막 평가는 리더의 자질에 의한 것과 같은 심사원의 자질에 의하여 영향을 받을 수 있다는 것이다.

특정한 결정 혹은 행동의 윤리에 대한 판단은 주로 목적(end), 어떤 행동이 도덕적인 기준과 일치하는 정도(means), 자신과 다른 사람을 위한 결과(outcome)를 고려한다. 예를 들어, 목적이 다른 사람이 심각한 개인적 손해를 보는 것을 피하게 할 때 사기가 정당화될 수 있는가이다.

수단을 평가하기 위하여 사용하고 있는 도덕적 기준들은 리더의 행태가 사회의 기본적인 법을 위반하는 정도, 다른 사람들이 그들의 권리를 부인하는 정도, 다른 사람들의 건강과 생명을 위협하는 정도, 혹은 개인적인 이익을 위하여 다른 사람을 속이고 착취하는 정도를 포함한다. 서구 사회에서 비윤리적이라고 생각하는 행태의 예들은 정보를 왜곡하고, 개인의 목적을 위하여 자산을 횡령하는 것, 자신의 잘못을 다른 사람의 비난으로 전가하는 것, 다른 사람들 사이에 불필요한 적의와 불신을 유발시키는 것, 비밀을 경쟁자에게 파는 것, 뇌물을 받은 대가로 정실을 취하는 것, 그리고 다른 사람에 상처를 주는 주의 없는 행동을 하는 것들을 포함한다.

1) 윤리적 리더십의 다양한 시각

윤리적 리더십에 대한 많은 현대적 시각은 광범위한 관점에서 리더십을 보는 몇몇 학자들에 의하여 영향을 받았다. 아래 언급할 학자들의 예들은 정치적 리더들, 지역 리더들, 종교 리더들, 그리고 비영리단체의 리더들을 포함하였다. 또한 각 학자들이 윤리적 리더십을 어떻게 기술하였는지를 간단히 언급하였다.[16)]

오늘날 도덕적 리더십은 부하들이 리더로 성장하는 변화를 촉진한다는 것을 의미하며, 그로 인하여 리더십이 부하들을 통제하고 혹은 제한하는 것보다 그들의 잠재력을 발전하게 할 수 있다. 리더십에 대한 사고의 변화를 우리는 부하들을 리더의 잠재력을 갖도록 발전시킴으로써 조직의 성과를 향상시킬 수 있다는 논리에서 리더십의 사고 변화를 검토하는 것은 의미가 있을 것이다.

리더십의 전통적 이해는 리더들은 사람들을 지시하고 관리하는 좋은 관리자들이다. 부하들은 명령에 복종하는 사람들이다. 리더들은 전략, 목적뿐만 아니라 목적을 얻는 방법 및 보상에 대하여 결정한다. 부하들은 그들의 업무를 위한 의미와 목적을 결정하는 데 참여하지 못하며, 그리고 그들의 업무를 달성하는 방법에 대해서도 재량권이 없다.

역사 이래 우리의 역사는 불참여, 반참여 그리고 완전한 참여의 투쟁역사를 거쳐 왔다. 참여 관리를 더욱 활성화하기 위하여 한 차원 높인 한 개인으로 사회 및 종교의 책무를 가지고 있는 Stewardship(관리책임자직)개념이 등장하고 있다. 이 수준에서는 근로자들은 결정의 권한을 가지며 그리고 그들은 자신들의 업무를 어떻게 수행하는지에 대한 통제권도 갖는다. 리더들은 근로자들에게 목적, 체제, 그리고 구조에 영향을 미치도록 권력을 주며 그리고 부하들 자신들도 리더들이 된다. Stewardship은 리더들이 다른 사람들을 통제, 다른 사람의 목적과 의미를 정의하거나 혹은 다른 사람들을 제거하지 않고, 다른 사람뿐만 아니라 조직에 깊게 책무성을 지는 믿음을 지지한다.

Daft에 의하면 Stewardship 개념의 틀로서 4가지의 원리들을 제안한다.[17)]

① 파트너십(Partnership) 가정에 대한 오리엔테이션.

파트너십은 권력과 통제가 공식적인 리더로부터 핵심 근로자들에게 이동하기 때

16) Yukl, *op. cit.*, pp.402-404.
17) Daft, op. cit., pp.371-374.

문에 일어날 수 있다. 파트너들은 상대편 사람들에게 'no'라고 말할 수 있는 권한을 가지고 있다. 그들은 전적으로 서로 정직하고, 정보를 숨기지 않고 나쁜 뉴스로부터 보호하지도 않는다.

② 의사결정과 권력을 고객과 일하는 장소에서 가까운 곳에 주어라.

③ 노동의 가치를 인정하고 보상하여야 한다.

Stewardship은 핵심적인 근로자들이 예외적인 기여를 하였을 때, 핵심적인 근로자들이 상당한 이윤을 얻을 수 있도록 보상을 설계하여 부를 나누어 주어야 한다. 보상체제는 개인의 부와 기업의 성공과 균형을 이루도록 하여야 한다.

④ 조직을 구축하기 위하여 핵심적인 작업 팀을 기대하라.

조직의 핵심을 구성하는 작업 팀들은 목적을 정의하고, 통제를 유지하며, 유익한 환경을 조성하고, 그리고 변화하는 환경에 부응하기 위하여 그들 자신을 조직하고 재조직한다.

Stewardship 리더십은 조직을 지배하지 않고 조직을 인도하고 부하들을 통제하지 않고 부하들을 촉진한다. 이 리더십은 각각 의미 있고, 조직 성공에 스스로 책임을 지는 리더들과 부하들 간의 관계를 허용한다. 더욱이 Stewardship 리더들은 그들이 부하들의 에너지와 충성을 활용하기 때문에 오늘날 신속하게 변화하는 환경에서 번영하는 것을 도울 수 있다.

- **Burns**

James McGregor Burns는 정치적 리더들에 대한 서술적 연구로부터 변혁적인 리더십의 이론을 만들었다. 그에 의하면, 주요한 리더십 기능과 역학은 윤리적 문제의 인지를 증가시키고 그리고 사람들로 하여금 갈등하는 가치들을 해결하게 도와주는 것이다. Burns는 변혁적인 리더십을 리더들이나 부하들이 서로 도덕과 동기부여의 높은 수준에 이르게 하는 과정으로 설명하였다. 이 리더들은 공포, 탐욕, 질투 혹은 미움과 같은 감정이 아니라 자유, 정당성, 평등성, 평화, 그리고 인도주의자와 같은 이상과 도덕적 가치들에 호소하면서 추종자들의 지각을 높이는 것이다.

Burns는 리더십을 리더들과 부하들의 관계가 지속적으로 영향을 미치는 과정으로 보았다. 변혁적인 리더십은 개인들 사이의 영향 관계이다. 그러나 이 리더십은 사회체제를 변화시키고 그리고 제도를 개혁하기 위한 권력을 동원하는 과정이다. 이 리더는 사람들의 집단들 사이에 갈등을 형성, 표현, 그리고 중재하려고 한다. 왜냐하면 갈등은 공유하고 있는 이상적인 목적을 달성하기 위하여, 에너지를 동원하고 활용하기 위하여 유익할 수 있다. 그와 같이 변혁적 리더십은 개인적인 추종자들의 도덕적 평가뿐만 아니라 사회적 개혁을 달성하기 위한 집단적인 노력이다. 이 과정을 통하여 리더들과 부하들은 변화할 수 있다. 그들은 그들 자신을 위하여 무엇이 좋은가 뿐만 아니라 그들의 조직, 지역공동체, 그리고 국가와 같은 더 큰 집단을 위하여 무엇이 이로울 것인가를 고려하게 될 것이다.

- **Greenleaf**

1970년에 Robert Greenleaf는 봉사하는 혹은 섬기는 리더십(Servant Leadership)의 개념을 제안하였다. Greenleaf에 의하면 부하들에 대한 서비스는 리더의 주요한 책임이며 그리고 윤리적인 리더십의 본질이라고 한다. 서비스는 부하들을 양육하고, 방어하며 그리고 권한을 부여하는 것을 의미한다. 서비스 리더들은 부하들의 욕구, 그리고 그들이 더욱 건강하고, 현명하며, 그리고 더욱더 그들의 책임을 기꺼이 수용하도록 관심을 가져야 한다.

오늘날 부하들은 리더의 말보다는 행동을 보고 따른다. 리더는 자신의 이익보다는 부하들의 이익을 먼저 챙겨야 하고, 자신의 위험보다는 부하들의 위험을 먼저 생각하며, 절망 속이라도 내색하지 않고 부하들에게 용기와 희망을 불어넣어 주고 때로는 자신의 생명조차 희생하면서 부하들을 사랑하는 리더들을 따른다는 것을 우리는 세계 유명한 영웅들을 통해서 지혜를 배울 수 있다. 박철언의 저서인 「바른 역사를 위한 증언」에서 보면 새로운 지도자를 결정하는 데는 네 가지 기준을 가지고 판단해야 한다고 한다. 그것은 위기관리 능력, 조직지도 능력과 경험, 정직과 성실, 그리고 도덕성, 건강과 품위라고 한다.

이처럼 성공적인 리더가 되기 위해서는 정직성, 성실성 및 도덕성이 필수적인 요인으로 판단된다.[18)]

Greenleaf는 리더들이 봉사하는 리더십의 기본적인 사고에서 성취할 수 있는 것을 제안하였다.[19)]

---

18) 박철언, 2005, 바른 역사를 위한 증언, Random House, 중앙, p.283.

가. 자신의 이익보다 서비스를 먼저 생각하라.

봉사하는 리더들은 다른 사람들과 그리고 조직의 변화와 성장을 유도하는 목적을 위하여 그들의 타고난 재능을 사용하는 의식적인 선택을 한다. 다른 사람을 돕기 위한 욕망이 공식적인 리더십 지위를 달성하거나 혹은 다른 사람에 대한 권력과 통제를 하기 위한 욕망보다 우선한다.

나. 다른 사람을 확언하기 위하여 처음엔 청취를 하라.

봉사하는 리더들은 대답을 갖고 있지 않다. 그는 묻는다. 다른 사람보다 봉사하는 리더의 가장 큰 재능은 다른 사람이 직면한 문제를 청취하고 충분히 이해하며, 그리고 다른 사람에 대한 그의 확신을 확인한다.

다. 신용과 진실 있게 행동하여 감동을 주어라

봉사하는 리더들은 다른 사람과의 관계에 있어 전적으로 정직하면서, 통제를 포기하고, 그리고 다른 사람의 복지에 관심을 갖고, 그들이 말한 것을 이행함으로써 신뢰를 구축한다.

그들은 좋거나 나쁜 모든 정보를 공유하고, 그리고 그들 자신의 이익보다는 집단의 이익을 더욱 발전하기 위하여 의사결정을 만든다. 이외에도 다른 사람들이 그들 자신의 결정을 신뢰하게 함으로써 신뢰는 더욱 증가할 수 있다.

라. 다른 사람을 육성하고 그리고 그들이 완성체가 되도록 도와라.

봉사하는 리더들은 다른 사람들이 인간다운 지도자의 권력을 발견하게 하고 그리고 그들의 책임을 수용하는 것을 도와준다. 이것은 개방성을 요구하며, 다른 사람들이 고통과 어려움을 기꺼이 공유한다.

봉사 리더십은 그들의 개인적인 발전에 다른 사람들을 격려하고 그리고 그들의 업무의 더 큰 목적을 이해하게 그들을 도와주는 것과 같은 단순한 것을 의미한다. 봉사하는 리더십의 한 극단적인 예는 Mother Teresa의 경우이다. 그녀는 한 평생을 가난하고 병든 사람을 위하여 보냈다. 그녀의 헌신은 수백만 사람들이 그녀

19) Robert K. Greenleaf, *Servant Leadership* and Walter Kiechel Ⅲ, 1992, "The Leader as Servant," *Fortune*, May 4, 121-122; Daft, *op. cit.*, pp.374-376.

를 따르게 하고 그리고 수백만 달러의 재정적 지원을 모았다.

봉사하는 리더들은 다른 사람들을 노동의 물건으로서가 아니라 인간으로 다른 사람들을 진정으로 높이 평가하고 존경한다. 봉사를 위한 선택을 한다는 것은 자신을 위하여 물질적인 재산을 요구하는 것보다 더 높은 목적에 믿음을 가지고 있는 사람일 것이다. 더 행복하고 안락한 생활을 저버리면서 가난하고 전쟁으로 황폐한 곳의 사람들을 위하여 봉사 활동을 선택하는 사람들을 우리는 간혹 볼 수 있다. 이러한 결과 사회에 도덕적으로 활동하는 사람이 더 많아질 것이다.

2) 윤리적 리더십의 결정요인

리더들 가운데 윤리적 행태의 근원을 찾아본다는 것은 흥미로운 연구이다. 인식적 도덕발전의 이론이 하나의 설명을 줄 수 있다. Kohlberg는 사람들이 어린아이 때부터 성인에 이르기까지 도덕적인 발전의 6단계를 통하여 사람들이 어떻게 진보하는지를 설명하는 모델을 제시하였다. 이 단계들을 가지고, 사람들은 정당성, 사회적 책임, 그리고 인권의 원리들의 더 넓은 이해를 가져올 수 있다. 도덕발전의 가장 낮은 수준에서 주요한 동기부여는 자신의 이익과 개인 욕구들의 만족이다. 도덕발전의 중간 수준에서 주요한 동기부여는 집단들, 조직들 그리고 사회에 의하여 결정되는 역할 기대와 사회적 규범을 만족시키는 것이다. 도덕발전의 가장 높은 수준에서 주요한 동기부여는 내면적인 가치와 도덕의 원리를 수행하는 것이다. 이 수준의 사람들은 중요한 윤리적 목적을 달성하기 위하여 규범에서 벗어날 수 있고 그리고 사회적 거절, 경제적 손실을 모험할 수도 있다.

도덕발전의 단계는 개인 리더를 평가하는 하나의 기준이다. 도덕발전의 가장 높은 수준의 리더들은 도덕발전의 가장 낮은 수준의 리더들보다 더 윤리적인 것으로 간주한다.

윤리적 리더십은 개인의 욕구들과 리더의 개인적인 자질들과 관련이 있다. 파괴적, 자기 지향적인 행태는 높은 자기도취, 감정적 성숙도가 낮고, 미성숙, 통제의 외부지향성, 그리고 개인화된 권력지향과 같은 그러한 개인적 자질을 가진 리더에게 흔히 있을 수 있는 것이다. 이러한 타입의 리더들은 다른 사람들을 신뢰할 수 없다고 지각하고 그리고 그들을 개인적 이득을 위하여 조작하는 대상으로 보는 경향이 있다는 것이다. 리더는 조직의 목적을 달성하기보다는 오히려 다른 사람을 착취하고, 그와 그 자신의 경력발전에 집중하기 위하여 권력을 사용한다.

윤리적 행태는 사회적 맥락에서 발생하며, 그리고 그것은 상황의 측면에 의하여 영향을 받는다. 비윤리적 행태는 생산성의 증가, 보상과 승진을 위한 격렬한 경쟁, 권위에 대한 강한 강조, 리더를 위한 강한 지위권력, 그리고 윤리적 행동과 개인의 책임에 대한 약한 문화적 가치와 규범을 가진 조직에서 일어나기 쉽다.

리더 성격과 인식적 도덕발전은 윤리적 그리고 비윤리적 행태를 결정하는데 상황의 측면과 상호작용한다. 즉 윤리적 행태는 어느 하나를 고려하는 것보다 개인과 상황을 고려함으로써 더 잘 이해할 수 있다. 높은 수준의 인식적 도덕발달을 가진 감정적으로 성숙한 사람은 파괴적 혹은 비윤리적 행위를 사용하게 하는 사회적 압력을 저항하는 경향이 높다. 그러기 위해서 사람은 올바르고 강인한 성품을 길러야 한다. 그래야만 도덕적 어려움에 맞설 수 있을 것이다.

Maxwell은 다음과 같은 행위를 권유한다.[20)]

- 자신의 행동에 책임을 져라 : 변명만 늘어놓아서는 안 된다.
- 절제력을 길러라 : 절제력을 가지지 못한 사람들은 자주 속임수의 유혹을 받는다.
- 자신의 약점을 깨달아라 : 루스벨트는 어렸을 때부터 몸이 허약하여 병에 잘 걸렸고, 천식이 있었으며, 체중미달이었다. 그런 사실을 알고 있던 그는 몸을 튼튼하게 만들기 위하여 전념을 다했다. 카우보이로 일하고, 거친 사냥도 다녔으며, 기병 장교로 전쟁에 참전하고, 권투를 배웠다. 결국 그는 병약한 소년에서 혈기왕성한 대통령으로 변신했다. 자신의 약점을 아는 사람은 자신의 약점 때문에 쉽게 놀라지 않으며, 남들이 자신의 약점을 이용하도록 내버려두지도 않는다. 반대로 자신을 속이거나 자신의 약점을 감추며 강한 척하는 사람들은 스스로 파멸의 구렁텅이로 내모는 것과 같다.
- 중요하다고 생각하는 것을 먼저 하라 : 일관성이 있다는 것은 자신의 믿음과 행동을 일치시킨다는 것을 의미한다. 일관성을 지킨다는 것이 꼭 쉽다고는 말할 수 없지만 방법은 간단하다. 스스로 중요하다고 생각하는 가치가 무엇인지 정하고, 그것을 가장 먼저 하는 것이다.

---

20) Maxwell, There is no such Things as Business Ethics, 조영희 옮김, 결정적인 순간의 원칙, pp. 119-135.

- 잘못은 빨리 시인하고 용서를 구하라 : 최근에 일어난 많은 대기업의 몰락에는 한 가지 공통점이 있다. 사실을 은폐했다는 것이다. 이러한 대기업들의 간부들은 모두 회사의 비리를 숨기려고만 했다. 물론 이러한 태도가 기업에만 만연해 있는 것은 아니다. 어느 직업에 종사하든 나쁜 성품의 사람들은 비리를 고백하기보다는 은폐하기에 더욱 급급하다. 그러나 대부분의 사람들은 실수를 저지른 사람이 진실을 털어 놓으며 용서를 구할 때는 오히려 너그러운 마음으로 상대방을 믿어 준다.
- 특히 돈 문제에 신경써라 : 누군가의 성품에 대해 알고 싶으면 그 사람이 돈을 어떻게 다루는지를 보면 된다. 사람들은 때때로 돈 모으는 것을 필요 이상으로 우선시하는 실수를 저지른다. 돈을 최우선 순위에 두는 사람은 그 때문에 모든 것을 잃는 경우가 많다. 물론 돈이 도구 이상의 것은 아니지만 그 칼날은 매우 날카롭다. 잘못 취급하면 커다란 해를 입을 수도 있다. 우리가 늘 돈 문제에 각별히 주의를 하는 이유가 여기에 있다. 만일 우리가 돈에 대한 태도를 바르게 유지할 수 있다면 돈은 파괴적인 것이 아니라 건설적이고 유용한 도구가 될 것이다. 돈은 끔찍한 주인이 될 수도, 훌륭한 하인이 될 수도 있다. 그러나 돈이 주인 행세를 해서는 안 된다.
- 일보다 가족을 소중히 여겨라 : 불행하게도 오늘날의 문화를 살아가는 많은 사람들은 가족을 도외시하는 경향이 있다. 사회적으로 성공하기 위해서는 그것이 어쩔 수 없다고 한다. 이혼율이 그러한 사실을 보여주는 증거이다. 매년 국민들이 내는 세금의 많은 부분이 부모의 보살핌을 받지 못하는 아이들을 지원하는 데 쓰이고 있다.

  하지만 장기적으로 볼 때 가족을 우선시하는 것이 일에 방해가 되지 않는다. 오히려 더 큰 힘이 된다. 가족과 함께 해야만 성공할 수 있다. 소중한 것을 먼저 하라. 가정이 안정되면 자신이 원하는 것을 무엇이든 이룰 수 있다.
- 사람에게 높은 가치를 부여하라 : 사람들이 명성을 쌓을 때 어떤 사람이 되어야지, 어떤 것이 좋은 것인지에만 관심을 집중한다. 왜냐하면 그것이 성공의 과정에서 중요한 부분을 차지하기 때문이다. 하지만 진정한 황금의 기회를 잡으려는 사람들은 그 이상의 일을 해야 한다. 그것은 다른 사람들을 존중하는 것이다. 이것이 황금률의 본질이다.

리더십의 윤리적 문제에 대한 경험적 연구는 상대적으로 새로운 주제이며 그리고 그 주제에 대하여 논할 문제가 많다고 본다. 앞으로 연구할 주제는 윤리적 딜레마 그리고 불일치가 해결되는 과정, 윤리적 원리가 변화하는 조건들에 적응하는 과정, 그리고 리더들이 윤리적 의식, 대화, 그리고 동의에 영향을 미치는 방법 등을 다루어야 할 것이다.

제3절 리더십의 자질

요즘 우리 사회를 뜨겁게 달구고 있는 화두 가운데 하나가 소통이다. '소통'은 우리 사회에서 트렌드를 읽는데 가장 뒤처진다는 비판을 받고 있는 군에서도 중요 과제가 되고 있다.

소통방식의 변화도 소통의 중요성을 강화시키고 있다. SNS가 중요한 소통방식으로 부상하고 있다. SNS는 웹상에서 인맥관계를 강화시키거나 새 인맥을 쌓으며 인간관계를 형성할 수 있게 해주는 서비스로 트위터, 페이스북이 대표적이다. SNS는 단순한 정보전달 수단이 아니다. 참여자들에게 수평적 연대감을 주는 소통수단으로 자리잡은 지 오래다. 트위터는 2012년 현재 전세계 1억 7,000만 명이 가입했고, 페이스북은 5억8,000만 명이 사용하고 있다. 방송통신위원회의 '2010 인터넷 이용 실태조사'에 따르면 우리나라의 만 6세 이상 인터넷 이용자 중 65.7%가 SNS서비스를 이용하고 있다고 발표하기도 했다.

지난 2012년 1월 2일 육군 7사단 소속 최전방 GOP 대대 병사 2명이 김관진 국방장관 트위터에 "휴가를 안 보내줘 장병들의 사기(士氣)가 심각히 저하됐다"는 글을 보내는 등 최근 장병들의 SNS(소셜네트워크 서비스) 활용이 급증하고 있다. 일부 장병은 트위터에서 김 장관과 '맞팔(서로 팔로어 하기)'을 하면서 다른 트위터 이용자들은 볼 수 없는 쪽지를 주고받는 것으로 알려졌다.

김 장관은 작년 5월부터 트위터를 사용해 왔다. 2012년 1월 8일 김 장관의 트위터 글을 받아보는 팔로어 수는 8,133명이고 김 장관이 팔로잉하는 트위터 이용자는 7,225명이라 한다. 국방부 관계자는 "김 장관은 스마트폰이 아닌 컴퓨터로 직접 트위터 관리를 한다"며 "팔로어와 대부분 '맞팔' 관계를 맺는데, 장병 중 누구와 어떤 내용의 쪽지를 주고받았는지는 모른다"고 말했다.

김 장관은 "국방부 직원들뿐만 아니라 국방 영역별로 육·해·공군의 담당자들과도 소통할 수 있는 통로를 만들라는 차원이었다"며 "김 장관은 트위터 등 SNS가 군의 유용한 소통 수단이 될 수 있다고 생각하고 있다"고 말했다.[21)]

진정한 리더십은 신념을 갖고 전진하는 것이며, 이는 지혜와 마음을 모두 필요로 한다. 눈송이들이 모두 제 각각의 모습을 갖고 있듯이 우리 각자도 독특한 재

21) 조선일보,(2012) 국방부장관, 일부장병과 트위터 맞팔 中, A10면6단(1월9일).

능을 갖고 있다. 그렇지만 이러한 재능을 깨닫고 사용하려면 스스로 용기를 내야 하고 진정으로 봉사하려는 마음으로 전진해야 한다.[22)]

도덕적 리더들은 그들 자신의 신념을 위하여 그들 자신의 생명까지 희생할 수 있는 강한 인내도 필요하다. 그러나 대규모 조직에서 근무하는 대부분의 리더들에게 소통과 용기의 중요성을 모르는 경우가 많을 것으로 본다. 그들에게 중요한 것은 조직과 잘 어울리는 것이며, 조직에 적응하도록 하고 그리고 승진과 봉급인상을 가져오는 모든 것을 기꺼이 한다. 안정과 풍요로운 세계에서는 심지어 소통과 용기의 의미를 안다는 것이 쉽지 않으며, 이러한 상황에서는 리더들이 소통과 용기를 어디서 어떻게 찾는지 혹은 어떻게 소통을 이루는지와 용기가 왜 필요한지도 알기 어려울 것이다.

1. 소통의 군 리더십

많은 이들에게 군은 '소통'이 어려운 집단으로 비춰지고 있다. 군의 임무와 특성상 당연한 일로 여겨질지도 모른다. 군은 기강이 엄정해야 한다. 전쟁이라는 극한 상황에 대비해 육성되고 있는 군에게 상명하복은 생명과도 같은 가치다. 그러나 군기가 엄정하다는 것과 소통이 막혔다는 것은 다른 의미다. 끊이지 않고 있는 병영 내 구타사건과 명품무기로 알려졌던 국산 무기들의 결함, 국방개혁을 둘러싼 논쟁들은 군내에 소통이 아직 제대로 이뤄지고 있지 않음을 반증한다. 병영내에서 의사소통이 원활히 이뤄지고 있다면 구타사건은 막을 수 있다. 무기 개발과정에서 제기된 문제점들이 진솔하게 논의될 수 있다면 결함률은 대폭 감소될 수 있을 것이다.

소통의 사전적 의미는 '막히지 않고 잘 통함' 또는 '뜻이 서로 통하여 오해가 없음'이다. 소통은 리더를 중심으로 조직 구성원 모두가 이성적 소통과 감정적 소통이 이루어져 상호 신뢰가 구축되는 과정이다.

인체에 비유한다면 소통은 혈액순환과 같다. 끊임없이 혈액이 순환하면서 신체의 각 부위에 새로운 영양과 산소가 공급되어야 각각의 장기(하위 조직)는 유기적

22) Robert Quinn(최원정·홍병문 옮김), *op. cit.*, p.37.

으로 활동한다. 이 과정에서 새로운 에너지(조직 목표)를 생산하게 되는 것이다. 그러나 유무형의 장애물로 인해 특정 부위에서 혈액순환이 원활하지 못하면 그 장기와 세포(개인)는 병(조직 균열)이 들어 제 기능을 발휘하지 못하고, 방치하면 사망에도 이른다. 따라서, 리더는 조직에 새로운 영양과 산소가 공급되도록 소통을 방해하는 요인이 무엇인지 파악하여 이를 제거하려는 노력을 기울여야 한다. 이를 위해 아래로의 적응은 필수적이다. 보통 우리는 하급자가 상급자에게 적응해야 한다는 통념에 사로잡혀 위로의 적응만을 강조하는 경향이 있다. 소통은 상호작용이므로 지휘관도 부하 전우들의 의식과 정서, 생활습관 등을 이해하고 그들에게 적응해야 한다.

군 조직은 전승을 위해 존재한다. 특히 마찰요인이 많은 전장에서 협동(소통)의 과정 없이는 조직적 전투력 발휘가 불가능하다. 아무리 개인전투력이 뛰어난 인원들로 구성된 부대라 할지라도 협동(소통)하지 못하면 승리할 수 없다. 우리군의 합동성이란 개념도 지상, 해상, 공중전력의 통합적 운용, 즉 소통(정보공유)을 통해 합동전력의 승수효과를 지향하고 있다.[23)]

그런데 우리 군은 협동을 논할 때, 아직도 수평적 협동만을 떠올리는 경향이 있다. 수직적 협동도 강조해야 한다. 수직적 협동은 리더와 부하의 소통, 상급자와 하급자의 소통을 일컫는다. 어떤 임무의 본질적 성격, 그 임무의 난이도와 부하의 개인차와 성숙도에 따라 상하 소통의 정도가 결정되어야 한다. 이러한 의미에서 one stop 업무처리는 곧 수직적 소통의 한 과정이라 할 수 있다.

우리 군의 상급자들은 하급자들을 절대복종의 대상으로 여기는 경향이 강하다. 이에 비해 미국, 영국, 프랑스, 독일 등 선진국을 비롯한 세계 유수한 군에서는 하급자를 절대복종의 대상으로 여기기보다는 동반자이자 파트너로 인식하는 경향이 강하다. 우리 군의 병영문화를 바꾸려면 하급자를 동반자로 인식하는 풍토가 정착되어야 한다. 이를 위해 우리가 선행해야 할 것은 지휘관으로서 자신의 명령과 지시가 합법적인지, 또 합리적인지 자각하는 일이다. 모든 명령과 지시에는 공(公)과 사(私)가 엄격히 구별되어 권한이 남용되지 않고 절제가 있어야 한다는 뜻이다. 예컨대, 간부들이 시간외 근무수당을 받기 위해 위병조장에게 출입일지를 조작하도록 지시하는 것은 공무의 신뢰성을 훼손하는 위법한 지시이며, 허위 공문

23) 최현수,(2012) 국방리더십저널 52호, p.10.

서 작성으로 부하를 범법자로 만드는 위법한 명령이다.

이처럼 명령의 합법성과 합리성을 올바로 판단하여 합법적이면서 합리적인 명령과 지시를 할 수 있는 지휘관과 간부들로 구성된 병영, 군 조직이 될 때 비로서 군의 가치라고 할 수 있는 충성, 용기, 책임, 존중, 창의가 제대로 구현되어 수많은 역할 모델이 배출될 수 있는 토대가 마련될 것이다.

또한 리더가 '소통'의 중심에 서려면 권위를 지녀야 한다. 여기에서 말하는 권위란 '독선적' 또는 '권위주의적'이라는 의미가 아니라 '어떤 분야에서 남이 신뢰할 만한 뛰어난 지식이나 기술, 또는 실력'을 일컫는 것이다. 즉, 권위주의적 리더가 아니라 권위있는 리더가 되어야 하며, 권위주의적 조직이 아니라 권위를 존중하고 인정하는 조직이 되어야 한다.

이러한 권위는 크게 3가지로 분류할 수 있다.[24] 첫째, 규범적 권위이다. 법과 규정이 정하는 책임과 의무라고 할 수 있는데 이것은 어떤 리더에게나 똑같이 적용되는 권위이다. 이러한 규범적 권위의 대표적인 예가 신상필벌의 권위이다. 규범적 권위는 리더가 자신의 권한을 얼마나 합법적이고 합리적으로 행사하는가에 따라 달라진다.

둘째는 전문적 권위이다. 모르는 것과 아는 것에 큰 차이가 있지만, 아는 것과 행하는 것은 더 큰 차이가 있다. 기본적으로 리더는 해당조직의 활동에 필요한 전문지식을 갖춰야 한다. 지휘관은 자기 부대를 가장 잘 알아야 하며제대별, 부대별 임무와 과업을 작전태세, 교육훈련, 부대관리, 민군관계의 범주로 나누고 표준화함으로써, 지휘관이 교체되어도 부대 전투력 요소의 균형이 유지될 수 있도록 해야한다. 지휘관도 모든 분야에 대해 부하보다 많이 알 수는 없다. 그러나 지휘관도 모르는 부분에 대해 부하에게서 배울 수 있는 용기를 가져야 한다. 오히려 모르는 것을 아는 체하는 것이 지휘관 개인은 물론 조직을 병들게 하는 것이다.

셋째는 인격적 권위이다. 리더는 인격적으로 훌륭해야 한다. "영혼을 지휘하는 리더십"의 저자 에드거 퍼이어는 유능한 군 지휘관의 가장 중요한 덕목 중의 하나는 인격과 인품을 쌓는 것이며, 외로운 위치에서 힘들고 불확실한 순간에 가장 현명한 판단은 지휘관의 인품에 의해 결정된다. 또한 잘못됐을 때 모든 책임을 질 수 있는 용기와 고매한 인품을 가져야만 현명한 리더가 될 수 있다고 강조한다.

24) 류제승, 리더십의 본질은 소통과 협동, 국방리더십저널, p. 32.

그리고 지휘관은 자아의식과 자기 통제력을 유지하기 위해 끊임없이 노력해야 한다. 감정의 변화가 많은 지휘관이 지휘하는 부대는 정서적으로 불안정하여 위기상황에 처하게 되면 와해되기 쉽다. 상급자 일수록 정신적, 체력적, 시간적, 경제적 희생을 감수하면서 조직의 목표 달성을 위해 헌신해야 한다. 그렇지 않으면 보이는 것만 믿고자 하는 성향을 지닌 디지털 세대의 부하들은 진정한 마음으로 상급자를 추종하지 않을 것이다. 진정한 소통은 머리가 아닌 가슴에서 나오는 것을 지휘관 및 군 간부들은 인식해야 하며 부하들과 마음 통하기 위해 노력해야 할 것이다.

2. 용기의 정의

대부분의 사람들은 직감적으로 용기는 당신이 박탈, 조롱, 그리고 거절을 극복하고, 당신이 깊게 생각한 어떤 것을 달성할 수 있는 것을 의미한다. 용기는 중요한 덕목이다. 행동을 할 수 있는 대담함, 옳은 것을 위해서는 목숨도 던지는 결단력이 내포되어 있어야 한다. 안정이나 풍요로운 사람은 용기의 필요성을 느끼지 않을 수 있다. 이러한 상황 가운데 리더들이 자신들의 경력을 관리하기 위하여 배운 교훈은 "곤란한 일에 끼지 말고," "실수하지 말며," "위험부담은 다른 사람이 하게하고," "자제를 하고," 이러한 사고는 리더로서 도움이 되지 못한다. 위험부담을 하려는 용기는 충분히 보상받아야 한다.

오늘날 조직을 위하여 모든 사정들이 끊임없이 변하고 있으며 그리고 리더들은 시행착오를 거치면서 문제를 해결함으로써 리더의 경륜을 쌓아 간다는 것이다. 리더들은 불확실에 직면하여 기회를 포착하면서, 그리고 용기를 가지고 행동함으로써 앞으로 나아가면서 미래를 창조한다. 용기의 특징적 정의는 두려움을 극복하고 앞으로 나아가는 능력이다.

용기는 책임을 수용하는 것을 의미한다.[25] 리더들은 그들이 앞으로 나아가고, 개인적인 책임을 진다. 리더들은 다른 사람들이 그들에게 무엇을 하라고 그들에게 말하거나 그들에게 무엇을 하라고 허락을 하는 것을 좋아하지 않는다. 용기 있는

25) Daft, *op. cit.*, p.381.

리더들은 그들 조직이나 지역사회에서 차이를 만들기 위하여 기회를 창조한다. 리더들은 공공연히 그들의 실패나 실수에 대하여 책임을 진다. 오늘날 대규모 관료조직에서 책임을 수용하는 것은 거의 존재하지 않은 것 같아 보인다. 그 대신 서로 책임을 회피하고 전가하는 경향이 많다.

용기는 사회규범의 거부를 의미하기도 한다.[26] 리더십 용기는 비위에 거슬리는 것, 전통을 깨는 것, 경계를 파괴하는 것, 그리고 변화를 시도하는 것을 의미한다. 리더들은 이미 정해진 규칙들을 맹목적으로 따르지 않는다. 그들은 기꺼이 위험을 부담하며 다른 사람들에게도 그렇게 하기를 촉구한다.

용기는 안전지대를 초월하는 진취적인 것을 의미한다.[27] 예를 들어 성공의 비결은 근로자를 위험 속에 직면하게 하여, 두려움을 초월하여 밀어나가게 하든지 혹은 어떤 사람이 성가시게 독촉하는 사람이 있을 만큼 충분히 운이 좋은 환경에 속하게 하는 경우도 있다.

용기는 당신이 무엇을 원하는지 그리고 당신이 무엇을 생각하는가를 말하게 한다.[28] 리더들은 다른 사람들에게 영향을 미치기 위하여 거리낌 없이 큰소리로 말하여야 한다. 그러나 다른 사람, 특히 상관을 기쁘게 하려는 경우에는 때때로 진실을 막는 경향이 있다. 용기는 다른 사람의 부당한 요구에 no라고 말할 수 있는 능력과 당신이 비전을 달성하기 위하여 필요한 것을 과감하게 요구하는 능력을 의미한다.

용기는 당신이 믿는 것을 위하여 싸우는 것을 의미한다. 용기는 전체 국민을 위한 가치 있는 결과를 위하여 싸우는 것을 의미한다. 리더는 위험을 부담하고 높은 목적을 위하여 싸운다. 이 세상에는 인간의 존엄성, 인권, 자유, 독립과 같은 높은 목적을 위하여 자신의 생명을 희생한 많은 사람들이 있다. 이들이 용기 있는 리더들이다. 용기는 약자를 파괴시키기 위하여 전쟁을 하고, 약자를 못살게 괴롭히며, 혹은 다른 사람들이 가치 있다고 믿는 것을 파손하는 것을 의미하는 것은 아니다. 심지어 용기는 가능성이 있거나 혹은 자신을 생명을 희생하는 가능성이 있을 때라도 당신이 옳다고 믿으면 하는 것을 의미한다.

불굴의 용기를 가진 리더를 꼽으라고 하면 프랭클린 루스벨트(Franklin Delano

26) *Ibid.*
27) *Ibid.*
28) *Ibid.*, p.382

Roosevelt: 1882-1945)가 적합한 인물이다. 1921년 그는 소아마비에 걸렸다. 소아마비는 생명을 위협하는 무서운 병이다. 그 병으로 인해 루스벨트는 불구가 되었고 고통의 구렁텅이에 빠져 공직생활이 거의 끝날 뻔하였다. 모두가 그의 사퇴를 조언하였다. 아무도 불구의 정치가에게 투표하지 않을 것이기 때문이었다. 그러나 루스벨트는 그런 말에는 귀를 기울이지 않았다.

그 대신에 자신의 상황을 분석하였다. 그는 소아마비에 대해 조사해서 이해하고, 자신의 불구 정도를 명확하게 인식한 후 불구를 극복할 수 있는 대안을 생각했다. 그는 어떤 어려움에도 눈 하나 깜짝하지 않았다.

그가 위대한 대통령이 된 것은 이러한 자세 덕분이었다. 루스벨트는 패배주의적인 태도를 거부했다. 평범한 선거운동을 하지 않았으며, 오히려 자신을 적나라하게 드러내고 자신의 사상을 피력하였다. 결국 그는 옳았다. 그는 정계에서 살아남았고 2년 임기의 뉴욕 주지사를 연임하였다. 또한 그는 네 번 연임이라는 기록을 남긴 대통령이 되었으며 마지막 임기 도중 사망하였다.

루스벨트는 미국 역사상 가장 어려운 시기인 1933년 대통령이 되었다. 도시마다 대공황의 여파로 실직자들이 양산되고 농부들도 곡가 하락과 기근을 면치 못하였다. 은행들도 줄줄이 파산하고 온 나라가 혼돈에 빠져 그야말로 공포의 도가니였다. 대통령에 당선되자 그는 자신이 가장 먼저 해야 할 일로 적극적인 태도를 견지하고 온 나라에 자신감을 불어넣는 일을 꼽았다. 그는 전 국민에게 전하는 취임사에서 "우리가 두려워해야 할 단 한 가지는 두려움"이라고 말했다.

그는 신속하게 움직였다. 은행 휴일을 선포하고 다양한 구호기관들을 설립하여 이 중 시민보호단은 250만 명의 일자리를 마련하였다. 그의 연설에서 국가의 위기를 극복해야 하는 일은 의무가 아니라 사명이라고 국민에게 감동을 주는 어휘를 사용하곤 하였다.

그는 솔선수범하는 지도자상이 필요하다는 것을 알고 있었다. 건강이 좋지 않았고 또 전국을 순회하기에 어려운 때이기도 했지만, 루스벨트는 기근이 든 전국의 농장을 개인적으로 직접 방문하여 실상을 파악했다. 현장을 모르고 정책을 결정하고 집행한다는 것은 그리 현명하지 못한 태도이다.

루스벨트는 극도로 목표 지향적이었다. 그는 제2차 세계대전에 참전하여 승리하는 것 자체가 목표는 아니라고 항상 말했다. 미군이 프랑스 해안에 상륙할 때 루스벨트는 이미 전후의 세계에 활기를 불어넣을 준비를 하고 있었다. 그의 궁극적인 목표는 제2차 세계대전의 승리가 아니라 전후의 평화를 유지하는 것이었다고 말했다.

오늘날 미국이 건전하게 존재하게 된 것도 루스벨트의 불굴의 용기를 가지고 국가의 위기를 극복하겠다는 집념과 미래를 볼 수 있는 비전을 실천할 수 있는 지혜에 의하지 않았나 생각된다.

3. 도덕적 용기

도덕적으로 용기가 있는 사람은 관습에 얽매이지 않으며, 옳다고 생각하는 것을 행하고, 근로자들의 존경을 받을 만한 인격체로서 근로자나 고객을 처우하는 사람이다. 사람들과 이익을 균형 잡게 한다든지, 서비스와 이기심의 균형을 가져온다든지, 통제와 완화 간의 균형을 가져온다는 것은 역시 용기가 있어야 한다.

도덕적 리더십은 용기를 필요로 한다. 도덕적 리더십을 실행하기 위하여, 리더들은 자신들을 알고, 그들의 강점과 약점을 이해하여야 하며, 그들이 무엇을 대변하는지를 알아야 하고, 그리고 간혹 일반사회규범을 따르지 말아야 한다. 도덕성이 결여된 리더는 중대한 결격 사유인 실무능력이 없는 것과 동일하게 취급되어야 한다. 도덕성은 리더가 리더십을 발휘하기 위한 최소한의 근거가 된다. 솔직한 자신에 대한 평가는 고통을 줄 수 있고, 다른 사람의 더욱 우수한 능력을 인정하기 위하여 자신의 약점을 인정한다는 것은 강한 성격의 소유자들이다. 도덕적 리더십은 관계를 구축하는 것을 의미하며, 즉 다른 사람과 공유, 청취, 다른 사람과 의미 있는 경험을 나누거나, 다른 사람의 의견을 수렴하는 것을 요구한다. 강한 감정을 갖기 위하여 사람들은 그들의 깊은 두려움을 극복하고 그리고 약점보다는 강점의 근원으로서 다른 사람의 감정을 이해하여야 한다. 진정한 권력은 사람과 연결하여 주는 감정에 있는 것이다. 감정적으로 서로 가까워지고 그리고 다른 사람을 위하여 가장 좋은 것을 함에 따라서, 서로 좋고 나쁜 것, 고통과 분노뿐만 아니라 영광과 기쁨을 서로 공유하게 된다. 그래서 리더는 다른 사람들의 가장 좋은 자질을 발견한다.

도덕적 리더십을 실행하기 위한 용기는 리더에게 존경을 얻고, 더욱 견실한 헌신, 그리고 성과를 얻는다. 자신의 신념을 지킨다는 것은 큰 위험부담 그리고 막대한 용기를 수반한다.

비윤리적 리더십에 반대하는 것은 역시 용기가 필요하다. 내부고발자는 조직에서 근로자들의 불법, 비도덕성, 혹은 비윤리적 행위의 공개를 의미한다. 비록 최근에 내부고발 사건들이 일어나고 있다고 하더라도, 자신들의 직업을 실직할 위험성, 동료들에 의한 추방, 혹은 낮은 직위로 좌천할 가능성 등과 같은 위험이 따르게 마련이다.[29] 그 이외에도 보복의 방법은 다양하다.

어떤 고발자는 그들이 옳은 것을 하였기 때문에 아무 나쁜 것도 일어나지 않을 것이라고 믿는다고 하더라도, 대부분은 그들의 상관들과 동료들의 비윤리적인 행위를 보고하는 그들의 자발성으로부터 재정적으로나 혹은 감정적으로 괴로움을 겪는다는 것을 인정한다.

용기 있는 사람들은 모순된 감정과 두려움의 혼란에도 불구하고 진실을 말하기 위하여 앞으로 나아간다. 용기 있게 행동하는 것은 때로는 감정의 갈등들을 경험하게 된다. 내부고발자는 잘못된 일을 보고할 윤리적 의무를 느낄 수 있으나, 반면에 그들의 상관들과 동료들에 불충실을 느낄 수 있다. 어떤 사람은 그러한 관계가 존재하는 것에 대하여 자신들의 내부에서 갈등 혹은 번민을 할 수도 있다.

앤드류 잭슨(Andrew Jackson: 1767-1845)의 도덕적 용기는 우리에게 많은 교훈을 준다. 독립전쟁 당시 열세 살 소년이었던 잭슨은 영국군의 포로가 되어 한 장교로부터 진흙투성이 군화를 닦으라는 명령을 받았다. 그러나 그것은 부당한 일이었다. 그는 장교에게 말했다. "장교님 나는 전쟁포로입니다. 그러니 이에 합당한 대우를 해 주십시오." 화가 난 장교는 그를 긴 칼로 후려쳤다. 이때 입은 상처가 잭슨의 손과 머리에 평생 남게 되었다. 그러나 그는 절대 후회하지 않았다. 그리고 그는 앞으로도 자신은 항상 똑같이 행동하겠다고 결심했다.

그는 열네 살에 고아가 되었지만 책임감과 예지가 뛰어났던 그는 변호사, 장군을 거쳐 마침내 정치가로 성공하기에 이르렀다. 미국의 일곱 번째 대통령인 잭슨은 국민들을 공평하게 대우하는 한편 자신의 권한을 확대하였다. 그는 특히 일부의 사람들만이 공직을 차지하는 것이 아니라 가능하다면 전체 국민들이 공직에

---

29) Hal Lancaster, 1995, "Workers 쫘 Blow the Whistle on Bosses Often Pay a High Price," *The Wall Street Journal*, July 18, B1.

공평하게 참여할 수 있는 기회를 주어야 한다는 민주적 철학을 주장하는 엽관제(spoil system)를 실시하였다. "그는 통나무집에서 태어난 자신의 힘으로 백악관에 진출한 자수성가의 고전적 모범사례가 되었다. 또한 미국인의 대표적인 성공사례였다"라고 전해 온다.

그는 그의 야망을 키우면서 법률공부를 하여 변호사가 되었으며, 근면·결단·용기로 그는 변호사로서 명성을 쌓았다.

1812년 전쟁 당시 그는 지원자와 개척민으로 이루어진 부대를 지휘했고, 지휘관에게 필요한 것은 부하들의 존경이라고 생각한 그는 홀로 있기보다는 그들과 어울려 같이 먹고 자고 어려움을 함께 하였다.

잭슨은 전통을 깨는 것을 두려워하지 않았다. 대부분의 미국 군대가 패전을 거듭하고 있을 때 그는 뉴올리언스 전투에서 빛나는 승리를 거두었다. 잭슨은 해적의 무리를 끌어들여 도시를 지키게 했으며, 백인들의 반대에도 불구하고 흑인 자유인들로 구성된 연대를 만들었다. 이 두 집단의 공은 혁혁했다.

그는 엘리트주의자처럼 행동하기보다는 항상 보통 사람들의 관점을 유지하려고 노력했다. 그는 순수 민주주의를 신봉했고, 외출할 때마다 일반 시민들의 의견에 귀를 기울였다.

그가 말하는 민주주의는 만인에게 공평한 기회를 제공하고 정부의 존재를 만인을 동등하게 보호하는 정직한 심판자로서 한 차원 높이 끌어올리는 것이었다. 잭슨은 이 목표를 이루기 위해 지금까지의 모든 전임자들보다 더 많은 거부권을 행사함으로써 대통령의 권한과 행정부의 범위를 확대했다.

1937년에는 2만여 명의 청중이 그의 첫 번째 취임연설 때와는 완전히 다른 기분으로 그의 고별연설을 들었다. "자유에는 국민들의 끊임없는 감시라는 대가가 따릅니다. 자유라는 축복을 지키기 위해서는 응당 대가를 지불해야만 합니다."

4. 개인적 용기의 근원

상당한 위험에도 불구하고 행동하기 위하여, 리더는 공포와 혼란을 극복할 용기를 어떻게 발견할 수 있는가? 만약 우리가 우리의 공포를 극복할 수만 있다면, 우리 모두는 용기 있게 살고 그리고 행동할 잠재력은 다 가지고 있다. 우리들의 대부분은 우리 자신의 안전 지역을 제한하는 것과 우리의 목적을 달성하는 가장 좋은 길을 선택하는 어려움을 겪는 두려움을 학습하였다. 그러나 다른 사람과 관계를 하며, 그들이 믿는 목적에 헌신하고, 실패를 자연적이고 인생의 이로운 점이 있다고 환영하면서 그들 자신의 용기를 넘치게 할 수 있는 많은 방법 또한 있다.

1) 더욱 높은 목적에 대한 신념

용기는 우리가 진실로 믿는 어떤 것을 위하여 싸울 때 쉽게 온다. 더욱 위대한 목적에 대한 서비스는 사람들에게 두려움을 극복하는 용기를 준다. 간디와 같은 그의 개인적인 안전의 위험을 감내한 것은 자신보다 더 심오한 목적이 있었다는 그의 신념 때문이었다. 조직에서도 용기는 더 높은 비전의 신념에 의존한다. 자신의 경력발전에만 관심 있는 리더는 그의 지위를 박탈당할 위험이 있기 때문에 잘못되어가는 것을 보고하지 않을 것이다. 다른 한편 1986년 우주선 Challenger호의 폭발로 인하여 7명의 우주인들이 사망한 후, NASA의 우주인 사무실의 기관장 John W. Young은 공개적으로 NASA체제의 안전과 관련된 문제에 경각심을 불러오게 한 더 높은 목적이 있었다.

2) 다른 사람과의 관계

다른 사람에 대한 배려와 다른 사람으로부터 지원을 얻는 것은 혼란스러운 세계에서 용기의 잠재적 근원이다. 다른 사람의 지원은 역시 용기의 근원이다. 이 세계에서 고독하다고 느끼는 사람들은 그들이 잃어버릴 것이 없기 때문에 위험을 가질 가능성이 더 적다. 협조적이고 배려하는 조직의 팀의 구성원이 됨으로써 혹은 집에 사랑하고 도움을 주는 가족이 있음으로써 실패의 두려움을 감소할 수 있고 그리고 사람들이 위험을 부담하는 것을 도울 수 있다.

3) 실패의 환영

「Soul of Care」의 저자인 Thomas Moore는 문제의 적을 만드는 것보다는 문제와 친구가 될 수 있다. 성공과 실패는 같은 동전의 앞뒷면이다. 하나는 다른 것 없이 존재할 수 없다. 한 어린아이는 실패를 거듭하면서 자전거 타는 법을 배운다. 오늘날 많은 사람들은 어려움이나 문제없이, 그리고 투쟁을 하지 않고 성공하기를 원한다. 그러나 실패를 받아들이는 것은 용기에 힘을 실어 주는 것이다. 사람들이 실패를 인정하고 그리고 가장 나쁜 결과에 대하여 평화로워질 수 있을 때, 그들이 불굴의 정신을 가질 수 있다는 것을 발견한다. 리더들은 실패가 성공으로 이룰 수 있다는 것을 안다. 그리고 학습의 고통은 개인들과 조직을 강화시킨다. 고공의 두려움이 계속적으로 반복될 때, 사람들은 그러한 두려움을 극복할 수 있다는 것을 입증할 것이다. 연습은 사람들로 하여금 그들의 업무에서 위험 부담하는 것을 극복하게 할 수 있다. 매번 실패하고 다시 노력하면 당신은 심리적 강점과 그리고 용기를 구축할 것이다.

4) 좌절과 분노의 조정

사람들은 조직에서 불만의 힘을 쉽게 볼 수 있다. 어떤 사람이 정당한 일을 하였는데도 불구하고 해고당하였을 때, 감독자는 그 사람의 분노가 두려움과 행동을 극복할 충분한 사건이 발생할 때까지 해고를 보류할 것이다. 때때로 부당성에 대한 분노는 온화한 사람도 그의 상관에 정면으로 도전할 용기를 줄 수 있다. 적절한 정도의 분노는 에너지를 얻을 수 있는 건전한 감정이라고 볼 수 있다. 도전은 분노를 삼키며 그리고 그것을 적절히 사용하는 것이다. 이와 같이 분노는 동기부여도 변하게 할 수 있다. 어떤 사람이 모터사이클 사고로 인하여 하반신이 마비가 된 후 그는 처음에는 자살로서 그의 분노를 극복하려고 하였다. 그러나 그는 지속적으로 물리치료를 받았다. 어떻게 호텔들이 장애자들에게 빈약하게 봉사하는가에 대한 그의 분노와 좌절은 그로 하여금 여행하는 장애자들이 더 편하게 사용할 수 있도록 Quality Circle과 Renaissance Ramada와 같은 호텔들을 도우는 상담회사를 설립하여 장애자들이 불편하지 않게 여행할 수 있도록 쉽게 접근이 가능한 것을 고안하게 하였다.

부 록

초급간부 리더십(지휘통솔) 발전 방안

부 록
초급간부 리더십(지휘통솔) 발전 방안

제1절 국방개혁에 적합한 군 리더십

한국군 지휘관들은 임관 때부터 습성화된 현행작전수행 위주 군 리더십의 한계를 벗어나지 못하고 있다. 이는 군 조직이 현행작전 수행에만 중점을 두고 국방개혁에는 관심과 배려가 부족하기 때문이다.

앞으로 한국군의 리더십은 지휘관의 현행작전수행능력 뿐만 아니라, 정책부서에서 부하집단을 이끌며, 혁신적인 군사력 건설에 이바지할 수 있는 창조적인 리더십을 발휘할 수 있도록 발전해야 한다. 지식정보화시대 발전 원동력인 지식과 정보의 적극적인 활용과 국가·사회전반의 인간 존엄성과 권리에 대한 자각을 통해 새로운 환경변화를 수용하여 변화와 혁신을 해야만 한다.

변화와 혁신을 하려면 기존의 제도, 문화, 시스템의 개선과 동시에 시대적 요구에 맞는 리더십의 계발과 정착이 중요하다. 부대의 지휘환경에 맞게 권한의 집중과 통제에서 분권화 자율로, 인력과 장비 중심에서 지식정보화로 변함에 따라 지휘유형 역시 이에 적합하게 변화해야 한다. 이에 따라 국방개혁에 적합한 군 리더십 모델을 설정하고 새로운 군 리더십의 방향을 모색해 보고자 한다. 아래의 〈그림-1〉은 지식정보화 사회의 변화는 미래전 양상의 변화와 군사업무의 복잡성, 군 역할의 다양화를 요구하고 있으며, 이에 따라 국방개혁 2020은 군 구조의 첨단화, 국방운영의 문민기반 확대, 선진 병영문화 정착에 목표 설정을 하여 추진될 전망이며, 이는 군 인력구조 변화를 초래하게 된다는 것이다. 앞서 논의된 변혁적·거래적 리더십과 군 리더십을 6가지 특징을 토대로 군 인력구조 변화에 적합한 창조적 군 리더십이란 과연 어떠한 것일까? 이러한 리더십은 장기적이며, 거시적이고, 새로운 것에 대해 끊임없이 수용해야 한다. 각 리더십의 특징을 비교해 보면서 국방개혁에 적합한 리더십을 알아보자.

〈부 그림-1 창조적 리더십 연구모형〉

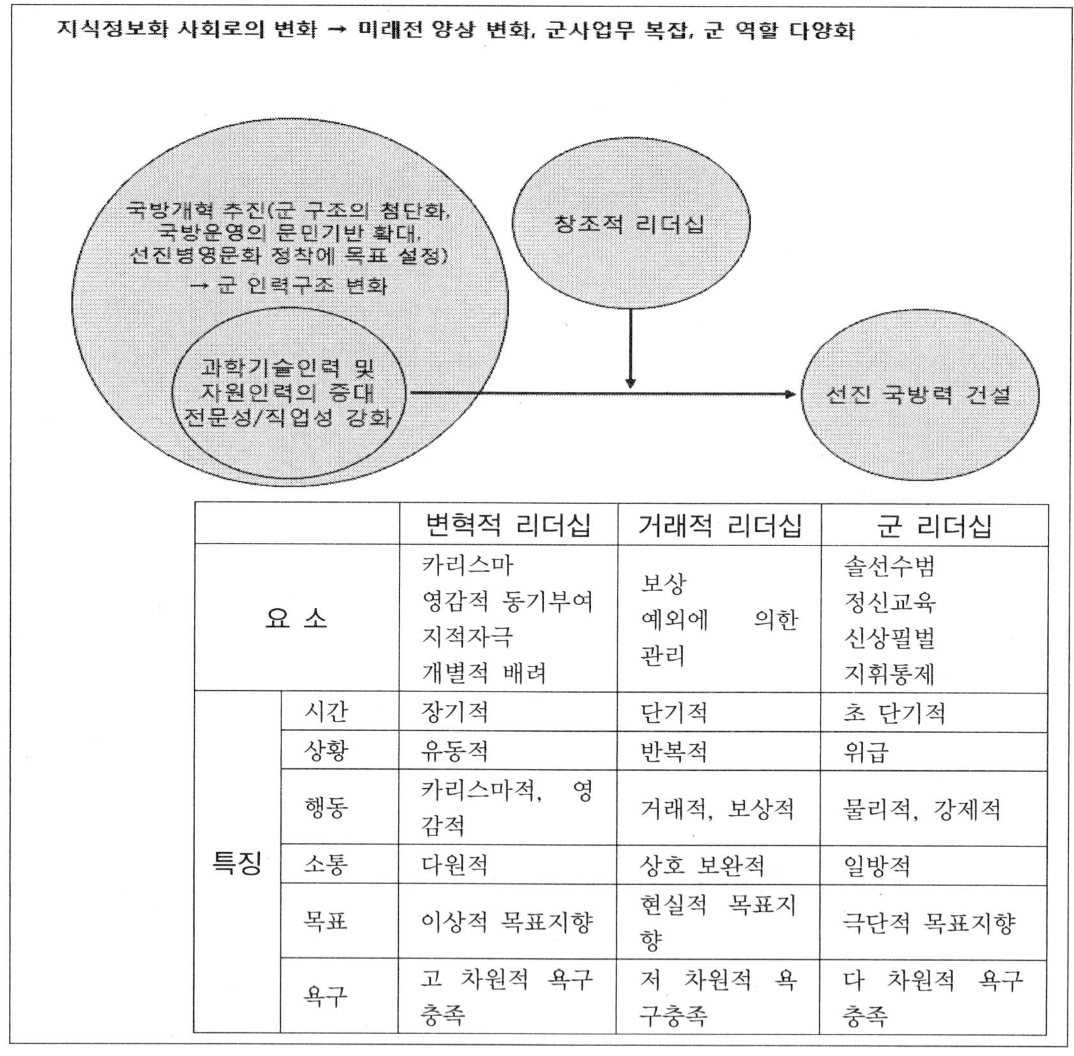

		변혁적 리더십	거래적 리더십	군 리더십
요 소		카리스마 영감적 동기부여 지적자극 개별적 배려	보상 예외에 의한 관리	솔선수범 정신교육 신상필벌 지휘통제
특징	시간	장기적	단기적	초 단기적
	상황	유동적	반복적	위급
	행동	카리스마적, 영감적	거래적, 보상적	물리적, 강제적
	소통	다원적	상호 보완적	일방적
	목표	이상적 목표지향	현실적 목표지향	극단적 목표지향
	욕구	고 차원적 욕구충족	저 차원적 욕구충족	다 차원적 욕구충족

첫째, 시간적 측면을 비교해 보자. 이에 경우 군 리더십이 변혁적 리더십에 비

해 초 단기적이다. 이는 전장상황에서 군 리더십이 발전했기 때문이라 할 수 있다. 이는 현행 경계 작전을 수행하는 데는 적합할지 모르나 평시 교육훈련 및 부대관리나 장기적 국방개혁 측면에서는 부적합하다.

국방개혁은 장기적인 안목을 견지해야 함에도 변혁적 리더십이 훈련되지 않았다면 군 지휘관으로 하여금 단기적이고 당장 성과가 날 수 있는 실적위주의 조치밖에 취할 수 없도록 하며 이러한 측면에서 군 지휘관에게 한층 성숙한 개념의 군 리더십이 요구된다. 일회적이고 단기적인 보여주기식 솔선수범, 지휘통제의 개념을 벗어나 당장 성과가 보이지는 않지만 꾸준하고 지속적으로 부하를 지지해줄 수 있는 변혁적 리더십의 요소들을 적절히 발휘해야 하는 것이다. 부하를 지적으로 자극하고 충분한 시간을 보장해주며 당장의 성과에 만족할 것이 아니라 수년을 내다보는 깊은 안목을 가져야 한다.

둘째, 상황적 측면에서 비교해 본다면 군 리더십은 매우 급박한 상황에 적용될 수 있으나 평시 군사력 건설을 위한 측면에서는 변혁적 리더십이 유리하다. 군사력 건설은 즉각적인 행동을 요구하기 보다는 유동적인 상황 속에서 최적의 의사결정을 이끌어 가야하기 때문에 끊임없이 토의하고 부하의 능력을 십분 활용해 나가야 하는 것이다. 지휘관의 독단적인 의사결정은 군사력 발전에 있어 일종의 도박과 같다. 지휘관의 섣부른 판단은 허점이 많기 때문이다. 유동적인 상황을 계속 예의주시하고 참모들을 십분 활용하면서 전문가들을 통해 충분한 논의를 거친 후 최종적으로 지휘관의 군사적 경험에 비추어 보았을 때 충분히 검토할만한 가치가 있는 것인지를 신중히 판단해야 하는 것이다. 부하로 하여금 지휘관의 눈치를 살피게 하는 것이 아닌 본질적인 문제를 어떻게 슬기롭게 해결해 나갈지 자극하고 도와주어야 하는 것이다. 이것이 다름 아닌 변혁적 리더십의 요체라 볼 수 있다.

셋째, 행동적 측면에서 본다면 군 리더십은 군 복무 중인 인원의 70%(국방부 2004)가 의무복무 중이므로 타성적인 이들을 지휘하기 위해서는 물리적이며 강제적이다. 이는 미래를 예측하고 대비한다는 측면에서는 수동적일 수밖에 없는 것이다. 무엇인가 새롭고 참신한 아이디어가 필요하다면 변혁적 리더십을 활용해야 하는 것이다. 변혁적 리더십은 카리스마를 바탕으로 추종자들이 자발적으로 따르도록 하며 지속적으로 영감적 동기부여를 해주기 때문에 우월하다.

넷째, 소통적 측면에서 본다면 일방적인 군 리더십은 다양성을 인정하지 않으므로 전적으로 리더의 생각에 의존적이다. 설령 리더가 불합리적일지라도 그것을 결정하고 시켰을 때 따르지 않는 것은 지시사항 위반이 되기 때문에 무조건 해야 하는 것이다. 이는 국방력 강화에는 치명적인 약점이 아닐 수 없다. 불합리한 의견이 타인의 반대 없이 쉽게 수용될 수 있는 군 의사결정 구조는 결코 국방개혁을 성공적으로 마칠 수 없게 하는 걸림돌로 작용한다. 그러므로 소통적으로 다원성이 발휘되는 변혁적 리더십은 국방개혁에 유리한 측면으로 작용하는 것이다.

다섯째, 목표 달성 측면에서 본다면 군 리더십 발휘에 있어 군대는 승리라는 명확하고 뚜렷한 목표가 있다. 이는 어떠한 수단과 방법을 동원해서라도 용인될 수 있으며, 생명을 담보로 하는 절대적인 것이다. 그러므로 과정보다는 결과를 중시하며, 이는 국방개혁에는 좋지 못한 측면이라 하겠다. 결과를 중시하기 때문에 예측할 수 없는 결과에 대해서는 회의적인 결론을 도출해내는 것이다. 이러한 때 군 지휘관은 변혁적 리더십을 발휘하여 이상적 목표를 설정하여 미래전에 준비해 나가야 한다.

여섯째, 욕구 충족 면에서 본다면 군 리더십은 생존의 욕구, 생리적 욕구, 안전의 욕구, 친교의 욕구, 존경의 욕구, 자아실현의 욕구 등 다양한 욕구를 충족시켜야 한다. 전장상황이 이 모든 욕구를 억제하기 때문이다. 이는 인간을 극한으로 내몰아 가며 이를 버티지 못한 이는 욕구불만으로 점점 황폐화되어져 간다. 군 리더는 이러한 부하의 욕구를 충족시켜주기 위해 반드시 승리를 거두어야 한다고 볼 수 있다. 그러나 국방개혁을 위해서는 고차원적 욕구 충족에 적합한 변혁적 리더십이 좋다고 본다. 정신적·육체적으로 황폐화되어가는 극한의 욕구불만 상황에서 합리적인 생각이 논의되기란 힘들다.

지금까지 6가지 특징을 가지고 변혁적 리더십, 거래적 리더십, 군 리더십을 비교해 보았다. 국방개혁에 따른 군사력 건설을 위해서는 일반적인 군 리더십을 가지고는 분명한 한계가 있다. 물론 현재의 군에서 발휘되는 리더십이 전적으로 앞서 설명한 군 리더십은 아니다. 지휘관에 따라 다양한 리더십이 발휘되고 있으나 현재 한국군에서 교육하는 군 리더십의 정형은 전시를 대비한 군 리더십이다. 군인은 군 생활을 해나감에 있어 꾸준히 군 리더십이 학습되기 때문에 그 틀에서 벗어나기란 매우 힘들다. 그러므로 상황에 맞는 적절한 리더십이 발휘될 수 있는 여건을 조성해야 한다. 전장상황에서는 조건반사적으로 훈련되어진 군인이 빛을 발할 것이다. 어떠한 상황 변화에도 즉각적으로 판단하여 신속히 문제를 해결해나가는 능력이 전장에서는 필수적인 능력이다. 하지만 장기적인 안목이 필요한 국방개혁에 있어서는 새로운 리더십이 요구된다. 이러한 업무에 있어서 지휘관은 야전군인과 같아서는 안 된다. 선진 국방력 강화를 위해서는 군인의 리더십 또한 변화에 적합한 리더십이 학습되고 적절한 시기에 발휘되어야 하는 것이다. 그러므로 변혁적 리더십을 적극 활용하여 한국군 리더십을 발전시켜야 한다. 그리고 군인은 한곳에 있지 않고 보직과 근무지가 끊임없이 바뀐다. 때문에 한 분야에 정통하기보다 일반적이며, 비 전문적이다. 군인은 다양한 분야에 분산할 것이 아니라, 전문군사분야에 정통할 수 있도록 하는 인사체계 및 교육체계를 확립해야 한다.

제2절 계층별로 바라 본 초급간부의 지휘통솔 실태

1. 상급자의 입장에서 본 초급간부의 실태

우리군의 말단 조직에서 생활하는 초급간부들의 근무성향 및 태도, 가치관 등을 종합적으로 판단해볼 때 많은 변화를 느낄 수가 있다.[1)]

첫째, 탈권위주의적 성향이다. 계급질서가 중요시 되는 군대에서 선배나 상급자에 대한 경외심이나 존경하는 태도가 현저히 감소했다는 것이다. 두발이나 복장 등 규정상 잘못된 점을 상급자가 지적하고 시정을 요구할 경우, 자신의 입장에서 변명하거나 이유를 제기하며 불합리한 지시나 명령에 대해서는 거부하는 경우가 많이 나타나고 있다.

둘째, 피동적으로 근무하는 간부가 증가하고 있다. 초급간부로서 자신의 업무를 적극적으로 찾아 스스로 하기 보다는 언급된 사항에 대해서만 반응하고, 지휘자로서 주도적 역할보다는 단순한 전달자 역할만을 담당하며, 부대 임무 달성에 대한 사명감보다는 병사들에게 환영받을 수 있는 인기영합 위주의 지휘를 하는 사례가 증가하고 있다. 또한 일과시간을 준수하고 일과 외 시간 근무는 기피하고 있다.

셋째, 상급지휘관의 강압적인 지휘통솔 방법에 대한 인내심이 결여되어 있다. 중대장이나 소대장이 지휘통솔자로서 겪는 애로사항은 상급부대의 검열이나 시험, 지시사항 등 부여되는 임무가 과다하며 상급지휘관들은 예하 지휘통솔자에게 일방적 명령 위주로 소홀히 다루거나 그리고 예하 지휘통솔자들이 잘못이 있을 경우 병사들 앞에서 질책하는 행위 등으로 인해 존경심 보다는 거부감을 갖는 경우도 상당히 많을 것으로 예측된다. 이러한 이유로 지휘통솔력 측면에서 볼 때 초급간부들의 군 생활 적응력이 떨어지고 의욕감과 진취적 사고력이 무력해지면 소극적 부대지휘가 진행된다. 따라서 이러한 군 초급간부들의 의식을 고취시키기 위해 〈표 3-3〉은 상급자의 입장에서 바라본 중대장 및 소대장의 지휘통솔력에 대한 인식을 제시한 것이다.[2)]

---

1) 임창희, 신세대 가치관과 군 지휘통솔 개선방안(1996), pp. 145-148.
2) 독고순 외, 병영근무환경 발전방안(한국국방연구원, 2003), p. 71.

이러한 인식을 통해 개선책을 강구해 나가면 새로운 변화하는 시대에 적합한 초급간부의 지휘통솔체계가 확립되어 나갈 것이다.

2. 병사들의 입장에서 본 초급간부의 실태

한편, 하급자의 입장에서 중·소대장 및 부사관의 지휘통솔에 관한 병사들의 시각은 〈표-1〉와 같다. 병사들의 시각에서도 잘 보여주고 있듯이 일선 지휘통솔자들의 자질부족, 무사 안일한 근무 자세는 병사들로 하여금 존경하고 순응해야 할 일선 지휘통솔자와 상급자들에 대해 회의를 느끼게 하는 원인이 될 수가 있다.[3]

〈부 표-1〉 상급자의 입장에서 본 중·소대장

<table>
<tr><th colspan="2">구분</th><th>소령이 본 중·소대장</th><th>중령이 본 중·소대장</th></tr>
<tr><td rowspan="2">지휘자능력</td><td>중대장</td><td>• 자기소신과 패기 부족
• 규정 방침준수보다 사적인 정에 의존하여 지휘하려는 경향
• 업무추진 목적의식 결여
• 의견수렴 결과조치/해명 미실시</td><td rowspan="2">• 해당제대에 맞는 목표설정 및 비전제시 능력 부족
• 단기복무 중대장의 사명감 부족 및 불합리한 지시 행위
• 체력열세로 상급부대 측정 시 인솔 제한
• 부대의 임무보다 개인사생활에 우선함으로써 부하들로부터 불신 초래
• 병사들의 잘못을 발견하고도 지적 및 시정시키려는 의지 부족
• 포상휴가, 징계 등 상·벌 결정을 고참병사의 의견에 따라 실시</td></tr>
<tr><td>소대장</td><td>• 부하와 동고동락하려는 의지부족
• 부하 앞에서 순간적 감정 억제력 미흡
• 상급지휘관과의 인간관계적 노력 미흡
• 권위주의적 지휘로 병사들과 갈등</td></tr>
</table>

3) 국방부 개혁위원회, 「신 병영문화 창달보고서」(1999), p. 25.

<table>
<tr><td rowspan="2">관리자능력</td><td>중대장</td><td>• 욕구불만해소/상담기술 부족
• 부하관리보다 상급자에게 더 관심
• 불미스러운 일에 대한 보고를 기피
• 개개인의 특성을 고려하지 않은 획일적 병력관리
• 명확한 지침 없이 즉흥적으로 지시하는 행위</td><td rowspan="2">• 행정보급관 장악/통제능력 부족
• 신상파악 결과 조치 미흡
• 일직 근무시 근무태만 사례(인원/총기 파악, 행정계원이 복무계획수립)
• BOQ 정리정돈 불량 등 개인 사생활 노출
• 일부 소대장의 소대지휘비 부적절한 사용으로 불신 초래
• 장비/물자관리를 부사관들이 전담하는 것으로 알고 이에 대한 무관심</td></tr>
<tr><td>소대장</td><td>• 병력 장비관리에 대한 책임의식 결여와 조치하려는 의지 부족
• 부대업무보다 사생활 중시
• 신상필벌 시행에 대한 의지 결여
• 개인주의/계산적 사고
• 부사관의 원만한 인간관계 미유지</td></tr>
</table>

〈부 표-2〉 병사들의 간부에 대한 부정적 시각

구 분	병 사 들 의 시 각
중대장	• 일방적 지시위주 권위주의적 지휘 • 솔선수범 자세 및 의욕 부족 • 책임회피 및 교육훈련 뒷전 • 늦은 결산 및 개인면담시간에 밀린 업무 처리
소대장	• 소대원 입장 도외시, 중대장의 단순 전달자 역할 • 소대원에 대한 무관심 및 임무에 대한 무성의 • 교관으로서의 능력 및 열의 부족 • 책임회피 및 양심 불량, 선임병 횡포 묵과
부사관	• 상급자에게 혼나고 부하에게 화풀이 / 자기 비하 • 책임을 가급적 회피 / 부대일 뒷전 • 사적으로 심부름 등 부하 이용

제3절 지휘통솔 교육 내용 및 방법의 개선

미래의 군은 전장 환경 변화, 과학 기술 발전, 첨단 무기 체계 등장으로 인해 고도로 첨단화·지능화·전문화될 것이다. 이와 같은 변화는 필연적으로 지휘통솔자가 습득·활용해야 할 정보·지식·기술이 양적으로나 질적으로 폭증하게 됨을 의미한다.[4)]

이러한 점에 비추어 볼 때, 전통적인 방식으로는 미래 전에서 지휘통솔자에게 요구하는 자질과 능력계발 소요를 충족시키기 어려울 것으로 전망된다. 따라서 사회발전과 미래 전에 효과적으로 대비하기 위해서는 군 지휘통솔자가 스스로 학습할 수 있도록 하기 위한 다양한 발전이 필요하다고 본다.

더욱이 지식정보화 사회의 도래에 따라 다중매체물(multi-media)을 중심으로 한 첨단 정보매체가 민간사회의 산업, 경제, 문화, 언론, 교육 등 다양한 분야에 도입되어 정보화 사회발전을 주도하는 도구로서 중요성이 증대되고 있으며, 교육방법 측면에서도 혁신적인 변화가 예고되고 있다.

한편 우리 군이 이와 같은 급속한 사회변화와 미래 전에 능동적으로 대응하기 위해서는 미래의 군 지휘통솔자에 대한 미래지향적 핵심 역량 식별 및 강화가 필요하고 이들의 지휘통솔력 제고를 위하여 교육 기회의 확대가 필요하다고 판단된다.

이와 같은 관점에서 볼 때 우리 군에 있어서도 정보화 시대에 부응하여 군 지휘통솔자의 질적 향상을 달성하기 위해서는 컴퓨터, 오디오, 비디오, 다중매체물, 인공지능, 로봇 등의 첨단 정보매체를 복합시킨 기술집약적인 교육방법의 개발이 요구되고 있다.

더 나아가 미래 군 지휘통솔자에게 미래에 요구되는 능력을 구비하기 위해서는 군내뿐만 아니라 민간전문기관과의 적극적인 교류 및 협조를 통해서 군 지휘통솔자의 자질과 능력을 향상시킬 수 있는 다양한 교육방법을 구사해 나가야 할 것이다.

---

4) 박진섭 외, 「국방정책연구」(1999), pp. 113-117

1. 인터넷 통신망을 이용한 교육방안

현재 우리군의 특성상 거의 모든 교육이 한 교실에 모여 강의를 진행하고 있으나, 정보화 시대에는 한 장소에 모일 필요 없이 초고속 정보 통신망을 활용하여 원거리에서도 학습을 진행할 수 있을 것이다. 즉 지식정보화 시대의 교육방식은 강사가 원거리에서 교육을 진행하면 학생은 각자 사무실에서 원하는 교육을 받을 수 있다. 따라서 실무부대 형편이나 위치상 자기 계발 학습에 많은 제약을 받을 수밖에 없는 군 지휘통솔자는 인터넷 등을 통하여 원격학습이 가능하다면 지휘통솔력 향상에 도움이 되는 교육 프로그램을 '컴퓨터 보조 학습방법(CBT : Computer Base Training)[5]' 등의 방식을 활용한다면 훨씬 더 좋은 학습 효과를 기대할 수 있다고 본다.

또한 한국 사회에서도 학교시설을 획기적으로 개선하여 전자교육 센터화(전자도서관, 전자강의실, 영상화상강의, 재택학습 등)를 추진하고 있으며 정부에서는, 인터넷 통신망을 이용하여 표준화된 양질의 교육 서비스를 제공하기 위하여 많은 관심을 가지고 추진 중에 있다. 군도 미래 전쟁에 효과적으로 부응하기 위해서는 현재 국군 기무사령부에서 추진하고 있는 사이버교육센터 개념의 교육방법과 시설을 도입·활용하여 지휘통솔 교육효과를 증진시키는 것이 필요하다고 본다.

2. 지휘통솔 교육의 활성화

아웃소싱 개념의 지휘통솔 교육은 첫째, 국내외 교육 및 연구기관과 제휴를 하거나 특화센터 개념[6]으로 지정하여 군 지휘통솔에 관한 행동 과학적 연구를 지속적으로 수행하게 하는 것이다. 특히 제휴학위 프로그램개발을 위한 접근방법은 다음과 같이 제시될 수 있다.

둘째, 군 교육기관과 민간대학원의 협력창구를 개설하고 민과 군의 교육과정 간

---

5) 1995년부터 삼성 그룹 내 임직원에게 보급된 훈장마을 시리즈는 강사와 강의실이 필요 없이 언제 어디서라도 필요한 장비만 있으면 스스로 학습을 가능하게 해 주고 있다. 이외에도 On-Site지원 교육을 통하여 수많은 사람이 이동하여야 하는 공급자 중심의 집합식 교육을 탈피하여 필요로 하는 사람들을 직접 찾아가는 수요자 중심의 교육 서비스를 제공하고 있다.

6) 민간기업인 현대·삼성 등 인력개발원, 민간대학원 및 사회학계 연구기관과 제휴

의 연계 및 협력방안을 강구하며, 상호학점교환 및 인정 문제를 협의하고 군 관련 연구 과제를 공동으로 추진하는 방안이 있다.

셋째, 군 교육기관과 민간대학원의 인적, 물적 교류를 강화해야 한다. 교수의 상호교환강의, 상호초청강의, 그리고 교육 자료의 상호교환을 위한 방안도 있다.

넷째, 민간위탁교육생의 논문지도에 상호협력 하는 방안이다. 논문주제 선정 시 민간교수와 군 교육기관 교수가 서로 협조하여 민간 부문의 학문적 지식을 가장 효과적으로 군에 적용할 수 있도록 해야 한다.

다섯째, 군 간부는 관련 전문기관에 보내어 교육시키거나 전문 강사를 군부대에 초빙하여 집중교육을 시키거나, 아니면 군에서 대외기관 위탁을 통하여 전문 요원들을 양성하여 활용하는 방안 등을 고려할 수 있다.[7)]

---

7) 최광표 외, 「정보화시대에 대비한 국방교육훈련 발전방안」(1996), pp.88-90.

제4절 지휘통솔 업무환경 개선

1. 건전한 지휘풍토의 조성

최근의 장병 의식성향은 임무완수에 절대적 성격을 띠는 군 구조상의 특성에 비추어 볼 때 긍정적인 면보다는 부정적인 면이 더 많아 부하의 지휘통솔에 많은 문제점을 제기해 준다. 따라서 지휘통솔자는 지휘통솔 환경의 변화가 지휘통솔 상에 어떠한 영향을 미치는가를 면밀히 분석하여 효과적인 지휘통솔을 적용하여야 할 것이다.

이러한 관점에서 건전한 지휘풍토가 조성되기 위해서는 올바른 군대 문화가 정착되어야 한다. 이를 위해서 추진해야 할 사항은 첫째, 건전한 가치관, 윤리, 도덕, 생활태도의 정립이 필요하다. 우리 군이 지향해야 할 새로운 문화는 지휘통솔자의 건전한 의식과 생활로부터 만들어진다고 할 수 있다.

둘째, 인간관계면에서 상호 이해와 존경과 신뢰가 구축되어야 한다. 신뢰는 인간관계의 핵심이다. 따라서 군부대 구성원인 상호 간에 신뢰성을 구축하고 건전한 상식과 순리가 통하며, 상대방의 입장과 인격을 존중하는 군대문화가 형성되어야 한다. 즉, 토의문화 생활화를 통한 대화 분위기를 조성하는 것이 필요하다. 특히 이 대목에서는 전 예비역 대장 이준 장군이 주장하는 진급은 권한이 아니고 책임이라는 의식의 자세가 절대적으로 필요하다 하겠다.[8)]

셋째, 지휘통솔자들을 핵심으로 상하 동료 간 단결을 추구해야 한다. 단결을 강화하기 위해서는 합리적인 지휘통솔기법을 개발하여 적용해야 한다. 즉, 지휘통솔자는 통솔력을 구비해야 한다.

넷째, 군대의 가치는 국민의 군대로서 국가안보의 최후 보루 역할을 담당하는데 있다. 이를 위한 어떠한 상황 속에서도 적과 싸워 이길 수 있는 능력을 구비해야 하며, 이를 위해 평시부터 승리를 보장할 수 있는 사고방식과 행동양식의 확립이 필요하다.

따라서 적극적인 복무 자세와 업무추진력 뿐만 아니라 책임을 다하기 위해 어떠

---

8) 육군본부, 「21세기 지휘통솔 방향」(2000), pp.26-28.

한 희생도 감수하는 희생정신 등을 구비해야 할 것이다. 이를 위하여 하부 지향적이고 내부지향적인 부대관리를 해나가야 할 것이다.

2. 초급간부 위상제고

초급간부는 군 생활을 통하여 남들과는 다른 소중한 체험을 하게 되고, 그 체험은 보다 높은 간부가 되었을 때나 사회로 진출한 후에 소중한 자산이 되어 자기의 능력을 더 크게 발휘할 수 있도록 해준다.

국민개병제에 의한 병력충원과 이질성이 강한 군조직의 성격에 비교적 수동적이고 배타적 성격이 강한 병사들을 강압적인 규범만으로 부하의 모든 행동을 규제할 수 없을 뿐만 아니라 만약 규제된다 하여도 부하의 마음으로부터의 승복을 기대할 수 없다.[9)]

따라서 초급간부의 효과적인 지휘통솔력 발휘 보장을 위해서 다음과 같은 초급간부의 위상 제고가 필요하다. 첫째, 실전적인 전투력 발휘 보장차원에서 초급간부의 지휘복무여건을 개선하고, 중대급 이하의 전반적인 운영체계 개선이 이루어져야 한다. 둘째, 부대 기초전투력의 유지와 발휘에 있어서 중추적인 역할을 하고 있는 부사관의 위상 및 권위를 제고할 수 있도록 부사관 역할의 재정립, 권한 및 책임 강화, 처우 및 복지향상 등 실질적인 노력이 이루어져야 한다. 이러한 측면에서 육군 본부에서 추진한 부사관 권위신장에 대한 적극적인 추진은 일부 문제점이 발견 되었지만 매우 훌륭한 정책이라 할 수 있겠다. 셋째, 소부대 지휘통솔과 관련된 연구·교육·경험 자료를 축적하여 정보교류 및 지원체계를 구축해야 한다.

우리나라 군 직업의 경우 사회경제 수준의 전반적인 향상으로 인하여 보수는 물론 복무 및 진출, 직업 안정성, 명예와 사회적 위상 등 간부들의 전반적인 삶의 질이 일반 사회의 동일한 계층보다 상대적으로 수준이 높아야만 군 인력 충원의 사회적 기반을 유지할 수 있다.[10)]

가정생활 역시 삶의 질이 높아져야만 보다 좋은 조건하에서 결혼도 할 수 있게

9) 조지연, 「통일과 강한군대, 전략과 리더십」(서울 : 행림출판, 1997), p.103.
10) 육군본부, 「육군 복지 정책서」(1997), pp.20-35.

되고, 또 행복한 가정생활이 보장됨으로써 개인적 삶은 물론 부대 업무에도 기여할 수 있게 된다. 따라서 개개 군인들의 가정생활에 대한 삶의 질을 높이기 위한 정책적 배려는 물론 부대 근무여건상 각종 배려가 지속되어야 할 것이다.

3. 초급간부 지휘능력 계발

우리 군의 경우 대개는 대대단위 통합막사에서 병영생활이 이루어지고 있다. 분초, 소초 등으로 분산 배치되는 경우도 많이 있으나, 내무생활의 기본단위는 대대단위 주둔지에 중대별 막사 그리고 분·소대 단위 내무실이 운용되고 있는 것이 보통이다.

따라서 병영 생활의 거의 모든 문제가 접적 전투 제대인 중대-소대-분대의 현장에서 발생하고 있다. 안전사고, 부조리 사고, 구타 및 가혹행위, 복무 부적응, 범죄행위, 하극상 등 병영생활의 모든 문제점이 결국 접적 전투제대에서 발생되고 있다. 오늘날 군이 겪고 있는 곤란한 일들이 사실은 중대급 이하의 소규모 제대에서 적절히 대처하지 못한 결과로 초래되고 있다고 해도 과언은 아니다. 따라서 중대-소대-분대를 지휘하는 초급간부가 병영생활 관리를 지속적으로 완벽하게 해낼 수 있는 능력을 계발해 주지 않는다면 이러한 문제는 계속 반복될 수밖에 없을 것이다.[11]

더욱이 21세기에 있어서 전례 없는 복합성, 애매모호함, 속도 그리고 조직변화의 환경 속에서 작전할 수 있는 21세기 군의 초급지휘자를 필요로 할 것이다. 따라서 21세기 지휘통솔자 교육은 복합성, 애매모호함, 속도, 지식 그리고 조직 변화를 다루어야 할 것이다.[12]

21세기 정보화 사회로의 진입이라는 전환기적 상황에서 끊임없이 제기되는 도전과 변화에 대비하여 우리 군이 준비해야 할 사항의 하나는 21세기를 이끌어 갈 초급간부를 육성할 수 있는 체제를 구축하는 것이다. 그러나 지식정보화 사회의 진전과 더불어 초급간부의 임무수행에 요구되는 정보와 지식이 폭증될 것으로 예상되기 때문에 기존의 전통적인 교육체제와 교육방법으로는 미래사회에서 요구되

11) 양완식, 「바람직한 장교의 상 정립」(국방연구원, 1998), p.230.
12) 국방부, 「국방백서」(2002), pp.129-131.

는 국방인력자원의 능력배양이 곤란하다고 판단된다.

미래 지휘자에게 요구되는 능력계발

군 지휘통솔은 조직원으로 하여금 자율적·창의적으로 임무 완수에 필요한 가치 또는 요소들을 추구하도록 촉진하는데 그 의의가 있다. 미 육군은 "싸우는 방법대로 훈련한다."는 교육훈련 철학을 가지고 간부의 지휘통솔력을 발전시키고 있으며, 독일은 "전체 장병에게 통일된 사고방법과 자주적 행동방법을 함양한다."는 교육훈련 철학을 가지고 임무형 지휘통솔을 발전시키고 있다. 또한 이스라엘은 "자주적 전사를 육성한다."는 교육훈련 철학을 가지고 자국의 특성에 맞는 지휘통솔을 발전시켜 자국의 특수한 안보 상황에 대체해 나가고 있다.[13]

따라서 우리 군 간부 계발의 기본 목표는 "적과 싸워 반드시 이길 수 있는 군인을 육성한다."는 교육훈련 철학에 바탕을 두고 미래 군 조직의 변화 방향, 미래 간부 요구 사항, 우리의 국방 목표를 고려하여 미래 간부에게 요구되는 통합적이고 종합적인 사고의 개방이 필요하다 하겠다.

---

13) 미국군은 1990년에 발간된 미 육군의 교범에서 리더의 행동 및 부대 운용에 중점을 두었으나, 1999년도에 수정 발간된 리더십 교범에서는 조직과 부하의 발전, 리더의 자질과 품성, 리더의 품성에 필요한 리더십 기술(개념적 기술, 인간적 기술, 직업적 기술), 리더의 정신적·육체적·감상적 특성, 리더의 가치 등을 중요시 하고 있다.

제5절 소부대에서 적용 가능한 유형별 지휘통솔 사례

지휘통솔의 역할은 각개 병사의 욕구를 부대목표와 일치시키는 것으로 군 전투력 발휘에 있어서 대단히 중요한 과제이다.

중대급 이하 제대의 지휘통솔은 정신적인 긴장과 신체적인 접촉을 통하여 부하에게 영향력을 행사함으로써 부대목표를 달성하고자 하는 활동에 치중하므로 지휘통솔자는 부하들의 임무수행 여건을 제공해 주고 애로사항을 직접적으로 타개해 주어야 하므로 군 지휘통솔에 있어서 가장 어렵고도 중요한 과제가 되고 있다.

그러나, 우리 군은 과거의 시대적 환경에 의해 빚어진 병영 저변의 나쁜 악습이나 부조리가 아직까지 잔존하고 있음을 부정하기 어렵다.[14]

특히 중대급 이하의 지휘통솔은 정신적인 긴장과 신체적인 접촉을 통하여 부하들에게 영향력을 행사함으로써 부대목표를 달성하고자 하는 활동에 치중하므로 지휘통솔자는 부하들의 임무수행 여건을 제공해주고 애로사항을 직접적으로 타개해 주어야 함으로써 지휘통솔자의 위치 중 가장 어렵고도 힘든 위치라 할 수 있다.

본 연구에서는 중대급 이하 제대의 소부대 지휘통솔자가 실무현장에서 당면하게 될 각종 상황을 유형별로 분류하고 기존 문헌의 내용을 토대로 상황 유형별로 행동절차를 실무현장에 적용 가능하도록 각종 사례들을 종합적으로 정리 제시하였다.

〈부 표-3〉 병영 저변에서 발생 가능한 악습 및 부조리 유형

지휘 / 관리	병영내부구조	병영생활양식	병사개인문제	기타문제
• 일방통제와 강압 - 잘못된 권위주의 • 상부지향/형식성 - '전시효과'성 관리 • 외부지향, 내부소홀 - 애정없는 지휘 • 인기와 안전위주 - '단기업적'식 지휘 • 관리(경영)미숙	• 비공식 위계 활개 • 지휘계통 혼선 • 직무/직책 소멸 • 공/사 전도현상 • 주야간 구조역전 • 행정/교육 부담	• 구타 가혹행위 • 기본권 박탈 • 집단 얼차려 • 사적 심부름 • 암기 강요 • 언어/대화 통제 • 임의 금전 거출 • '일개미 이병'	• 타율과 맹종 - 쏠까요? 말까요? • 대강, 눈치/요령 - 까라면 깐다 • 욕설과 비속어 • 특권과 독단 • 생활 포기/체념	• 파벌/연고주의 - 팀워크 경시 • 하의상달 차단 - 대화 단절 • 이성문제 • 종교문제 • 빈부격차

14) 국방부, 「신병문화 창달 보고서」(1999), pp.50-55.

1. 병영생활 시 발생 가능한 사례 및 조치요령

군 조직과 사회의 일반 조직과 차이점은 영내에 거주하는 군인은 의무적으로 내무생활을 하여야 한다는 사실이며, 이를 통하여 부대응집력을 배가시키는 것은 지휘통솔자의 몫이다. 여기에서는 개인 및 이기주의적 성향, 군 생활 부적응, 자유시간에 대한 잘못된 인식, 공중도덕 의식 결여, 면회·외출·외박 불공정 등 병영생활 시 발생 가능한 사례와 대응방안을 제시하였다.

유 형	사 례	대 응 방 안
개인 / 이기주의적 성향	• 상급자에게 결례 및 의도적으로 피하는 행위	(1) 현장에서 즉시 시정, 형과 같은 마음으로 교육 (2) 소극적 행동이 본인에게 손해가 된다는 점을 주지시키고, 당당하게 떳떳하게 행동토록 교육
	• 식당이동 시 열외, 식사 후 식기세척을 하급자에게 위임	(1) 단체행동이 중요, 나 하나 편함으로 전체에 불이익을 안겨준다는 사실을 교육 (2) 병사자체 인솔 책임자 임명, 책임의식 고취 (3) 자기 일은 자기가 하도록 교육하고, 일직 근무자는 본인이 식기 세척 상태를 직접 확인
	• 휴무일 단체운동 강요로 불만의식이 팽배함	(1) 간부가 운동을 하고 싶어 병사들을 동원하는 일이 없도록 충분히 교육 (2) 자율적인 체육활동 및 여가활동이 되도록 하고, 운동할 수 있는 분위기 및 여건 조성
군 생활 부적응	• 내무생활, 교육훈련 간 개인욕구의 미충족 시 탈영, 자살, 구타 등의 순간 폭발적 행위 자행	(1) 수직·수평적 의사소통 활성화로 간부, 동료, 계급별 간 의사소통의 기회 마련, 상호 친숙활동을 생활화하여 서로의 고충을 이해 (2) 교육훈련은 군인의 기본임무임을 주지시키고 규정 내에서 임무와 권리를 찾는 자세 교육
	• 군 조직 특징 미적응, 군 생활에 회의감 느낌	(1) 군대 생활의 중요성 교육, 군대 생활의 의의를 나름대로 찾도록 유도 (2) 당사자의 생각이 바르지 못한 면이 어떤 것인지 그 부분을 시정해 줌

유 형	사 례	대 응 방 안
군생활복무부적응	• 군 생활에 익숙하지 못해 정서가 불안정	(1) 부모 친구에게 편지쓰기 장려, 후견인 제도 등을 통해 군 생활에 적응하도록 유도 (2) 자유 시간을 활용, 막사 주위에 화단 가꾸기, 독서하기 등을 실시하여 취미생활을 하도록 유도
	• 반복되는 군 생활에 권태감 / 염증	(1) 취미활동을 할 수 있는 여건 마련 (2) 사소한 일이라도 칭찬 생활의욕 고취 (3) 내무실 분위기 조성(가정과 같은 편안함)
	• 선천적 허약한 체질 / 자신감 부족	(1) 체질개선을 위한 각종 운동에 자발적 참여 기회 부여 (2) 체력의 향상정도에 따라 임무 선별 부여 (3) 군의관 및 군 전문 상담관과의 상담 및 건강유지책 교육
	• 중간 전입으로 인해 적응이 어려운 경우	(1) 내무반 내에서 계급에 상응한 위치를 부여, 군대 경험을 살릴 수 있도록 교육
자유 시간에 대한 잘못 인식	• 일할 때와 놀 때의 분명한 구분의식, 자유 시간 미보장시 군복무 염증을 느끼거나, 간부 불신	(1) 철저한 자유 시간 보장에 대한 간부 관심 제고 (2) 자유 시간은 군대가 보장해 줄 수 있는 최고의 개인 생활임을 인식시키고 기본적인 규정 준수 하에 개인적인 시간을 최대한 누리도록 교육 (3) 자유 시간 미보장시 이해할 수 있는 충분한 설명과 임무 수행 후 짧더라도 자유 시간 필히 부여
	• 정비시간을 자유 시간으로 착각하는 경향	(1) 정비시간 부여 시 청소, 개인정비, 부대정비의 기준을 알려주고 명확한 개인임무를 부여하여 열외자가 없도록 함 (2) 간부의 철저한 확인 감독

유 형	사 례	대 응 방 안
절약 정신 결여	• 풍족한 생활습성으로 절약정신 결여	(1) 집으로부터의 송금요구 행위를 근절시키기 위한 교육을 선행하고 간부가 먼저 절약하는 생활로 솔선수범 (2) 신분에 맞는 소비행위는 가치 있는 일임을 교육
공중 도덕 의식 결여	• 고학력임에도 전체 사용 장소, 물건에 대한 공중도덕 결여	(1) 군인의 기본자세는 기초 질서의 생활화가 몸에 배인 것임을 교육 (2) 공중도덕의 준수는 군인이기 전에 한 인간자체의 인격으로 나타나는 것임을 교육
면회, 외출, 외박 등 불공정	• 휴가, 외박 등에 대한 불공평함 인식, 이에 불만을 가짐	(1) 휴가 병력에 대한 사전 파악으로 때를 놓쳐 무관심한 간부로 인식되지 않도록 주의 (2) 휴가 시 최대한 빨리 출발할 수 있도록 신고를 지연시키지 않도록 해줌 (3) 포상휴가 시 그 사유를 타 병사에게 알리고 칭찬 (4) 휴가에 대한 공정성에 대해 수시로 교육

2. 입체적인 신상 파악요령

지휘통솔의 가장 핵심 활동인 인원관리를 소홀히 한다면, 소규모 부대의 지휘통솔자는 이들과의 결속을 통한 부대응집력 향상은 요원해질 것이다. 동적인 요소인 전투장비가 아무리 훌륭하더라도 사람이 제대로 이를 다루지 못한다면 무용지물이 되어 버린다. 그렇기 때문에 군 조직에서는 인원관리가 더욱 중요한 의미를 지니고 있다.

특히, 소대장으로 인식해야 할 인원관리의 근복 개념은 "소대원들이 군에서 정한 규정과 방침 등에 의해 정해진 시간과 장소에서 제 위치를 지키며 부여된 역할, 임무, 활동 등을 정상적으로 수행하게 만드는 것"이며 그러기 위해서는 소대원 각 개인의 성격, 성향이 어떤가를 파악하여 어떤 문제점을 갖고 있는가를 확인한 후 인원관리의 근본개념에 역행되는 사항을 해결하는 것이다. 여기에서는 신상파악 시 포함해야 할 내용, 신상파악 시기와 내용, 방법 및 고려사항, 관심사병 분류방법 및 지도요령, 계급별 차별화된 신상관리요령, 개인 신상관리요령, 이성 및 여자관계 대응요령, 가정문제 대응요령에 대해 기술하였다.

1) 신상파악 시 포함해야 할 내용

구 분	주 요 내 용
가정적 배경	결손여부, 경제적 수준, 가정 분위기, 주변 환경, 부모, 형제
교육적 배경	학교경력, 성적, 학업태도, 학교친구, 재교 시 품행, 처벌유무
사회적 배경	거주지, 입대 전 직업, 사회활동, 교우관계
개인적 배경	지능, 적성, 취미, 성격, 학력, 신체조건, 행동습성, 가치기준, 정신질환 유무, 건강상태, 생활 습관
생활 태도	내무생활 태도, 교육훈련 태도, 임무수행 태도, 대인관계
당면 문제	가정문제, 건강문제, 인사문제, 이성문제, 대인관계, 보직 문제(특수기술, 신체조건), 신상문제(근무, 분대편성, 후견인)

2) 신상파악 시기와 주요내용

구 분	주 요 내 용
개인의 문제해결 필요사항 발생시	• 상관과 부하 간의 갈등, 부대원 상호 간의 갈등 • 내무생활의 부적응 • 임무수행 상 어려움 표출, 가정 / 신상 / 질병 / 보직 문제 등
보직부여 및 변경 시	• 전입으로 인한 부대 부적응, 보직에 불만 표출
사건 발생 시	• 사고를 유발하게 된 심층 심리와 원인, 사후대책 지도
파견 시	• 파견 목적에 필요한 지식 부여 • 파견 업무수행의 요령과 방법 교육
전역 시	• 바람직한 사회생활에 필요한 기본지식 교육 • 부대에 대한 건의사항 수렴 및 격려

3) 신상파악 방법 및 주요 고려사항

구분	고 려 사 항
면담 실시	(1) 면담은 부하 신상파악 및 애로사항 파악에 주안을 두고 실시 (2) 형식적인 면담은 지양, 자연스럽고 부드러우면서도 피면담자가 경직된 느낌을 갖지 않도록 분위기 조성에 유의
사적 관계	(1) 면담으로는 개인의 모든 신상파악 제한, 사적인 대인관계 활용한 신상파악 (2) 부하들의 사적인 대인관계 파악 : 동향인, 학교동창, 선후배, 훈련소 동기생, 친척관계, 오래전부터의 전우, 과거 일정한 곳에서 함께 기거했던 사이 등
개별 서신	(1) 지휘관이 파악하고 있는 내용을 기초자료로 특정대상(친척/친구/학교장/직장장/면장/이장 등)을 선정 개별적 서신을 보내 회답을 분석 (2) 정기적인 가정통신으로 장병가족과의 유대감 형성
행동 관찰	(1) 평소 부하들의 행동을 일정한 계획과 목적 하에 정확히 관찰, 분석, 기록 : ① 어떤 부하가 언제, 무엇 때문에 그런 행동을 하게 되었는가 ② 그 결과는 어떠 했는가 ③ 행동이 성격상의 결함에서 온 것인가 아니면 돌발적 행동이었는가. 등 (2) 주요관찰 대상자 : ① 혼자 있기를 좋아하며 대회 회피 ② 환자가 아니면서 식사를 안함 ③ 매사에 흥미상실, 자신감 결여 ④ 비정상적인 행동, 사소한 문제에도 과격하게 행동 ⑤ 특별한 사유 없이 조기 휴가 귀대 ⑥ 거짓말을 하거나 사기성, 자기과장을 통한 열등감을 위장 ⑦ 전우의 환심을 사고자 용돈을 잘 씀
기록 분석	(1) 부대원들이 인지하지 못한 상태에서 실시 (2) 신상명세서 : 가족관계, 교우관계, 경제적인 조건, 학력, 경력, 대인관계 (3) 인사기록 : 전입, 보직, 진급, 휴가, 상·벌, 군사특기 (4) 면담기록 : 가족사항 및 가정문제, 대인관계, 인사문제, 신병문제, 이성문제, 근무문제, 종교문제 (5) 관찰기록 : 행동습성, 내무생활태도, 일상근무태도, 교육 및 훈련태도 (6) 비공식 개인기록물 : 일기, 수양록, 편지, 비망록, 수첩 등 (7) 기타(나의 성장환경 등) : 본인이 처해 있는 심리 상태 및 문제점
타인 조언	(1) 군목, 군의관, 법무관, 인사장교 등 병사들이 자신의 고충을 쉽게 이야기할 수 있는 장교들의 의견을 수용 (2) 병사들의 의견을 수렴 : 군종병, 위생병, 후견인
상호 관계	(1) 부대원 상호 간에 알고 있는 내용을 입체적으로 분석 (2) 상호 신뢰감을 조성할 수 있는 방향으로 답변을 유도
기타 방법	(1) 교우도식 활용 / (2) 심리검사(인성, 감성, 적성, 지능) 활용 (3) 면회객 활용 / (4) 전역자 활용(사심 없는 건의) / (5) 생체리듬 활용

3. 부대적응을 위한 시나리오

장교든 부사관이든 병사이든 새로운 부대에 보직을 받게 되면 누구나 불안과 소외감과 고독감을 갖게 된다. 이러한 관점에서 최전방의 독립중대나 소대에 보직되는 소부대 지휘통솔자는 누구보다도 커다란 꿈을 갖고 부임하지만 한편으로는 전문적인 군사지식과 경험이 부족한 상태에서 각종 검열, 측정, 행사, 공사, 훈련, 지시 등에 대처해야 하기 때문에 상황이 바뀔 때마다 새로운 부대환경에 대한 적응을 위한 갈등을 겪을 수밖에 없다.

따라서 부여된 책임은 많으나 권한이 제한되는 상황에서 부임하자마자 상급기관으로부터 부여되는 임무를 완수하기 위해서는 소부대 지휘통솔자가 당면할 수 있는 갈등상황에 대한 시나리오를 발전시켜서 이를 토대로 자신이 새로운 부임자에서 새로운 병사들과 새로운 임무를 수행할 수 있도록 철두철미한 대비가 필요하다. 여기에서는 신임 소대장 부대적응을 위한 상황 조치 시나리오로 부임인사 준비→주요 임무 파악→업무수행 감독→지휘체계 확립→부하실상 파악→병영악습 조치 등 갈등을 일으킬 수 있는 주제에 대하여 상황, 조치 상황, 지휘통솔원칙 적용 방법 등을 시나리오 식으로 제시하였다.

1) 1단계 : 부임인사 준비

구분	주 요 내 용
상황	우선 (부)소대장으로서 임지에 도착하면 중대원들에게 부임 인사를 해야 하는데 이것은 중대원에게 자기의 첫인상을 보여주는 것이므로 실언하지 않도록 사전에 마음의 준비를 갖추고 임해야 할 것이다.
조치 사항	부임 인사에 포함해야 할 사항은 간단한 자기소개와 중대의 전통과 업적을 간단히 알려주고, 지휘관의 요망사항이나 의도를 충실히 이행하겠다는 자신의 결의와 자신의 복무계획을 명확히 실행해야 할 것이다. 그러나 부인 인사 시 주의해야 할 점은 내용은 간단명료해야 하며, 웅변식 보다는 담화어조로 자신감 있게 해야 하며, 대상이 병사임을 고려하여 쉬운 용어를 사용함이 좋을 것이다.

2) 2단계 : 주요 업무파악

구분	주 요 내 용
상황	(부)소대장으로서 업무파악을 위해 계속 노력하겠지만 기본적인 업무의 주요 업무는 수행하기 어려운 실정이다. 기존 부사관의 지나친 업무주관으로 자신과 관계가 원만치 못하고 또한 대부분의 업무는 자신들의 경험과 과거의 사례를 기초로 업무를 수행하여 모든 것이 타성에 의한 고정관념이 잔재해 있다. 따라서 (부)소대장은 빠른 시일 내에 소대의 질서를 바로잡고 업무를 주도해야 하며, 중대장님의 지침과 부여받은 임무를 성공적으로 이룩해야 할 것이다.
조치 사항	이러한 문제 해결 방안으로 먼저 주요업무 수행을 위한 자신의 노력을 다짐하고 동료 간부들과의 관계개선을 위한 복안수립과 각종 업무에 대한 숙달준비와 병사들에 대한 정신교육과 위계질서 확립을 강조해야 하며, 원칙과 규정에 따른 업무가 처리될 수 있도록 확인 감독해야 할 것이다. 아울러 지휘관의 지휘방침과 의도를 잘 파악하고 거기에 합당한 행동을 하고 전입자와의 인수인계를 철저히 준비해야 할 것이다.
부임 인사 지휘 통솔 원칙 적용	이러한 경우 소대장은 첫째, 업무 숙달을 위해 노력하며 이를 위해 (부)소대장은 부대를 지휘하는데 필요한 자질을 갖추고 있음을 부하에게 보여줄 수 있어야 하고 자기 책임분야의 직무를 철저히 파악하기 위한 전문적 지식은 물론 그에 따르는 광범위하고도 전반적인 업무지식을 구비하여야 할 것이다. 따라서 교과과정을 통해서 익힌 풍부한 지식을 활용하고 인접 (부)소대장을 찾아가 그들과 유대를 맺고 그들의 긍정적인 행동을 관찰하고 연구하며 통솔이론을 숙지하고 부하의 심리를 이해하여 업무에 적응해야 할 것이다.

3) 3단계 : 임무수행 감독

구분	주 요 내 용
상황	(부)소대장으로서 계속 업무 파악 중에 추가적으로 몇 가지 문제점을 발견할 수 있을 것이다. 먼저 소대 선임부사관은 임무의 경중에 관계없이 병사들에게 위임하고 있으며, 둘째는 매사 태만하여 병사들에게 지시한 업무는 확인 감독을 하지 않아 책임감까지 결여되어 있다. 또한 지시된 업무의 핵심을 이해하지 못하여 대부분 업무는 지연되고 있는 실정이며, 병사들의 근무의욕 및 사기는 저하되고 있다. 따라서 이러한 문제점을 해소하고 완벽한 업무를 수행하여 중대의 분위기를 쇄신하는 것을 상관들은 기대하고 있을 것이다. 그때에 중대장님으로부터 "식당청결상태 점검"에 대한 지시를 받았는데 갑자기 부모님 면회로 인해 파악을 동료부사관에게 지시를 하고 나갔다. 부모님 면회를 마치고 오니 동료부사관의 결과보고도 없어서 확인해 본 결과 점검도 하지 않았다.
조치 사항	(부)소대장은 면회에 앞서 중대장님이 부여한 업무의 중요성을 동료부사관과 담당병사에게 주지시키고 임무를 명확히 분담해서 완료시간을 지정해줄 필요가 있고, 면회도중 임무에 대해 부가적인 조치사항과 진행사항을 간접적인 방법을 통해 확인 감독할 수가 있을 것이다. 따라서 (부)소대장은 기존 지휘계통을 이용하여 명령이행상태를 철저히 감독하고 자신이 지시한 바대로 이루어지도록 부하를 이끌어야 하며 과도한 감독을 자제해야 한다.
지휘 통솔 원칙 적용	(부)소대장은 임무완수만이 지휘통솔의 궁극적인 목표이며 군대조직이 존재할 수 있는 유일한 근거임을 명심해야 한다. 임무 수행을 위해 간단명료한 명령을 하달하고 명령의 실행을 확인하고 적절한 교정을 할 수 있는 능력이 리더에게는 가장 어려우면서도 중요한 과업이다. 하달된 명령의 실행여부는 철저하게 확인하고 감독하여야 하며 리더는 임무완수에 필요한 가용수단을 부하에게 제공해야 한다. 감독은 신중하게, 주의 깊게 해야 하며 과도한 감독은 창의력을 잃게 하고 미온적인 감독은 임무완수를 소홀하게 할 가능성이 있다. 또한 검열을 효과적으로 시행하여 과업의 수행상태를 점검하고 우수한 부하와 부대는 그 노고를 치하하는 것이 바람직하다.

4) 4단계 : 지휘체계 확립

구분	주 요 내 용
상황	새로 전입 온 신임장교 및 부사관은 아직 업무파악이 미흡한 상태이며, 업무를 수행함에 있어서 자신감이 결여되어 있을 것이다. 중대 행정보급관 및 타 부사관들은 이러한 신임 (부)소대장을 얕보게 되고 중대장이 필요한 업무를 소대장에게 보고도 하지 않고 직접 중대장님에게 보고를 하고 있는 실정이다. 신임 (부)소대장은 부하들이 자기통제에 들어오지 않고 자기가 업무를 처리해야 한다는 것을 알고 있지만 경험도 없어서 강력하게 추진하지 못하는 처지라 분위기만 살피고 있을 것이다. 병사들은 마땅히 소대장을 따라야 하겠지만 부사관의 지시나 명령을 듣지 않으면 혼나고 소대장은 아직 업무수행능력이 미흡하기 때문에 선임 간부들의 말을 더 잘 들을 수밖에 없을 것이다. 그래서 (부)소대장 자신은 마음속으로만 두고 보자라고 생각하고 있으며 소대원들은 (부)소대장이 빠른 시일 내에 업무를 파악하여 정상적인 지휘를 해줄 것을 바랄지도 모른다.
조치 사항	중대장은 신임 소대장 보직과 동시에 업무체계 유지와 소대 인화단결력 강화의 정신교육을 실시하고, 업무계통을 무시한 행정 처리에 강력한 제재 조치를 실시해야 하며, 소대장은 자기 업무를 신속히 파악 분석하고 특히 선임 병사들과 진지한 대화로 소대 단결력을 호소함과 동시에 신속한 업무 숙달로 업무 처리 면에서 선임 부사관을 능가할 수 있도록 노력을 경주해야 할 것이다.
지휘 통솔 원칙 적용	책임에 따르는 권한을 적절히 위임했을 때 시간과 노력은 절약되며 업무처리의 신속성을 기할 수 있으며, 지휘계통을 통해 부대를 운영하고 부하에게 할 일을 지시하되 방법까지는 지시하지 말고 결과에 대해 부하가 책임지도록 하여 일단 권한을 위임한 후에는 불필요한 간섭을 피한다. 통솔자는 모든 책임을 감수하는 태도를 부하에게 보여주고 부하들에게 그러한 태도를 갖게 한다.

5) 5단계 : 부하 신상파악

구분	주 요 내 용
상황	(부)소대장이 소대원들의 신상을 파악하는 과정에서 병사들의 여러 가지 문제점을 발견하게 되었다. 감상병의 어머니는 아버지의 외도와 구박을 견디지 못하여 가출했고, 아버지와 이복형제가 2명 있으며 경제적으로 곤란을 받고 있다. (부)소대장은 감상병이 지시된 업무에 대해 불평불만이 많고, 자신의 환경에 회의를 느끼고 있으며 건강도 좋지 않은 상태임을 알 수 있었다. 그리고 몇몇 신병과 면담을 해보니 또 문제점을 발견할 수 있었다. 먼저 선임병들의 과도한 통제로 개인 시간이 없어 세탁이나 목욕을 못하고 있는 형편이고, 휴무시간도 마음대로 쉬지 못하는 실정인 것 같았다. 또한 그들은 후임병으로 선임병들의 잔일을 맡아서 하다보니 세수할 시간도 없을 뿐만 아니라 외출·외박은 꿈도 못 꾸고 있는 실정이다.
조치 사항	우선 감상병의 개인적 고민을 해결하기 위해서 중대장님에게 건의하여 휴가를 조치하여 중대 간부 간의 모금운동을 전개하여 경제적인 도움을 줄 수 있을 것이다. 다음 기본권 미보장 문제는 (부)소대장이 결산을 통해 정상적인 내무생활이 보장됨을 주지시키고 긴급한 업무로 인한 야간작업 및 근무를 해야 할 것이다.
지휘 통솔 원칙 적용	통솔자는 진정한 부하 이해를 통하여 그들의 욕구를 사전에 파악하고 이를 충족시켜 줄 수 있어야 한다. 통솔자가 부하복지에 깊은 관심을 가지고 있다고 느낄 때 부하들은 군 생활에 의의를 가지고 자기 업무에 충실할 수 있다는 것을 알아야 한다. 통솔자는 부하상호 간 관계유지에 힘을 써야하고 개인적인 접촉이나 기록 검토를 통하여 부하를 파악하거나 이해하도록 하고 가능한 부하의 사생활을 보장하고 종교 활동을 도와줌으로써 정신적인 안정을 도모해주고 보건 및 위생상태 감독을 통하여 부하 건강을 보살펴야 할 것이다. 특히 부하에 대한 외출, 휴가, 근무교대, 특전 및 상벌을 공정히 하고 균등하게 실시해야 할 것이다.

6) 6단계 : 병영악습 조치

구분	주 요 내 용
상황	얼마 전부터 내무반에서 돈이나 개인 비품이 자주 분실되는 것을 알았고 특히 신병이 한꺼번에 2명이 전입 오게 되었다. 최근 전입온 신병이 현금을 관물 속에 넣어 두었다가 분실하게 되었다. 여러 차례 생각 끝에 전 소대원을 집합시켜 비밀 투표를 하여 용의자를 찾아보자고 했다. 결과는 의외로 동료 간부였다. 그러나 이를 발설하지 않도록 지시한 다음 원인을 파악해본 결과 동료 간부가 방탕하고 문란한 생활에 음주를 자주한다는 사실을 알아냈다. 위에서 문제점은 동료 간부의 도벽행위로 인해 부대 내 불신풍조의 상존 및 단결력의 결여와 그의 문란한 사생활로 부대업무에 소홀과 병사들의 금전 휴대행위라고 볼 수 있을 것이다.
조치 사항	(부)소대장은 동료 간부와 개별면담을 통해 사실여부를 확인한 뒤 본인의 불성실한 사생활 청산여부와 부대업무에 대한 앞으로의 결심을 확인받고, 그렇지 않다면 상관에 보고하여 타부대로 전출을 조치해주고 개인의 인격손상이 되지 않도록 노력해야 할 것이다. 병사들에게는 개인별 금전보관을 자제시키고 체크카드 활용을 권고해야 할 것이다. (부)소대장은 앞으로의 금전사고 예방을 위해서 내무반에 금전이나 금품보관을 금지시키고 불필요한 명목의 회식 및 금전거래 행위를 없애고, 병사들이 지정된 봉급 범위 내에서 사용하고 추가 금전은 통장에 보관할 수 있도록 교육을 강력히 실시해야 할 것이다. 또한 병 상호 간에 금전거래를 없애고 병사로 하여금 부대비품 구입 등 금전 심부름을 시켜서는 안 될 것이다.
지휘 통솔 원칙 적용	통솔자의 공정 무사한 상벌은 부하의 사기 및 군기를 유지하는 필수적 요소임을 알아야 할 것이다. 따라서 상과 벌의 원칙을 이해하고 실천을 습성화해야 할 것이다.

참고문헌

1. 국내문헌

국방부(2004), 군대윤리(간부 정신교육교재)
국방연구소(2001), 21세기 한국군 리더십 육성방안
국방대학교(2005), 병영문화 혁신을 위한 분대장 리더십교육 프로그램
국방대학교(2001-2005), 한국군 리더십(1-5권)
김남현외(2001), 리더십, 경문사
김상현(1996), 21세기 변화하는 환경에 부응한 군리더십 연구, 건국대
김종화(1997), 군 환경변화에 따른 지휘통솔방향 연구, 국방정신연구원
김학주(1999), 손자・오자, 명문당
미 육군(2007), 육군규정 600-100
박유진(2007), 현대사회의 조직과 리더십, 양서각
박흥렬(2005), 지휘통솔 소고
육군리더십센터(2007), 리더십교재(초군 및 고군반)
육군본부(2003), 지휘통솔 그 실제와 본질
육군본부(2004), 야교6-0-1, 지휘통솔
육군본부(2006), 인간중심 리더십에 기반을 둔 임무형지휘
육군본부(2006), 교참8-17, 부대관리 Know-How
육군본부(2007), 미야교 6-22, 미육군리더십(초안)
육군사관학교(1993), 군대 지휘통솔
육군본부(2008), 교참8-7-19, 리더십교육 프로그램
신응섭외(2002), 리더십의 이론과 실제, 학지사
오점록외(1999), 한국군 리더십, 박영사
이영민(1991), 장병 의식구조변화와 신 지휘통솔, 정인사
최병순(2011), 전장 공포 극복방안, National Defense Leadership Journal
황의돈(1998), 리더십 발전방향, 교육사

2. 학위 논문

구승신.(2004). 신세대 병사의 군생활 적응에 관한 연구. 박사학위논문, 이화여대

권인혁.(2004). 신세대 장병의 의식성향과 군 조직 스트레스 적응에 관한 연구. 석사학위논문, 한남대

권훈.(2007). 신세대 장병을 위한 리더십 및 지휘통솔 방안에 관한 연구. 석사학위논문, 한성대.

노상원.(2007). 일본군 용병사상이 태평양 전쟁지도에 미친 영향 연구, 석사학위논문, 한국외국어대

남궁승필.(1998). 군 상담프로그램 개발에 관한 연구. 석사학위논문, 동국대

이승범.(2008). 신세대 장병의 지휘통솔 향상방안. 석사학위논문, 공주대

이향미.(2010). 여군 리더십 장애요인에 관한 연구. 석사학위논문, 국민대

홍갑식.(2000). 21세기의 군 지휘통솔 발전방향에 관한 연구. 석사학위논문, 한남대

3. 외국 문헌

Yukl, G., A.(2002). Leadership in Organizations, 2nd, 5th ed. NJ : Prentice Hall

Mitroff, I.(2001), Crisis Leadership Leaders stop the parade in companies. Executive Excellence. vol 18.

Hughes, et al.(1996). Leadership. 2nd ed. Irwin.

王中霞, (2008). "中 군사종합대학 리더십능력 배양에 관한 연구". 中 군사종합대학.

저 자

강경표(姜京杓)

전주대학교 졸업

육군대학 졸업

전주대학교 석사과정(한국사 전공) 졸업

박사과정

전 육군부사관학교 훈육관 및 전술학 교관

전 육군3사관학교 전쟁사학과 교수 / 학과장

現, 청암대학 교수

논문 : 〈1950년대 전쟁문학 속에 나타난 전장 리더십 연구〉 등 다수

저서 : 한권으로 읽는 6 · 25전쟁사(공저)

남궁승필(南宮承泌)

정치학 박사

우석대학교 교양학부 강사

아주대 장위국방연구소 전문연구원

평화와 전쟁연구소 전문연구원

논문 : 〈남북한 통합경찰체제 구축방안에 관한 연구〉

〈부대특성에 따른 군(軍) 의료서비스 만족도 비교연구〉 등 다수

문창수

이학박사

순천시 교도소 교육위원

전남 지방 기능경진대회 정보처리 부분 심사장

현 순천달음박질 총무/순천마라톤사랑 회원

현 순천청암대학 언론정보센터장

現, 청암대학 전문사관과 학과장

저서 : 정보화시대의 필독서 컴퓨터 응용 등 다수

박갑룡
전남대학교 경영학 석사
전남대학교 디아스포라학과(국제관계) 박사과정
육군포병학교 포술학교관
31사단 포병대대장
송원대학 전문부사관과 지도교수(군사학)
현) 송원대학교 국방공무원학과장
현) 광주 · 전남제대군인지원센터 회장
저서 : 한권으로 읽는 6 · 25전쟁사(공저)

이진영
육군3사관학교
경희대학교 경영대학원 MBA졸업(석사)
육군3사관학교 전술학 교관
육군대학 수료('03년)
성폭력 및 가정폭력 예방 상담사
현) 한국관광대학 군사과(부사관과) 교수
저서 : 한권으로 읽는 6 · 25전쟁사(공저)